Auf den Spuren der Mächtigen

Geheimakte MARS 18

© 2023 D. W. McGillen

Umschlagsfoto: Mit Lizenz

Paperback: ISBN: 9781545228708
Imprint: Independently published

Hardcover: ISBN: 9798399523668
Imprint: Independently published

ISBN-e-Book: ebenfalls erhältlich:

Das Werk, einschließlich seiner Teile ist urheberrechtlich geschützt. Jede Verwertung ist ohne die Zustimmung des Verlages und des Autors unzulässig. Die Namen der Personen und die Handlung sind frei erfunden.

D.W. McGillen, 25.07.2023

Auch erhältlich:

Geheimakte Mars 01: Suche nach dem Ursprung
Geheimakte Mars 02: Erde in Gefahr
Geheimakte Mars 03: Entscheidung an der Dunkelwolke
Geheimakte Mars 04: Rebellion auf Proxima-Centauri
Geheimakte Mars 05: Flug in die zweite Dimension
Geheimakte Mars 06: Die versunkene Basis
Geheimakte Mars 07: Krisenfall Andromeda
Geheimakte Mars 08: Flugverbots-Zone Sombrero-Nebel
Geheimakte Mars 09: Die Admiralität von Santarid
Geheimakte Mars 10: Die weiße Anomalie der Zierrakies
Geheimakte Mars 11: Konfrontation in der zweiten Dimension
Geheimakte Mars 12: Das gefallene Kaiser-Imperium
Geheimakte Mars 13: Operation in Centauri
Geheimakte Mars 14: Fluchtplanet Redartan
Geheimakte Mars 15: In Geheimer Mission
Geheimakte Mars 16: Lorin's Vergeltung
Geheimakte Mars 17: Das Blaue Universum
Geheimakte Mars 18: Auf den Spuren der Mächtigen

Inhaltsverzeichnis

RÜCKBLICK 4
AUFBRUCH 6
DIE ENTDECKUNG 75
ADRAMALON-SPIRALGALAXIE 176
HOHEITSBEREICH DER MÄCHTIGEN 176
UNTERSTÜTZUNG FÜR REDARTAN 293
VORSCHAU 450

Rückblick

Episode 16:
Die Amazone Lorin konnte trotz aller Sicherheits-Maßnahmen fliehen. Eine Demonstration der wissenschaftlichen Genies Marin und Gareck nutzte sie, um durch den Wurmloch-Generator auf die Fluchtwelt der Redartaner zu gelangen. Der Krisenstab des Neuen-Imperiums reagierte sofort. Eiligst wurde der Brückenkopf in dem Berg Gonral ausgebaut, um die geflüchtete Amazone wieder zu ergreifen. General Poison will verhindern, dass zu viele Informationen über die Nutzung der alten natradischen Hinterlassenschaften von Natrid durch die Terraner bekannt werden. Major Travis kehrt von seiner Mission zurück und entschließt sich, die geflohenen Offiziere des redartanischen Flotten-Oberkommandos zu unterstützen. Sie wurden von dem Kaiser ihres Amtes enthoben und sollen hingerichtet werden. Gemeinsam mit dem Widerstand soll versucht werden Lorin wieder einzufangen und den redartanischen Kaiser zu entmachten.

Episode 17:
Die Uylaner, ein Hilfsvolk der Mächtigen dringt in das gesicherte Hoheitsgebiet der Adramelech ein. Sie wollen sich für die Genmanipulation an ihrer Rasse rächen. Doch

ein Kolonial-Planet der Mächtigen macht es ihnen nicht einfach. Die wissenschaftlichen Genies Marin und Gareck leiten den Aufbau der großen Wurmloch-Verbindung nach Redartan. Die neue Republik rechnet mit einem Angriff der Mächtigen. Kanzler Tarn-Lim bittet das neue Imperium um aktive Unterstützung. Aufgrund eines Besuches der lantranischen Führung im Sol-System, wird von Aritron die Unterstützung der Flotte des neuen Imperiums zugesagt.

In dem getarnten Kunst-System der Santaraner kommt es zu einem Eklat mit dem großen Auditorium. Admiral Tarin wird aus seiner Stasis-Kammer erweckt und unterstützt seinen Kollegen der Admiralität. Hiernach beabsichtigt er den Evakuierungs-Planeten zu verlassen, um nach der Rasse zu suchen, die für den Angriff der Rigo-Sauroiden auf Natrid verantwortlich war.

Aufbruch

Auf dem Regierungs-Planeten Santarid des Kunst-Systems Santaron herrschte große Anspannung. Die großen Medien des Sternen-Reiches waren durch Admiral Cartero informiert worden, dass Admiral Tarin erweckt wurde. Nach der Abschaffung des großen Auditoriums konnte die Admiralität wieder alle Regierungsgeschäfte übernehmen. Die Führung der Gildoren hatte dem Volk der Santaraner mitgeteilt, dass der Held der Evakuierungsflotte, der die Überlebenden des natradischen Volkes zu einer neuen Welt gebracht hatte, eine Rede an sie richten wollte. Viele Santaraner waren dem Wunsch gefolgt und hatten sich vor der Admiralität der Gildoren versammelt. Voller Spannung warteten sie auf den Auftritt des Admirals.

Die eingelagerte Evakuierungs-Flotte war gewartet und mit neuen Vorräten und Verbrauchsgütern bestückt worden. Speziell die Lager an hochwertigen Energie-Kristallen mussten aufgefrischt werden. Der Start der vielen Raumschiffe hatte bereits für viel Aufsehen unter der Bevölkerung gesorgt. Die wartete in der Umlauflaufbahn des Planeten auf ihren legendären Kommandeur. Die 195.000 natradischen Schiffe waren einsatzbereit, um zu neuen Missionen aufzubrechen. Die Führung der Evakuierungsflotte hatte beschlossen, den großen unterirdischen Hangar nicht zu vernichten, sondern der Admiralität von Santaron zu einer weiteren

Verwendung zu übergeben. Admiral Tarin hatte seinem Kollegen Admiral Cartero die geheime Wartungs- und Produktionswerft feierlich übergeben. Sie wurde von ihm nicht mehr gebraucht.

Ein großer schwarzer Garde-Gleiter, mit dem Logo des kaiserlichen Imperiums von Natrid, parkte seitlich der Admiralität. Er wurde von zwölf Shy-Ha-Narde bewacht. Die 2.20 Meter großen Boliden aus Natridstahl waren über jeden Zweifel erhaben. Allein ihr Erscheinungsbild ließ unliebsame Besucher abschrecken. Zusätzlich wurde der Gleiter von Soldaten der Admiralität großräumig abgeschirmt. An der Vorderseite des Gebäudes waren Sperrgitter aufgebaut, die das Publikum auf Distanz halten sollten. Unzählige Besucher waren bereits erschienen, die Admiral Tarin sehen und seine Rede hören wollten. Sie alle kannten den legendären Admiral nur aus den Geschichtsarchiven ihres Volkes. Jetzt aber hatten sie Gelegenheit, ihn persönlich sehen und reden zu hören.

Admiral Tarin stand mit Admiral Cartero in dem großen Sitzungssaal der Admiralität. Viele Offiziere waren gekommen, um dem Admiral ihre Aufwartung zu machen. Admiral Tarin schien es sichtlich zu genießen, dass viele Santaraner in ihm den Retter der letzten Überlebenden von Natrid sahen.

Er blickte den Admiral der Admiralität an.
»Sie wollen uns wirklich verlassen?«, fragte Admiral Cartero. » Sie können sich denken, dass wir ihre Erfahrung gut bei uns gebrauchen könnten. «

Der Admiral nickte und lächelte seinen Kollegen an.
»Ich denke, sie kommen hier recht gut allein zurecht«, antwortete er. »Sie genießen einen guten und gerechten Ruf. Hierüber bin ich bereits informiert worden. Aufgrund meiner langen Schlafphase in der Stasis-Kammer, hat sich die Gesellschaft von Santaron anders entwickelt, als das von uns vorhergesehen werden konnte. Sie haben vorgezogen sich unter einem Tarnschirm zu verstecken, um sich unsichtbar zu machen. Das Personal meiner Flotte versteht sich jedoch als Krieger. Sie wollen und können nicht unter ihrer Bevölkerung leben. Ich möchte ihnen jetzt nicht mitteilen, was einige meiner Offiziere von den Anordnungen ihres großen Auditoriums halten. «

Admiral Cartero blickte zu Boden.
»Sie werden uns als Feiglinge ansehen«, antwortete er. »Durch die Anordnungen des großen Auditoriums waren wir gebunden. Eine andere Ausrichtung unseres Volkes, wäre sträflich verfolgt worden. «

»Ich mache ihnen keinen Vorwurf«, antwortete der Admiral. »Lediglich, dass sie nicht früher etwas gegen die

Bevormundung des Auditoriums unternommen haben. Aber jetzt scheint sich alles wieder zum Guten zu wenden. Achten sie darauf, dass sich nicht eine neue Koalition bildet, die mit den Gesetzen der Admiralität nicht einverstanden ist.«

»Was haben sie jetzt vor?«, erkundigte sich Admiral Cartero.

Admiral Tarin blickte ihn an.
»Unsere Flotte wird starten«, erklärte er. »Wir verfahren nach unseren Vorstellungen. Das Personal meiner Flotte und ich werden nach anderen Planeten suchen, auf dem wir den Grundstock für ein neues Imperium legen können. Diesmal aber technisch so ausgereift, dass es keine Rasse mehr schaffen wird, ihn ins Verderben zu stürzen.«

»Wird unser Kunst-System Schaden nehmen?«, fragte Admiral Cartero.

»Warum sollte es das?«, erwiderte Tarin. » Auch auf einem neuen Planeten werden die Lebewesen immer noch den gleichen Ursprung haben. Machen sie sich keine Sorgen. Ab heute sind sie auf sich selbst gestellt. Suchen sie sich starke Verbündete, auf die sie im Ernstfall zurückgreifen können. Solche Freunde, wie das neue

Imperium besitzt, werden ihnen sehr hilfreich sein. Die Bildaufzeichnungen, die ich bei ihnen sehen durfte, begeistern mich. Das ist eine Rasse, die weiß wie gekämpft werden muss«

Admiral Cartero ignorierte den Hinweis seines Kollegen. »Wo fliegen sie mit ihrer Flotte hin?«, erkundigte er sich.

»Das weiß im Moment noch niemand«, antwortete Admiral Tarin. »Wir lassen uns überraschen. An dem hellsten Stern biegen wir rechts ab. Vermutlich werden wir eine sehr weite Strecke fliegen. Wenn wir dann genug Weltraumstaub eingeatmet haben, werden wir uns auf der Suche nach der Rasse machen, die nach unseren Analysen hinter den Rigo-Sauroiden stand. Sie müssen den behäbigen schwerfälligen Echsen die Befehle gegeben haben. Diese Rasse ist verantwortlich für den Untergang von Natrid. Wir werden sie fragen, warum sie einen solchen Hass auf uns entwickeln konnten. Falls wir richtig liegen und Spuren und Hinweise auf diese Rasse finden sollten, dann werden sie unsere längst überfällige Vergeltung zu spüren bekommen. Das sind wir Natrid schuldig.«

Admiral Cartero war nachdenklich geworden. Er zeigte auf die geöffneten Türen, die zu dem Balkon der Residenz der Admiralität führten.

»Darf ich sie nach draußen bitten, das Volk wartet bereits auf sie«, lächelte Admiral Cartero.

Admiral Tarin verbeugte sich und schritt langsam auf den Balkon zu. Die Offiziere der Admiralität folgten ihm. Commodore Garrtrin stand auf dem Balkon und winkte der Menge zu. Er schrie ihnen Worte zu. Die Besucher antworteten. Der Commodore hatte bereits die Menge eingestimmt. Als er den Admiral aus dem Zimmer kommen sah, hob er seine Hände.

»Begrüßen sie mit mir den Helden unserer Zivilisation«, rief er. »Admiral Tarin ist auferweckt worden.«

Die Menge schrie und jubelte, als sie den Admiral an das Geländer des Balkons kommen sahen. Nur langsam beruhigte sie sich.

Admiral Tarin hob seine Hände in die Luft. Er trat an das bereitstehende Mikrofon.

»Danke, danke, danke«, sprach er in das Gerät. »Ihr ehrt mich zutiefst. Es freut mich sehr, dass ich noch so viele Bewunderer unter dem santaranischen Volk habe. Sie alle kennen mich nur aus Berichten, oder den Geschichtsarchiven ihrer Bibliotheken. Aber heute stehe ich hier vor ihnen, um mich zu verabschieden.«

Er ließ eine kurze Pause vergehen. Dann sprach er weiter.

»Meine starke Evakuierungs-Flotte hat sie vor vielen Jahrtausenden zu dieser sicheren Welt, in einem weit entfernten Universum gebracht. Der Planet Santaron liegt sehr entfernt von unserer ehemaligen Ursprungswelt. Sie alle wissen, dass mein Personal und ich, aufgrund von Auseinandersetzungen mit dem hohen Auditorium für eine lange Zeit in die Stasis-Kammern befohlen wurde. Wir haben uns der Anordnung seinerzeit unterworfen, weil wir der Regierung von Santaron Gelegenheit geben wollten, ihren Entschluss zu revidieren. Das unsere Schlafphase viele Jahrtausende dauern würde, konnte Niemand vorhersehen. Die lange Zeit meiner Abwesenheit konnte ihre Regierung und sie sinnvoll nutzen, um ihr geheimes Kunst-System aufzubauen. Sie konnten ihre Planeten nach ihren Wünschen formen und zu dem machen, was sie heute sind. Ich bewundere den Fleiß und die viele Arbeit, die sie in ihre neue Heimat gesteckt haben. «

Der Admiral legte erneut eine kurze Pause ein. Er blickte die Santaraner ernst an.

»Ich bewundere nicht, was aus der ehemals so stolzen Rasse der Natrader geworden ist«, rief er dem Volk entgegen. »Einst waren wir Kämpfer und Krieger. Jetzt versteckt sich das Volk der Santaraner unter einem Tarnschirm.«

Erste Buhrufe wurden laut.
Der Admiral hob wieder seine Arme.

»Ich mache ihnen keinen Vorwurf«, erklärte er. »Diese Anordnung kam von ihrem großen Auditorium. Doch ich gebe zu bedenken, dass eine Zivilisation selbst in der Lage sein sollte sich zu beschützen.«

Das Gesicht des Admirals entspannte sich.
»Sie alle wissen, dass ich lange in der Stasis-Kammer gelegen habe«, erklärte er. »Umso erfreulicher ist es für mich nach diesen vielen Jahrtausenden zu sehen, dass die Bemühungen der Admiralität nicht umsonst gewesen waren. Ihre Zivilisation hat sich erholt und erfolgreich ausgebreitet. Die vor der Ausrottung stehenden Natrader haben sich in dem Kunst-System zu Santaranern weiterentwickelt. Ihre neue Zivilisation ist auf Zurückhaltung und Diskretion aufgebaut.

Bitte verstehen sie, dass sich auf ihren Planeten kein Platz mehr für Krieger findet, wie wir welche sind. Meine Flotte und ich werden ihr Kunst-System verlassen, weil ich alle evakuierten natradischen Nachkommen bei Admiral

Cartero in sicheren Händen weiß. Auch aus diesem Grunde haben wir beschlossen aufzubrechen. Wir werden nach den Schuldigen suchen, die für den Untergang unserer alten Heimat verantwortlich sind. Sie sollen nicht ungestraft davonkommen.«

Admiral Tarin blickte die Zuhörer an.
»Viele von ihnen wissen es vielleicht nicht mehr«, sprach er in das Mikrofon. »Zahlreiche Generationen sind nachgewachsen. Nicht alle hatten Zugang zu den Geschichtsarchiven der Admiralität. Wir Natrader waren ein stolzes Volk. Zu den Hochzeiten unseres alten Imperiums konnten wir eine ganze Galaxie kontrollieren. Wir kommunizierten mit unzähligen Planeten und nannten viele unterschiedliche Rassen unsere Freunde. Das haben die künstlich gezüchteten Rigo-Sauroiden, eine fürchterliche exoide Rasse, zu Nichte gemacht.

Auch der Hass in uns selbst, fordert nach einer Aufklärung der Geschichte. Nach unseren Recherchen wurden die schwerfälligen Rigo-Sauroiden von einer derzeit noch unbekannten Species angestachelt. Diese wollte die Ausrottung des natradischen Imperiums. Noch kennen wir diese Rasse nicht. Sie muss einen immensen Hass auf alle humanoiden Lebensformen in sich tragen. Diese Species hat Tod und Verderben über die Milchstraße gebracht. Nach dem wir die letzten Überlebenden unserer alten Heimat erfolgreich an eine neue Zukunft übergeben haben, werden wir uns auf die Suchen nach dieser Species machen, welche die Rigo-Sauroiden angestachelt und auf uns gehetzt hat. Wir werden so lange suchen, bis wir sie gefunden haben. Dafür stehe ich mit meinem Wort.«

Die Menge blickte entsetzt auf Admiral Tarin. Jeder Santaraner wusste, wovon der Admiral sprach. Die Gesichter wurden nachdenklich.

Langsam erfüllte Beifall den Platz vor der Admiralität. Dieser wurde immer lauter, die Menge tobte. Der Admiral hatte das Volk mit seiner Rede mitgerissen.

Admiral Tarin lächelte.
Er war sich seiner Worte bewusst. Erneut hob seine Hände. Langsam verstummten die versammelten Santaraner.

»Gerechtigkeit, das Wort muss wieder eine Bedeutung in der Galaxie haben«, schrie er der Menge zu. »Natrid, unsere alte Heimat stand hierfür. Auf dieser Welt wurde das Wort in den Felsen geschrieben. Hier hat es seinen Ursprung. Jetzt ist das Wort in eine neue Sterneninsel gelangt. Hier in Santaron stehen ich und die Offiziere meiner Flotte hierfür. Dieses Wort wird zu einem

Schlachtruf gegen das Böse werden. Wir werden unseren Teil dazu beitragen, dass dieses Wort in der Zukunft von aggressiven Rassen gefürchtet wird. Wir werden sie lehren, dass ihre Handlungen nicht ungestraft bleiben werden.«

Wieder tobte die Menge schrie und applaudierte.
»Admiral Tarin, Admiral Tarin, Admiral Tarin«, schallte es zum Balkon der Admiralität hoch.

Als die Menge sich beruhigt hatte, sprach der Admiral weiter.

»Heute ist der Tag gekommen, an dem ich mit meiner Flotte das Kunstsystem Santaron verlassen werde«, erklärte er. »Ich ziehe mit gutem Gewissen in das Universum hinaus, weil ich erkannt habe, dass die ehemaligen Natrader eine gute neue Heimat gefunden haben. Entwickelt euer System weiter und schützt euch vor den fremden Aggressoren. Gebt der Admiralität den Auftrag, die alten technischen Errungenschaften weiterzuentwickeln. Es wird nicht zu eurem Schaden sein. «
Der Admiral verbeugte sich, ballte seine Hand zur Faust und schlug sie sich auf die Brust.
»Lang lebe Santaron«, rief er.

»Lang lebe Santaron«, riefen die Zuhörer zurück. »Lang lebe Santaron«, brüllte die Menge. »Lang lebe Santaron.«

Admiral Tarin drehte sich um und schritt in den Sitzungssaal der Admiralität zurück.

Er blickte Admiral Cartero und seine Gefolgschaft an.
»Es ist Zeit für mich zu gehen«, bemerkte er. »Beschützen sie unser Volk so gut es geht. «

»Das werde ich«, antwortete Admiral Cartero.
Er stand auf und salutierte respektvoll vor dem legendären Admiral.

Tarin erwiderte den Gruß. Anschließend drehte er sich um und schritt dem Ausgang entgegen. Er wurde begleitet von Sicherheits-Soldaten der Residenz. Er lief die großen Stufen zu dem Vorhof herunter, vorbei an der jubelnden Menge, zu dem schwarzen Gleiter. Der Schott öffnete sich. Admiral Tarin sprang hinein. Ihm folgten die zwölf Kampf-Roboter. Der Schott schloss sich automatisch.

Admiral Tarin gab dem Piloten den Befehl zu starten. Langsam hob der Gleiter ab und flog eine Schleife über der Residenz der Admiralität. Dann beschleunigte er und verschwand in die Wolken des Planeten

Die Menge am Boden winkte ihm nach. Sie hatten ihr großes Idol verloren. Admiral Tarin verließ die neue Heimat der geflüchteten Natrader. Niemand wusste, ob er jemals zurückkommen würde.

***

Der Admiral hatte auf sein Flaggschiff eingecheckt. Das große Schiff war einzigartig. Es war ein 2.500 Meter-Riese, aus natradischer Fertigung. Kurz vor dem Abflug seiner Kriegsflotte zu dem Heimat-Sektor der Rigo-Sauroiden, war dieses Schiff als Erstes seiner Klasse dem Admiral übergeben worden. Leider gingen mit der Vernichtung der Technik-Mondes Nors, auch die Konstruktions-Zeichnungen verloren, wie so vieles andere auch.

Der Admiral verfluchte den Kaiser, der während seiner Abwesenheit, alle Forscher und Wissenschaftler auf den Mond Nors befohlen hatte, um seine wichtigen Entwicklungen abzuschließen.

»Er konnte nicht abwarten«, dachte der Admiral. »Immer wieder musste er seine Finger in geregelte Abläufe stecken. Ihm haben wir es zu verdanken, dass alle geheimen Entwicklungsnachweise vernichtet wurden.«

Der Admiral dachte an Marin und Gareck, die an wichtigen Zeitexperimenten gearbeitet hatten.

»Wären sie erfolgreich gewesen, dann hätten wir alles zum Guten wenden können«, fluchte der General. » Mit einer Manipulation der Zeit würde sich alles zurückdrehen lassen. «

Der Admiral wischte seine Gedanken aus dem Sinn.
»Wer weiß, wofür es gut war«, dachte er. »Bei Zeitmanipulationen entstehen möglicherweise wieder andere Probleme. Ich bin mir fast sicher, dass eine übergeordnete Macht uns beobachtet. «

Commander Lurtrin trat an die Seite des Generals.
»Die Flotte ist bereit, Admiral«, teilte er mit.

Der Admiral blickte auf den großen Bildschirm des Schiffes. Die Flotte hatte sich in eine Speerspitze formiert. Das erste Schiff dieser Formation war das Flaggschiff von Admiral Tarin. Er blickte seinen 1. Offizier an.

»Es tut gut wieder in den Weltraum zu fliegen«, sagte er. »Die lange Zeit in den Stasis-Kammern haben bestimmt viele Veränderungen im Universum mit sich gebracht. «

Der 1. Offizier lachte.

»Wir werden vermutlich auf viele neue Rassen stoßen«, antwortete er. »Einige werden wir noch nie gesehen haben. Es sind lange 100.000 Jahre vergangen. Hoffen wir, dass nicht alle feindlich gegen uns eingestellt sind?«»Befehlen sie einen ersten großen Hyperraumsprung«, befahl der Admiral.« Bringen sie unsere Flotte an die Sombrero-Galaxie heran. Wir müssen sie durchqueren, um in die Milchstraße zu gelangen. Lassen sie uns keine großen Umwege fliegen.«

»Ich gebe zu bedenken, dass dort die Daraner ihre Heimat haben«, bemerkte der 1. Offizier.» Wollen sie diese Rasse erneut auf sich aufmerksam machen?«

»Eigentlich nicht«, antwortete der Admiral.»Doch wollen sie wegen ihnen einen Umweg fliegen. Wir brauchen uns wegen dieser Wespenrasse nicht zu verstecken. Vielleicht nehmen sie unsere Entschuldigung für die Vorfälle in der Vergangenheit an?«

»Darauf würde ich mich nicht verlassen«, schmunzelte Commander Lurtrin.»Ich vermute vielmehr, dass wir in eine erste Raumschlacht verwickelt werden.«

»Die Zeit ist auch nicht spurlos an uns vorübergegangen«, bemerkte der Admiral.»Im Gegensatz zu unserem letzten Besuch, an dem unsere Vorräte aufgingen, sind wir diesmal nicht auf Kampfhandlungen aus. Diesmal haben wir alle Zeit der Welt. Wir werden sehen, ob wir mit den dort lebenden Intelligenzen reden und verhandeln können. Vorausgesetzt sie bewerten die Geschehnisse der Vergangenheit nicht vorrangig. «

Der 1. Offizier nickte.
»Wir wollen nichts erobern, oder ihnen fortnehmen«, antwortete er. »Wir bitten lediglich um eine Genehmigung, um unseren Flug durch ihren Sektor fortzuführen. «

»Das meine ich damit«, erwiderte der Admiral. »Auch die Daraner sollten sich weiterentwickelt haben. Sie werden bestimmt nicht weitere Verluste an Schiffen und Besatzungen auf sich nehmen wollen. «

»Ich gebe ihren Befehl an die Flotte durch«, bestätigte Commander Lurtrin.

Er drehte sich um und schritt zu der Hyperfunk-Abteilung des Flaggschiffes.

Admiral Tarin wusste, dass allein der erste Sprung sie weit von dem Kunst-System der Santaraner fortbringen würde.

»Auf eine Unterstützung von den Gildoren brauchen wir nicht zu warten«, dachte er. »Die Nachkommen der von uns evakuierten Natrader haben sich zu einer ängstlichen Rasse entwickelt. Sie haben sich entschlossen, nie mehr in einen großen vernichtenden Kampf verwickelt zu werden. Hoffen wir einmal, dass die Admiralität von Santaron mit der Ausrichtung ihres Volkes den richtigen Weg eingeschlagen hat.«

»Die Flotte ist bereit«, meldete Steuermann Hartrin.

»Den Sprung jetzt durchführen«, befahl der Admiral.

In Sekunden von Bruchteilen entschwand die Flotte von den Ortungsgeräten der santaranischen Raumüberwachung in den Hyperraum.

Weit entfernt tauchte sie wieder in den Normalraum und scannte die Raumsektoren.

»Empfangen wir Ortungskontakte?«, fragte der Admiral.

»Nein«, antwortete der Ortungs-Offizier. »Alles ist ruhig. Wir sind in einem leeren Raum materialisiert.«

»Das ist nicht das Schlechteste«, bemerkte der Admiral.

Der Bildschirm stabilisierte sich und zeigte die große Sombrero-Galaxie deutlich an. Unzählige Sonnen und Planeten lagen auf der Flugroute der Flotte von Admiral Tarin.

Admiral Tarin blickte seinen 1. Offizier an.

»Fliegen wir die gleiche Route, wie auf unserem Hinflug?«, erkundigte er sich.

Commander Lurtrin nickte.
»Es ist der kürzte Weg durch die Sternenballung«, bestätigte er. »Machen sie sich keine Sorgen. Wir werden zwangsweise durch das Gebiet der Daraner fliegen.«

»Höre ich da einen negativen Unterton in ihrer Stimme?«, erkundigte sich der Admiral.

Der 1. Offizier zuckte mit seinen Schultern.
»Sie wollten keinen Umweg in Kauf nehmen«, erwiderte er. »Was jetzt möglicherweise auf uns zukommt, das geht nicht auf mein Konto.«

Admiral Tarin schmunzelte ihn an.

»Commander Lurtrin«, fragte er.
»Wollen sie sich vor einem Kampf drücken?«

»Keineswegs«, erwiderte der 1. Offizier. »Doch vielleicht sollten wir nicht direkt am Anfang unserer Flugroute alle unsere Ressourcen verschwenden.«

»Alle Schiffe wurden überholt und gewartet«, sagte der Admiral. »Die notwendigen Reparaturen wurden durchgeführt. Ich sehe einen möglichen Kampf noch aus einer anderen Perspektive. Wir haben lange geschlafen. Eine so große Flotte, wie wir sie gerade unterhalten, benötigte eine gewissenhafte Ausbildung von Mannschaft und Schiffsführer. Eine kleine Schlacht würde unsere Besatzungen wieder mit der allgegenwärtigen Kriegsgefahr vertraut machen.«

»So etwas habe ich mir gedacht«, entgegnete der 1. Offizier. »Ich versuche gerade, den bitteren Geschmack von meiner Zunge zu bekommen. Sie denken bitte daran, dass wir keinem Kaiser mehr verpflichtet sind.«

Der Admiral lachte.
»Sie kennen mich bereits eine lange Zeit«, antwortete er. »Ihre Fragen hätten sie sich selbst beantworten können. Wir alle sind unter dem Kaiser ausgebildet worden. Aus unserer eigenen Verantwortung können wir uns nicht lösen. Nur aus diesem Grunde suchen wir nach den Spuren der Rigo-Sauroiden und ihren Hintermännern.

Innerlich haben wir doch alle das Gefühl, im großen Krieg etwas falsch gemacht zu haben. Möglicherweise hätten wir bei einer anderen Vorgehensweise Natrid nicht dem Untergang überlassen müssen.«

Commander Lurtrin nickte.
»Das haben sich bereits viele Offiziere unserer Besatzung gefragt«, antwortete er. »Doch zu dem damaligen Zeitpunkt war unsere Entscheidung richtig gewesen. Nur sie hätte früher erfolgen müssen.«

Der Admiral senkte seinen Kopf.
Er wollte hierzu keine Stellung beziehen. Es war sinnlos über die Argumente der Vergangenheit nachzudenken, die nichts an den Tatsachen ändern würden.

»Lassen sie den nächsten Sprung durchführen«, befahl er.
»Wir sind schon viel zu lange in dem Leerraum.«

Der 1. Offizier nickte.
Commander Lurtrin gab die Anweisungen weiter.
Erneut sprang die Flotte einen großen Hyperraumsprung in die Sombrero-Galaxie hinein.

Weit entfernt materialisierte die Flotte wieder. Die Ortungsanzeigen, Taster und die Bildschirme des Flaggschiffes bauten sich neu auf.

»Status? «, fragte der Admiral.» Zeichnen wir Fremdkontakte? «

»Einen Augenblick bitte«, antwortete der verantwortliche Offizier. »Die Sensoren erfassen alle neuen Gegebenheiten.«

Der Ortungs-Offizier blickte auf seine Anzeigen. »Wir sind in einem Seitenarm des Sombrero-Sternenhaufens materialisiert«, teilte er mit. »Das letzte Mal sind wir mittig hindurch geflogen. Hier scheint es ruhiger zu sein als im Zentrum. «

»Das kommt uns sehr entgegen«, lächelte Admiral Tarin. »Auf einen ersten Kampf mit den Daranern können wir gut verzichten. «

Fasziniert blickten Admiral Tarin und Commander Lurtrin auf die vielen funkelnden Sonnen der Galaxie.

Der Commander verzog sein Gesicht und zeigte auf 12 rote Leuchtpunkte auf dem großen Bildschirm.

»Vermutlich wird ihr Wunsch nicht in Erfüllung gehen«, bemerkte er.

Im gleichen Moment ertönten Warnsirenen auf dem Schiff.

»Fremdkontakte geortet«, meldete die Hypertronic-KI des Schiffes monoton.

Zahlreiche Ortungstaster schlugen laut an.

»Was haben wir?«, erkundigte sich Admiral Tarin.

»Ich registriere 12 Schiffe einer 500 Meter-Klasse«, teilte Offizier Garrtrin mit. »Es handelt sich um Schiffe einer Walzenform.«

Admiral Tarin fluchte.
»Das sind die Daraner«, sagte er. »Ihre Raumaufklärung scheint zu funktionieren.«

»Haben wir von Admiral Cartero die Sprachdateien der Daraner eingespielt bekommen?«, fragte er.

Commander Lurtrin nickte.
»Die Sprachdateien wurden entsprechend erweitert«, antwortete der 1. Offizier.

»Derzeit noch keine Waffen aktivieren«, befahl der

Admiral. »Wir funken die fremden Schiffe an und versuchen mit ihnen um eine Durchflugsmöglichkeit zu verhandeln.«

»Der Kanal ist offen«, teilte Nofritin mit. »Sie können sprechen, Admiral«.

Dieser griff nach seinem Communicator.
»Hier spricht die Flotte von Admiral Tarin«, meldete er sich. »Ich rufe die Flotte der Daraner. Bitte melden sie sich.«

Die Hypertronic-KI des Schiffes übersetzte die gesprochenen Worte direkt in die daranische Sprache.

***

General Da'Jussaajiha unterstand eine Flotte von 12 Patrouillen-Schiffen der 500-Meter-Klasse. Er war ein Daraner. Ein Angehöriger einer weiterentwickelten Wespen-Species, die sich bereits lange die Sombrero-Wolke als ihre Heimat ausgesucht hatte. Der General wusste nicht, wie sich seine Rasse entwickelt hatte. Sie selbst nannten sich Da'Ranaihijrs. Neun Sonnen erwärmten alle Planeten ihres Heimat-Sternen-Systems. Die Evolution hat es gut mit ihnen gemeint. Auf allen 36 Planeten ihres Systems herrschten weitgehend die gleichen Bedingungen. Früher reichten die Planeten ihres heimatlichen Sternensystems für alle Brutgelage aus. Doch seit einigen Tausenden von Jahren mussten weitere externe Brutnester auf nahen Planeten angelegt werden.

Die Population der Wespen-Species explodierte förmlich. Ihr Staatengeflecht wurde in der Regel von einer gewählten Groß-Königin regiert. Die externen Provinzen von untergebenen Königinnen verwaltet. Doch die Groß-Königin Da'Risaah galt seit geraumer Zeit als spurlos verschwunden. Sie hatte sich mit ihrer eigenen Flotte von 5.000 königlichen Schiffen auf die Spuren der Vernichter gemacht, worauf sie Hinweise erhalten hatte.

General Da'Jussaajiha verfluchte die Königin. Seit vielen Monaten durchkämmten zahlreiche Suchflotten die Sektoren der großen Wolke nach ihr. Der normale Lebensrhythmus der Daraner hatte sich verändert. Der Brut-Rhythmus war zum Erliegen gekommen. Die stellvertretende Königin musste als hoheitliche Aufgabe vorrangig mit allen Mitteln nach ihrer amtierenden Vorgängerin suchen lassen. So schrieb es das Gesetz der Gründer vor. General Da'Jussaajiha war sich nicht sicher, ob die Stellvertreterin die Groß-Königin Da'Risaah überhaupt finden wollte. Sie war im Kreise der untergebenen Königinnen nicht sehr gut angesehen. Falls Suchflotten sie finden sollten, dann wäre ihre

Stellvertreterin wieder eine Prinzessin des königlichen Hofes, ohne jegliche Weisungsbefugnisse.

»Sie lässt alle Patrouillen nur auf den uns bekannten Schiffsrouten suchen«, lachte der General. »Was ist, wenn die Königin Da'Risaah unsere Sternenwolke bereits verlassen hat? Möglicherweise ist sie fremden Spuren gefolgt, die aus unserer Galaxie hinausführen? «
Der General verstand plötzlich die Strategie der Stellvertreterin.

»Die Zeit läuft für sie«, dachte der General. »Lediglich 3 Jahre muss sie ausharren, bis der Ältestenrat die Großkönigin für tot erklärt. Dann wird die Stellvertreterin offiziell ihre Nachfolgerin. «

Alle Da'Ranaihijrs-Nester des Imperiums waren in Aufruhr. Die Suche nach der vermissten Königin sollte optimiert werden. Unzählige Schiffs-Verbände des Imperiums wurden zu Such-Flotten umgerüstet.

»Die Genmanipulationen der Worgass wurde eingestellt«, dachte der General. »Auch diese Schiffe werden sich an der Suche beteiligen. Hierdurch kommen im Moment keine neuen Diener ins Reich. Wer soll die Hilfsarbeiten durchführen? «

Er wusste, dass die Worgass nur in dem frühen Stadium ihrer Existenz beeinflusst werden konnten, so dass sie später zu willenlosen Dienern mutierten.

»Hoffentlich machen wir keinen Fehler«, urteilte er. »Wissen wir denn, was aus den nicht manipulierten Worgass werden wird? Vielleicht stacheln sie ihr Volk zum Widerstand auf. Durch die konzentrierte Suche nach unserer eigenwilligen Königin haben wir die letzte Brütung der Quallen unbeaufsichtigt gelassen. Wir kennen nicht die Anzahl ihres ausgelegten Nachwuchses. Das kann sehr schlecht für uns enden.«

Der General blickte auf den großen Monitor des Schiffes. »Registrieren wir etwas?«, fragte er.

»Nichts«, antwortete der angesprochene Offizier. »Auf dieser Route ist außer Transportschiffen nichts zu finden. Wir nähern uns immer weiter den äußeren Sektoren unserer Sternenballung.«

»Das ist mir bewusst«, erwiderte der General trocken. » »Auf den belebten Routen suchen alle. Hierum müssen wir uns nicht kümmern. Die einzige Möglichkeit unsere Königin zu finden sind die Routen abzusuchen, auf denen keine Flottenbewegung vermutet wird.«

General Da'Jussaajiha blickte seinen ersten Offizier an. »Wie ist ihre Einschätzung?«, fragte er.

Der 1. Offizier Da'Migurassjhh blickte den General mit einem resignierenden Blick an.

»Ich halte die Gesetze unserer Ahnen für überholt«, antwortete er. »Seit Monaten suchen wir alle Sektoren unserer Sterneninsel ab, jedoch ohne Erfolg. Unser ganzes Imperium wird hierdurch gelähmt. Alles dreht sich nur noch um die Suche nach der vermissten Königin. «

»Ich stimme ihnen zu«, erwiderte der General.» Doch wollen wir uns als einzige Gruppe gegen den Erlass der stellvertretenden Königin wenden? «, erkundigte er sich. » Die Gesetze der Ahnen sind unbedingt zu befolgen. Wollen sie den Rest ihres Lebens in einer schmutzigen Arrestzelle verbringen? «

»Sie haben mich um meine Einschätzung gebeten«, antwortete der 1.Offizier. »Nicht mehr und nicht weniger. Auf diesen Koordinaten brauchen wir uns jedenfalls nicht länger aufzuhalten. Hier werden wir die vermisste Königin nicht finden. «

Der General nickte.

»Funk-Offizier«, rief er. »Geben sie unsere Vollzugsmeldung an Ranaih durch. Die imperiale Raumüberwachung kann diesen Sektor als geprüft eintragen. Melden sie unseren Weiterflug zu den Koordinaten 17.83.004.So.13.4, dem äußeren Arm unserer Galaxie. Vielleicht haben wir dort mehr Erfolg. «

»Ihre Meldung würde übermittelt«, antwortete der Funk-Offizier.

»Informieren sie unsere Flotte«, befahl der General. »Wir fliegen zu den nächsten Koordinaten. «

»Ihr Befehl wurde weitergegeben«, meldete der 1. Offizier. »Die Koordinaten sind von unseren Begleitschiffen eingespeist worden. «

»Danke«, antwortete der Flottenführer. »Den Sprung jetzt durchführen. «

Die 12 Walzenschiffe beschleunigten und sprangen in den Hyperraum. Nur wenige Minuten später materialisierte die Patrouillen-Flotte in dem neuen Sektor. Sofort schlugen alle Ortungstaster des Flaggschiffes massiv aus. Der Bildschirm des Walzenschiffes aktualisierte sich und zeigte unzählige rote Punkte an.

»Wir zeichnen jede Menge Fremdkontakte«, schrie der Ortungs-Offizier. »Eine fremde Flotte liegt in diesem Sektor.«

»Abgleich mit unserer Datenbank durchführen«, schrie der General. »Können wir die Bauart der Schiffe identifizieren?«

»Der Abgleich läuft«, erwiderte der 1. Offizier.
»Die Schiffe wurden gescannt«, meldete die Hypertronic-KI des Schiffes. »Es wurde eine Übereinstimmung von 99 Prozent gefunden. Es handelt sich um Schiffe der Vernichter.«

»Wir haben zwar nicht die Königin gefunden«, jubelte General Da'Jussaajiha. »Dafür aber die gehassten Vernichter, die vor 100.000 Jahren die Brutnester unseres Nachwuchses vernichtet haben. Die Prophezeiung der Ahnen hat sich erfüllt. Wir haben sie gefunden.«

»Um wie viele Schiffe handelt es sich?«, fragte der 1. Offizier.

»Die Zählung wurde abgeschlossen«, meldete die KI. »Es liegen exakt 195.000 Schiffe auf einem Kollisionskurs. Ein Schiff besitzt eine Länge von 2.500 Metern. Der größte Teil der Flotte besteht aus Schiffen einer identischen

2.000 Meter-Klasse aus. Ferner konnten Schiffe einer 1.500, 1.000 und 500 Meter-Klasse registriert werden. Sie haben ihre Geschütztürme noch nicht aktiviert.«

»Sie scheinen sich sehr sicher zu fühlen«, bemerkte der 1. Offizier.

»Senden sie die Informationen an die Flottenführung«, schrie der General. »Wir brauchen sofort Unterstützung. Sämtliche Groß-Verbände sollen unsere Koordinaten anfliegen.«

»Was haben sie vor?«, fragte Offizier Da'Migurassjhh entsetzt.

Der General lachte.
»Wir werden angreifen«, lachte er.

»Sind sie verrückt geworden«, fluchte der 1. Offizier. »Wir haben keine Chance gegen eine so große Flotte.«

»Wofür sind wie hier?«, fragte der General. » Sollen wir nicht unsere Grenzen sichern? Lassen sie ein Schiff mit allen unseren Vorräten von Antimaterie füllen. Dann programmieren wir einen automatischen Kurs zwischen ihre Schiffe. Befehlen sie den Besatzungsmitgliedern sich auf andere Schiffe zu verteilen.«

Der 1. Offizier nickte.

»Ich habe verstanden«, antwortete er.

Schnell drehte er sich um und eilte davon.

»Eingehender Hyperfunkspruch«, meldete der Funk-Offizier.

»Stellen sie laut«, antwortete der General. »Hören wir uns einmal an, was sie wollen. «

»Hier spricht die Flotte von Admiral Tarin«, tönte es in daranischer Sprache aus den Lautsprechern. »Ich rufe die Flotte der Daraner. Bitte melden sie sich. «

»Sie haben unsere Sprache erlernt«, staunte der General. Er griff nach seinem Sprechgerät.

»Hier ist General Da'Jussaajiha«, sprach er hinein. »Sie befinden sich im Hoheitsgebiet des daranischen Imperiums. Kehren sie um, solange sie es noch können. «

»Das ist leider nicht möglich«, antwortete Admiral Tarin. » Wir bitten sie höflichst um eine Durchflugs-Genehmigung. Die Sombrero-Galaxie ist zu groß. Wir können sie nicht umfliegen. Bitte gewähren sie uns freien Durchflug. Wir suchen keine Konfrontation mit ihnen. «

»Hiermit haben sie bereits vor 100.000 Jahren begonnen«, antwortete General Da'Jussaajiha. »Ihr damaliger Einflug in unser System hat viele Brutnester unserer Rasse zerstört. Hierdurch wurde unsere Zivilisation massiv geschädigt. Ganz zu schweigen von den vernichteten Schiffen unserer Flotte.«

»Sie haben sich uns in den Weg gestellt«, erklärte Admiral Tarin. »Wir konnten aufgrund unserer schlechten Versorgungslage keine anderen Flugrouten wählen. Machen sie jetzt nicht wieder der gleichen Fehler.«

Da'Migurassjhh kam zurückgeeilt. Der General hielt den Communicator zu und blickte seinen 1. Offizier an.

»Ein Schiff ist mit Antimaterie angereichert und einsatzbereit«, flüsterte ihm der 1. Offizier zu.» Die Sprungkoordinaten wurden in das Zentrum der feindlichen Flotte programmiert.«

General Da'Jussaajiha nickte
»Haben wir Antworten auf unsere Bitte nach Unterstützung erhalten?«, erkundigte sich der General.

Der 1. Offizier lächelte zufrieden.

»Ganze 8 Flotten-Verbände sind auf dem Weg zu uns«, erklärte er. »Sie alle haben jeweils 5.000 Schiffe unter ihrem Kommando. Der erste Verband sollte in 10 Minuten hier sein. «

Der General nickte.
Er öffnete wieder das Sprechgerät.
»Ihrer Bitte können wir nicht entsprechen«, antwortete er. »Drehen sie um und verlassen sie unser Hoheitsgebiet. Mehrfache Unterstützung ist auf dem Weg hierin. Wenn sie eingetroffen ist, dann werden wir sie unweigerlich angreifen. Ihre Tat wurde noch nicht gesühnt. «

»Seien sie vernünftig«, sagte Admiral Tarin ungehalten. »Wir werden nicht nochmals um den Durchflug bitten. «

General Da'Jussaajiha brach die Verbindung ab.
»Geben sie Startbefehl für das Antimaterie-Schiff«, befahl er. »Unsere restlichen Schiffe ziehen sich etwas zurück. Hierdurch entsteht der Eindruck, dass wir nicht auf einen Kampf aus sind. «

Der 1 Offizier bestätigte die Befehle.
Er winkte seinem Offizier der Technik.

»Lassen sie das Schiff entmaterialisieren«, befahl er.

Der angesprochene Offizier nahm einige Schaltungen vor. Auf dem Bildschirm sahen die Brücken-Offiziere, wie das ausgewählte Schiff in den Hyperraum sprang.

»Alle Schiffe sollten sich auf einen Fluchtsprung einstellen«, befahl der General. »Sicherlich wird die fremde Flotte versuchen uns anzugreifen.«

»Ihr Befehl wurde übermittelt«, meldete der Funk-Offizier. »Alle Schiffe halten sich bereit.«

Auf der Brücke des Flaggschiffes von Admiral Tarin herrschte eisige Ruhe.

Es knisterte in den Lautsprechern.
»Hier ist General Da'Jussaajiha«, tönte es aus den Lautsprechern. »Sie befinden sich im Hoheitsgebiet des daranischen Imperiums. Kehren sie um, solange sie es noch können.«

***

Der Admiral blickte seinen ersten Offizier an.
»Wie wir es vermutet haben«, bemerkte Commander Lurtrin. »Die Daraner sehen die ganze Sternenballung als ihr Hoheits-System an.«

Admiral Tarin hob seinen Communicator an den Mund. »Das ist leider nicht möglich«, antwortete Admiral Tarin. »Wir bitten sie höflichst um eine Durchflugs-Genehmigung. Die Sombrero-Galaxie ist zu groß, als dass unsere Flotte sie umfliegen könnte. Bitte gewähren sie uns freien Durchflug. Wir suchen keine Konfrontation mit ihnen. «

»Hiermit haben sie bereits vor 100.000 Jahren begonnen«, kam die Antwort zurück. »Ihr damaliger Einflug in unser System hat viele Brutnester unserer Rasse zerstört. Hierdurch wurde unsere Zivilisation massiv gefährdet. Ganz zu schweigen von den vernichteten Schiffen unserer Flotte.«

»Sie haben sich uns in den Weg gestellt«, erklärte der Admiral. »Wir konnten aufgrund unserer schlechten Versorgungslage keine anderen Flugrouten wählen. Machen sie jetzt nicht wieder der gleichen Fehler. «

»Ihrer Bitte können wir nicht entsprechen«, antwortete General Da'Jussaajiha. »Drehen sie um und verlassen sie unser Hoheitsgebiet. Unterstützung ist auf dem Weg hierin. Wenn sie eingetroffen ist, werden wir sie unweigerlich angreifen. Ihre Tat wurde noch nicht gesühnt. «

***

»Seien sie vernünftig«, erwiderte Admiral Tarin ungehalten. »Wir werden nicht nochmals um den Durchflug bitten«.

»Die Verbindung wurde auf Seiten der Daraner beendet«, meldete der Funk-Offizier.

»Sie wollen es nicht anders«, bemerkte der Admiral.

»Ein Schiff der Daraner ist in den Hyperraum gesprungen«, meldete der Ortungs-Offizier Garrtrin. »Vermutlich will es Unterstützung anfordern? «
»So lange können wir nicht warten«, überlegte der Admiral.

»Die Schiffe der Daraner ziehen sich etwas zurück«, teilte Offizier Garrtrin erstaunt mit. »Sie scheinen uns den Weg freizumachen. «

»Seltsam? «, sagte der Admiral. » Davon hat der General aber nicht gesprochen. «

Der 1. Offizier schaute auf den Monitor. Er zeigte, wie die 11 Schiffe der Daraner rückwärts flogen und ihren Abstand vergrößerten. Der Admiral schlug mit seiner

Faust auf den roten Knopf an seiner Konsole. Der Vollalarm wurde ausgelöst und automatisch an die ganze Flotte weitergeleitet.

»Alle Schiffe sollen ihre Schutzschirme aktivieren«, befahl der General. »Sämtliche Waffentürme ausfahren, das ist eine Falle. Geben sie den Befehl sofort an alle Schiffe durch.«

Commander Lurtrin rannte an die Konsole des Flotten-Funkes. In diesem Moment materialisierte das fehlende Schiff der Daraner mittig unter der Flotte von Admiral Tarin.

»Resonanzkontakt, mitten in der Flotte«, meldete der Ortungs-Offizier.

Die Besetzung der Brücke blickte auf den roten blinkenden Punkt, der in der Mitte der Flotte aufgetaucht war. Dann zerriss eine blendende Explosion den schwarzen Raum. Ein heißer Atompilz breitete sich immer weiter aus und griff nach weiteren umliegenden Schiffen. Die gewaltige Detonation war auf dem Bildschirm des Flaggschiffes als heller großer Lichtfleck zu sehen. Die Ereignisse überschlugen sich. Die heiße Energiewolke fraß sich von Schiff zu Schiff weiter und brannte sich durch die Außenhüllen der natradischen Schiffe. Zahlreiche

Explosionen wurden auf den Monitoren des Flaggschiffes angezeigt.

Admiral Tarin biss sich auf die Unterlippe.
»Die Daraner haben uns reingelegt«, schimpfte er. »Mit solchen Species kann man nicht verhandeln. Angriffskurs unserer vordersten Einheiten auf die feindlichen Schiffe. 50 unserer schweren Schiffe sollen sie stellen.«

»Ihr Befehl wurde weitergegeben«, bestätigte der 1.Offizier.

Ein Geschwader von 50 Schiffen scherrte aus der Haupt-Formation aus und beschleunigte. Ihr Ziel war unmissverständlich. Die Schiffe flogen mit brachialen Beschleunigungswerten auf die Schiffe der Daraner zu.

»Fliegen sie uns zu dem Angriffs-Geschwader«, entschied der Admiral plötzlich. »Wir beteiligen uns an dem Gefecht.«

Der Steuermann zog den schweren Griff für die Steuerung der Antriebe mit einem Ruck nach unten. Die Maschinen heulten auf und rissen das Schiff nach vorne.

Der Kommandosessel des Admirals wurde kräftig durchgeschüttelt. Die Offiziere der Brücke mussten sich festhalten. In nur Sekunden hatte das Flagg-Schiff der 2.500 Meter-Klasse die 50 Schiffe des Angriffs-Geschwaders eingeholt.

In der Zentrale schalteten sich etliche Lichter auf Rot. Sie zeigten die maximale Belastbarkeitsgrenze diverser Maschinen an.

Das Dröhnen verstärkte sich, als die Waffentürme des Flaggschiffes ihren Dienst aufnahmen. Lasersalven schossen auf die feindlichen Schiffe zu.

Die Daraner sahen die natradischen Schiffe auf sie zueilen. Von einem Moment zum anderen beschleunigten sie und entmaterialisierten in den Hyperraum. Die Laserlanzen der natradischen Schiffe gingen ins Leere. Admiral Tarin hatte die Flucht der Daraner mitbekommen. Er schüttelte seinen Kopf.

»Das war knapp für die Daraner«, schimpfte er.
Er drehte seinen Kopf und sah seinen 1. Offizier an.
»Verluste?«, fragte er.

Commander Lurtrin blickte ihn ernst an.
»Wir haben 14 Schiffe verloren«, antwortete er. »Weitere Einheiten haben leichte Schäden erhalten. Sie lassen sich

reparieren. Alle Rettungskapseln wurden aufgenommen. Leider gibt es nur wenige Überlebende.«

»Bringen sie uns aus diesem System«, befahl der Admiral. »Hier wird sicherlich gleich eine große Flotte der Daraner auftauchen. Sie sind äußerst gerissen. Dass sie ein Schiff opfern würden, hiermit hatte ich nicht gerechnet.«

Der 1. Offizier hatte den Befehl weitergegeben.
»Die Flotte ist bereit zu nächsten Sprung«, meldete er.

Der Admiral nickte.
»Bringen sie uns von hier weg«, befahl er.

Commander Lurtrin gab dem Steuermann das erwartete Zeichen. Die Flotte beschleunigte und sprang in den Hyperraum.

***

Die große Eingreif-Flotte umfasste 5.000 daranische Schiffe der 500 Meter-Klasse. Alle Einheiten waren mit modifizierten Geschütz-Türmen ausgestattet. General Da'Wamsihajaas war der Befehlsführer dieses Verbandes, der wie 249 weitere Groß-Flotten in der Sombrero-Wolke auf Hinweise von Patrouillen wartete. Einige Tage waren vergangen, ohne dass der General seine Flotte nach neuen Spuren suchen lassen konnte. Es wurden einfach keine neuen Hinweise registriert. Dann kam die erlösende Nachricht.

»Eingehender Funkspruch«, meldete der Funk-Offizier. »Die Patrouille unter dem Kommando von General Da'Jussaajiha hat etwas gefunden.«

Ungläubig hob der General seinen Kopf.
»Legen sie auf die Lautsprecher«, befahl er.

Nach kurzen Störgeräuschen stabilisierte sich die Funkverbindung.

»Hier spricht das Flaggschiff von General Da'Jussaajiha«, tönte es aus der Leitung. »Wir bitten dringend um Unterstützung. Unsere Patrouille hat die lange gesuchte Flotte der Vernichter ausgemacht. Wir befinden uns in dem äußeren Arm unseres Hoheitsgebietes auf den Koordinaten 17.83.004.So.13.4. Die Schiffe wurden eindeutig identifiziert. Sie sind baugleich mit den Schiffen der Vernichter, die vor 100.000 Jahren unsere Brutnester vernichtet haben. Die Prophezeiung der Ahnen ist eingetroffen. Sie sind zurückgekehrt. Es liegen exakt 195.000 registrierte Schiffe auf einem Kollisionskurs zu uns. Ein Schiff besitzt die Länge von 2.500 Meter, vermutlich handelt es sich um das Flaggschiff ihrer Flotte.

Der größte Teil des Verbandes besteht aus Schiffen einer 2.000 Meter-Klasse aus. Ferner sind Schiffe in einer 1.500, 1.000 und 500 Meter-Klasse zu registrieren. Sie haben ihre Geschütztürme noch nicht aktiviert. Wir werden den Fremden eine Falle stellen. Bitten jedoch dringend um Unterstützung.«

Der General blickte seinen ersten Offizier an.
»Die Flotte der Vernichter wurde gefunden«, sagte er ungläubig. »Falls das wahr ist, handelt es sich um die am meisten gehassten Fremden in unserer Galaxie. «

Er blickte den Funk-Offizier durchdringend an.
»Bestätigen sie den Funkruf, wir ändern unseren Kurs und fliegen die neuen Koordinaten an«, befahl der General. »Teilen sie der Flotte von General Da'Jussaajiha mit, dass wir unterwegs sind. «

Der 1. Offizier nickte und eilte zu dem Funk-Offizier.

Der General informierte seinen Steuermann, die neuen Koordinaten einzuspeichern.

Der 1. Offizier kam zurückgerannt.
»Die Flotte ist informiert«, teilte er mit. »Sie können den Sprung befehlen. «

General Da'Wamsihajaas nickte.

»Sprung ausführen «, befahl er.

Die Eingreif-Flotte der Daraner erreichte nach drei Sprüngen die genannten Koordinaten. Sie brach mit allen Schiffen in den Normalraum ein. Die Waffentürme wurden ausgefahren und die Schutzschirme aktiviert.

»Ortungen? «, fragte der General.

»Ich messe eine starke Verzerrung im Hyperraum«, meldete Ortungs-Offizier Da'Fikamasijahh. »Sie liegt in nordöstlicher Richtung. «

»Zielpeilung aktivieren«, befahl der General. »Wir verfolgen die fremde Flotte. Sofort wieder in den Hyperraum springen. Alle Sensoren und Taster aktiviert lassen. «

***

Ortungs-Offizier Gartrin blickte auf seine Instrumente. Ein heller klirrender Ton war zu hören. Der Ton wurde lauter und durchdringender.

Admiral Tarin blickte ihn an. Auch er hatte die akustischen Signale der Hyperraum-Überwachung registriert. Der Ortungs-Offizier lächelte ihn an.

»Hier scheint einiges los zu sein«, bestätigte er. »Ich erhalte andauernd neue Verzerrungen des Hyperraumes gemeldet. Es scheint so, als ob zahlreiche Schiffe unterwegs sind.«

»Wir haben sie aufgeschreckt«, antwortete der Admiral. »Die Daraner werden nach uns suchen.«

»Das war nicht anders zu erwarten«, bemerkte der 1. Offizier. »Wir befinden uns in einer fremden Sternenballung. Sicherlich werden die Daraner jetzt mit allen Schiffen nach uns Ausschau halten. Es war klar, dass wir früher oder später von ihnen entdeckt würden.«

Der Admiral blickte ihn an.
»Ganz so entspannt kann ich das nicht sehen«, antwortete er. »Durch einen hinterhältigen Angriff der Daraner haben wir 14 Schiffe verloren. Sie haben eines ihrer Schiffe geopfert, um uns Verluste beizufügen. Stellen sie sich einmal vor, wenn ein ganzer Verband daranischer Schiffe auf diesen Gedanken kommt?«

»Ich halte es für ausgeschlossen, dass sie weitere Schiffe opfern werden«, überlegte der 1. Offizier. »Vermutlich war das eine Notstrategie der Patrouille. Im direkten Kampf wären sie gegen uns unterlegen gewesen.«

Das Klackern der Sensoren und Ortungstaster verstärkte sich erneut. Wieder wurden zahlreiche Schiffe von den Langstreckenscannern erfasst, die in den Hyperraum sprangen.

Die Flotte von Admiral Tarin materialisierte erneut im Normalraum. Mit drei Viertel der Lichtgeschwindigkeit raste die Flotte den nächsten Sprungkoordinaten entgegen.

»In diesem Sektor ist alles ruhig«, meldete der Ortungs-Offizier. »Ich kann keine fremden Resonanzkontakte feststellen.«

»Geben wir den Hyperraum-Konvertern Zeit sich wieder aufzufüllen«, entschied der Admiral.

Er lehnte sich in seinem Kommandosessel zurück. Er blickte auf den großen Bildschirm seines Schiffes. Ein Sternen-System kam in das Bild. Siebzehn Planeten umliefen eine rote Sonne, die ihre Strahlen ins All schleuderten. So sehr sich der Admiral auch bemühte, er konnte keinen Schiffsverkehr zwischen den Planeten feststellen.

Ganze 30 Minuten waren vergangen. Der Admiral blickte auf den Zeitgeber für die Hyperraumsprung-Triebwerke.

»Bereitmachen«, sagte er. »In 15 Minuten möchte ich unsere Flotte wieder im Hyperraum wissen. Wir werden direkt fünf große Sprünge durchführen. Ich hoffe auf diesem Wege mögliche Verfolger abzuhängen.«

Commander Lurtrin nickte bestätigend.
»Ich instruiere unsere Flotte«, antwortete er. »Die Schiffe werden bereit sein.«

***

Die Hypertronic-KI des daranischen Flaggschiffes meldete stetig neue Daten.

»Knapp 27 Minuten vor uns wurde eine Verzerrung im Hyperraum registriert«, meldete sie. »Eine große Flotte ist in den Normalraum eingetaucht.«

»Liegen weitere Daten vor?«, fragte General Da'Wamsihajaas.

»Ja«, bestätigte der Funk-Offizier. »Weitere sieben Eingreif-Flotten sind kurz hinter uns. Auch sie folgen den Hinweisen von General Da'Jussaajiha.«

»Dann können wir ja mit starker Unterstützung rechnen«, freute sich der General. »Solch ein Flottenaufkommen haben wir lange nicht mehr auf die Beine gestellt. «

»Hoffen wir einmal, dass die Vernichter noch nicht geflohen sind«, erwiderte der 1. Offizier. »Bisher waren sie uns immer eine Nasenlänge voraus. «

»Wir scheinen aufzuholen«, rief der Ortungs-Offizier. »Entweder können ihre Schiffe nicht schneller fliegen, oder sie nutzen ihre möglichen Kapazitäten nicht aus? «

»Das würde bedeuten, dass sie sich sicher fühlen«, antwortete der General.

Ein ungutes Gefühl überkam ihn.
»Sollte ich die Vernichter unterschätzen? «, fragte er sich.
» Warum lassen sie sich so viel Zeit. «

Gespannt blickte er auf den Zeitmesser.
»Noch 14 Minuten«, erkannte er.
Die Zeit lief sehr langsam ab.

»Alle Schiffe sollen mit aktivierten Schutzschirmen und Geschütztürmen in den Normalraum eintauchen«, befahl er. »Wir bilden Gruppen zu 10 Schiffen, die sich ausschließlich um einen Feindkontakt kümmern.«

»Halten sie das für notwendig?«, fragte der 1. Offizier Da'Orihamsijahh.» Wir haben Trümmer fremder Schiffe an den Koordinaten von General Da'Jussaajiha geortet. Ihm muss es gelungen sein, einige Feindschiffe zu vernichten.«

»Wir werden keinen Fehler begehen«, entschied der General.»Sicher ist sicher. Geben sie den Befehl sofort weiter.«

Der 1. Offizier bestätigte die Anweisung. Er drehte sich ab und gab per Flottenfunk den Befehl seines Vorgesetzten weiter.

»Achtung«, rief der Steuermann.»Ich tauche jetzt in den Normalraum ein.«

Ein kurzes Blitzen zeigte sich auf dem Bildschirm des Schiffes an. Dann waren die Sterne und Planeten sichtbar.

»Viele Resonanzkontakte«, meldete der Ortungs-Offizier.

»Den Angriff durchführen«, übertönte ihn der General. »Wir müssen die feindliche Flotte binden, bis Verstärkung eintrifft. «

Die daranische Flotte beschleunigte und teilte sich in Gruppen zu 10 Schiffen auf. In einer Entfernung von nur 4.000 Kilometern flog die gesuchte Flotte der Vernichter.

Die daranischen Schiffe beschleunigten und rasten mit Höchstwerten auf die rückwärtige Linie der Evakuierungs-Flotte zu.

»Wir haben sie«, sagte der 1. Offizier. »Die ersten Gruppen unserer Schiffe kommen in geeignete Schussdistanzen. «

Auf dem Bildschirm sah der General, wie in einem grandiosen Feuerwerk viele Laserstrahlen auf den Rücken der feindlichen Schiffe geschossen wurden. Diese hatten jedoch ihre Schutzschirme aktiviert. Die zahlreichen Salven der daranischen Schiffe verfingen sich in den Energiefeldern und wurden abgeleitet.

Mit Schrecken erkannte General Da'Wamsihajaas die Wirkungslosigkeit der Angriffe.

»Die Schiffe sollen ihren Beschuss synchronisieren«, befahl er. »Einzelsalven haben keine Wirkung.«

Der Funk-Offizier hatte den Befehl an die Flotte weitergeleitet.

Mit Genugtuung sah General Da'Wamsihajaas, wie die angreifenden Schiffe einen synchronisierten Beschuss begannen.

»Erste Schutzschirme färben sich leicht rot«, meldete der Ortungs-Offizier.

»Den Beschuss intensiven«, befahl der General. »Ich erteile die Schussfreigabe für Raketen und Torpedos.«

Der 1. Offizier gab den Befehl durch.
Weitere Schiffe rückten nach und verstärkten den Beschuss auf die hinterste Linie der Flotte von Admiral Tarin. Natradische Schiffe, deren Schutzschirme bereit tiefrot glühten, katapultierten sich aus der Gefechtszone.

»Achtung 10.000 Schiffe der 2.000 Meter-Klasse gehen auf einen Abfangkurs zu uns«, teilte der Ortungs-Offizier mit.

Die angesprochene Flotte bestand aus Schiffen der Kaiser-Klasse. Sie kamen mit brachialer Geschwindigkeit angeflogen und setzten sich zwischen der rückwärtigen Linie der natradischen Flotte, direkt vor die Angriffslinie der daranischen Schiffe. Der Verband flog eine Schleife und richtete seine Backbord-Geschütze auf die daranische Verfolger-Flotte aus.

Dann explodierte der Weltraum. Im Dauerfeuer schossen 250.000 Laserlanzen auf die Schiffe der Daraner zu. Der Beschuss konzentrierte sich auf die vorderste Linie der Schiffe. Sie konnten nicht schnell genug reagieren. Die massiven Strahlen schlugen im Sekundenrhythmus ein und ließen die Schutzschirme der Daraner versagen. Die nachfolgenden Strahlen zerschmetterten die Bordwände und drangen in das Schiffsinnere ein. In nur wenigen Sekunden entfesselten die natradischen Schiffe ein Höllenfeuerwerk. Von einer Sekunde zur anderen explodierten 32 Schiffe der Daraner in grellen Explosionen. Die nachfolgenden Laserstrahlen suchten sich neue Ziele.

»Weitere 10.000 Schiffe einer 1.500 Meter-Klasse kommen auf uns zu«, meldete der Ortungs-Offizier. »Zahlreiche andere Schiffe schleusen Kampf-Jets aus. Unsere Hypertronic-KI hat 500.000 kleine Jets ermittelt.«

»Auf Automatikfeuer stellen«, befahl der General. »Die Hypertronic-KIs unserer Schiffe sollen die Jets selbstständig ausschalten.«

Der 1. Offizier nahm die Einstellungen an der Steuerung vor.

Die Offiziere sahen, wie die Schüsse ihrer Flotte die Jets verfehlten. Der General schüttelte seinen Kopf.

»Sie sind zu klein und zu schnell für unsere Waffentürme«, erkannte er. »Den Beschuss wieder auf die Groß-Kampfschiffe konzentrieren.«

»Die Jets schalten die Waffen-Türme unserer Schiffe aus«, meldete der 1. Offizier. »Immer mehr Lasertürme fallen aus.«

Die Crew des Flaggschiffes beobachte den Angriff der kleinen Flieger. Im Dauerbeschuss ihrer Lasergeschütze flogen die Tarin-Jets im Nahkampf auf die Schiffe der Daraner zu. Ihr Beschuss zeigte bereits Erfolg. Erste Waffentürme der daranischen Schiffe explodierten unter dem Einschlag des Laserhagels. Auf allen Schiffen der vordersten Angriffslinie entstanden starke Explosionen. Die wendigen Gruppen der Tarin-Jets dünnten die Waffentürme gewaltig aus.

Die Schiffe der Königs-Klasse positionierten sich ober- und unterhalb der Kampf-Stationen der Kaiser-Klasse. Sie unterstützen den Beschuss mit einem massiven Laserfeuer. Der Verlust der daranischen Schiffe hatte sich weiter erhöht. Immer wieder stießen die Tarin-Jets vor und zerstörten reihenweise die Geschütztürme auf den gegnerischen Schiffen. Hektik breitete sich in der Formation der Daraner aus. Beschädigte Schiffe der Daraner wendeten und wollten sich aus der Schusslinie bringen. Das massive Feuer der Schiffe der Königs-Klasse verhinderte ihre Flucht. Die Schutzschirme der Schiffe kollabierten.

Die auftreffenden Laserlanzen durchbrachen die Bordwände und ließen die Reaktoren explodieren. Zahlreiche flüchtende Schiffe wurden zu grellen Feuerbällen. Beschädigte Schiffe konnten ihren Kurs nicht mehr halten. Sie trifteten in die Flugbahn der neben ihnen fliegenden Schiffe und kollidierten. Aufbauten wurden bei dem Zusammenprall abgerissen, große Löcher in die Bordwände gebohrt. Luft, Wasser und Gegenstände strömten aus den Schiffen ins kalte All. Explosionen waren auf vielen Schiffen der Daraner zu registrieren.

General Da'Wamsihajaas sah auf dem Bildschirm seines Flaggschiffes mit Entsetzen, wie viele Schiffe seines Verbandes in hellen Explosionen vergingen.

»Starkes Gegenfeuer«, meldete der 1. Offizier. »Die feindlichen Schiffe schießen sich auf uns ein. Viele Schutzschirme unserer Schiffe fallen aus.«

»Sind die Raketen und Torpedos unterwegs?«, fragte der General.

»Dazu ist es nicht mehr gekommen«, antwortete der 1. Offizier. »Durch den Dauerbeschuss sind alle Waffensysteme der Angriffsformation ausgefallen.«

»Wie viele Verluste verzeichnen wir?«, erkundigte sich der General.

»Wir haben exakt 98 Ausfälle«, entgegnete der Ortungs-Offizier. »Es werden jede Minute mehr.«

»Sie sind uns überlegen«, resignierte der General. »Alle Schiffe sollten sich auf einen Sicherheitsabstand zurückziehen. Den Angriff sofort abbrechen.«

***

Admiral Tarin blickte auf den zentralen Bildschirm seines Schiffes. Noch flog die große Flotte ungehindert seines Weges. Doch die Mitteilungen des Ortungs-Offiziers ließen erste dunkle Wolken vermuten.

Alarm heulte durch das Schiff. Es war ein schauriger Ton. Der Admiral war von einer Sekunde zur anderen hellwach.
»Was haben wir?«, fragte er.

»Eine Flotte von 5.000 Schiffen ist in unserem Rücken materialisiert«, antwortete Offizier Garrtrin. »Es sind daranische Schiffe der 500 Meter-Klasse. Die Schiffe haben ihre Schutzschirme und die Lasertürme aktiviert.«

Der Ortungs-Offizier blickte auf seine Instrumente.
»Sie beginnen mit dem Beschuss unserer hintersten Schiffslinie«, ergänzte er.

»Welche Einheiten fliegen am Ende unseres Verbandes?«, fragte der Admiral.

»Es sind überwiegend Schiffe der Lord-Klasse«, antwortete der 1. Offizier.» Es handelt sich um Kreuzer der 1.000 Meter-Klasse mit noch nicht modifizierten Geschütztürmen.«

»Verflucht«, antwortete der Admiral. »Das ist schlecht.«

»Die Schiffe liegen unter einem schweren Laserfeuer«, meldete der Ortungs-Offizier. »Ihre Schutzschirme kommen an ihre Leitungsgrenzen.«

Die Beklemmung wurde auf dem Flaggschiff spürbar. Zahlreiche Bestätigungen trafen von den hinteren Schiffen ein und informierten die Flottenführung darüber, dass die Schutzschirme kurz vor dem Ausfall standen.

»Die Schiffe sollen einen Notsprung einleiten und sich vor unsere Flotte setzen«, befahl der Admiral. 10.000 Schiffe der Kaiser-Klasse und 10.000 Schiffe der Königs-Klasse sollen den Kampf gegen die Daraner aufnehmen. Die Schiffe der Kaiser-Klasse sollen ihre Tarin-Jets ausschleusen. Ich will die Antriebe und die Geschütztürme des Gegners ausgeschaltet haben.«

Der 1. Offizier nickte und gab den Befehl durch.
Dieser Notfall war eingespielt. Der 1. Eingreifverband scherte aus der Flotte aus, beschleunigte und flog mit Höchstwerten auf die Rückseite der Flotte zu. Der Verband aus 10.000 Schiffen spaltete sich in vier Kontingente auf. Die vorderste Angriffslinie der daranischen Schiffe sollte durch eine Keilformation eingekesselt werden. Der 2. Eingreif-Verband, überwiegend aus 10.0000 Schiffen der Königs-Klasse

bestehend, folgte in einem geringen Abstand. Die anfliegenden natradischen Schiffe der Kaiser-Klasse schleusten ihre Tarin-Jets aus. Jedes der großen Schiffe konnte auf 50 Kampf-Jets zurückgreifen. Die insgesamt 500.000 Tarin-Jets beschleunigten und stießen wie Hornissen auf die daranischen Schiffe zu. Jede Gruppe nahm sich ein eigenes Ziel vor.

Die Geschütztürme der daranischen Schiffe feuerten im Sekundentakt, doch sie konnten die wendigen Angriffs-Jets nicht erwischen. Die Kampf-Jets zielten auf die Waffentürme der Schiffe. Im Dauerbeschuss ihrer Lasergeschütze flogen sie im Nahkampf auf die Schiffe der Daraner zu. Ihr Beschuss zeigte Erfolg. Erste Waffentürme der daranischen Schiffe explodierten unter dem Einschlag des Laserhagels. Auf allen Schiffen der vordersten daranischen Angriffslinie entstanden Explosionen und Feuerausbrüche. Die Gruppen zu 50 Tarin-Jets dünnten die Waffentürme gewaltig aus.

Dann waren die Schiffe der Kaiser-Klasse da.
Sie kamen mit brachialer Geschwindigkeit angeflogen und setzten sich zwischen der rückwärtigen Linie der natradischen Flotte, direkt vor der Angriffslinie der daranischen Schiffe. Der Verband flog eine Schleife und richtete seine Backbord-Geschütze auf die feindliche Flotte aus. Dann explodierte der Weltraum. Im

Dauerfeuer schossen 250.000 Laserlanzen auf die Schiffe der Daraner zu. Der Beschuss konzentrierte sich auf die Schiffe der vordersten Linie. Sie konnten nicht schnell genug reagieren. Ein großer Teil ihrer Waffentürme war ausgefallen, oder beschädigt.

Die massiven natradischen Strahlen schlugen im Sekundenrhythmus ein und ließen die Schutzschirme der Daraner versagen. Die nachfolgenden Laserlanzen zerschmetterten die Bordwände und drangen in das Schiffsinnere ein. In nur wenigen Sekunden entfesselten die natradischen Schiffe ein Höllenfeuerwerk. Von einer Sekunde zur anderen explodierten 32 Schiffe der Daraner in grellen Explosionen. Die nachfolgenden Laserstrahlen suchten sich neue Ziele.

Die Schiffe der Königs-Klasse positionierten sich ober und unterhalb der Kampf-Stationen der Kaiser-Klasse. Sie unterstützen den Beschuss mit einem massiven Laserfeuer. Der Verlust der daranischen Schiffe hatte sich auf 98 Einheiten erhöht. Immer wieder stießen die Tarin-Jets vor und zerstörten reihenweise die Geschütztürme der gegnerischen Schiffe. Hektik breitete sich in der Formation der Daraner aus. Beschädigte Schiffe der Daraner wendeten und wollten sich aus der Schusslinie bringen. Das massive Feuer der Schiffe der Königs-Klasse verhinderte ihre Flucht. Die Schutzschirme der Schiffe kollabierten. Die auftreffenden Laserlanzen durchbrachen die Bordwände und ließen die Reaktoren explodieren. Zahlreiche flüchtende Schiffe wurden zu grellen Feuerbällen.

Beschädigte Schiffe konnten ihren Kurs nicht mehr halten. Sie trifteten in die Flugbahn der neben ihnen fliegenden Schiffe und kollidierten. Aufbauten wurden bei dem Zusammenprall abgerissen, große Löcher in die Bordwände gebohrt. Luft, Wasser und Gegenstände strömten aus dem Schiff ins kalte All. Explosionen waren auf vielen Schiffen der Daraner zu registrieren. Der Monitor des Flaggschiffes zeigte ein grelles Gewitter an Laserstrahlen, die in der Raumschlacht tobte. Immer mehr daranische Schiffe mussten Treffer einstecken.

»Die feindlichen Schiffe stellen ihr Feuer ein und ziehen sich auf einen Sicherheitsabstand zurück«, meldete der Ortungs-Offizier. »Sie scheinen genug zu haben. Der Angriff wird abgebrochen.«

»Gut«, lächelte der Admiral.
»Haben wir Verluste?«, fragte er.
»Dieses Mal nicht«, antwortete Commander Lurtrin. »Lediglich einige Tarin-Jets haben Blessuren abbekommen. Das werden aber unsere Techniker wieder hinbekommen.«

***

Die ausgebrochene Raumschlacht in der Sombrero-Wolke war eingestellt worden. Die vielen Leuchtfeuer der Explosionen der daranischen Schiffe konnten über viele Sektoren wahrgenommen werden.

General Da'Wamsihajaas war in seinem Kommandosessel versunken und analysierte die Lage.

Er blickte seinen 1. Offizier an.
»Wir sind machtlos gegen die Vernichter«, beurteilte er die Lage. »Unsere angeblich unbesiegbare Flotte darf nun 98 Schiffen und ihre Besatzungen als Verlust beklagen. Dem gegenüber stehen keine Verluste bei den Vernichtern.«

»Wir brauchen eine neue Strategie«, antwortete der 1. Offizier. »General Da'Jussaajiha ist es auch gelungen, einige ihrer Schiffe zu zerstören.«

»Vermutlich, weil sie überrascht wurden und ihre Schutzschirme nicht aktiviert waren«, erwiderte der General. »Diesen Gefallen werden sie uns nicht ein zweites Mal machen.«

»Wir können die Vernichter nicht unbehelligt fliegen lassen?«, schrie der 1. Offizier.

General Da'Wamsihajaas blickte ihn verärgert an.
»Was schlagen sie vor?«, fragte er.

Ein grimmiges Lächeln zeigte sich auf dem Gesicht des ersten Offiziers.

»Wir müssen jetzt handeln«, sagte er mit ernster Stimme. »Die Königin, oder im Moment ihre Stellvertreterin wird es nicht verstehen, wenn wir die lange gesuchten Vernichter weiterziehen lassen. Wir sollten ein ganzes Geschwader Freiwilliger auswählen. Diese müssten per Hyperraumsprung mittig in der Flotte der Vernichter materialisieren. Diese Schiffe sollten sofort ihre Selbstzerstörung auslösen. Die gewaltigen Explosionen werden sämtliche im Umkreis fliegenden Einheiten der fremden Flotte zerstören. Hierzu wird mindestens ein Viertel unserer Schiffe nötig sein.«

General Da'Wamsihajaas blickte seinen 1. Offizier verständnislos an.
»Was sie vorhaben, grenzt an Wahnsinn«, antwortete er. »Wollen sie den Völkern unserer Rasse den Verlust ihrer Angehörigen mitteilen? Ganz zu schweigen von der freiwilligen Zerstörung von 1.250 unserer Schiffe.«

»Wir dürfen nicht länger warten«, monierte der 1. Offizier. »Ich bin für meinen Teil bereit, die Folgen zu tragen. Mein Leben dreht sich nur um die Sicherheit von Ranaih.«

»Das ist bei uns allen der Fall«, erwiderte der General. »Doch ich werde nicht leichtsinnig das Leben unserer Besatzungen aufs Spiel setzen. Wir warten auf die Verstärkung. Notfalls werden wir die Vernichter verfolgen und ihren Zielort ausspionieren. Wenn wir diesen kennen, können wir mit der geballten Kraft unserer vereinigten Flotten-Verbände angreifen und sie vernichten.«

Der 1. Offizier nickte knapp.
»Sie sind der Flottenführer«, antwortete er verächtlich.
»Verantworten werden sie sich vor unserer Königin.«

»Gehen sie wieder an ihre Arbeit«, antwortete der General schroff. »Ich brauche sie nicht mehr.«

Admiral Tarin blickte auf den Bildschirm seines Schiffes. Die Flotte der Daraner hatte sich zurückgezogen. Sie wartete ab.

»Aktivitäten?«, fragte er.

»Keine«, antwortete der Ortungs-Offizier. »Die fremde Flotte verhält sich abwartend.«

»Öffnen sie mir eine Verbindung zu General Da'Wamsihajaas«, befahl er.

»Die Leitung baut sich auf«, antwortete der Funk-Offizier. »Sie können jetzt sprechen.«

Der Admiral griff nach seinem Communicator.
»Hier ist Admiral Tarin, Oberbefehlshaber der natradischen Flotte. Ich rufe General Da'Wamsihajaas.«

Die Verbindung knisterte kurz, dann meldete sich der General.

»Hier ist General Da'Wamsihajaas«, schallte es aus den Lautsprechern. »Was wollen sie noch?«

»Ich hatte sie gewarnt«, sagte Admiral Tarin. »Wir haben nicht vor sie anzugreifen. Sie haben selbst erkannt, dass wir uns lediglich verteidigt haben.«

»Das tut nichts zur Sache«, antwortete der General. »Sie sind die Vernichter. Unser ganzes Imperium sucht sie seit vielen Tausenden Jahren. Jetzt endlich haben wir sie gefunden. Wir werden nicht eher ruhen, bis wir sie ihrer gerechten Strafe übergeben haben.«

»Also wird es keinen Frieden zwischen unseren Rassen geben?«, fragte Admiral Tarin.

»Nein«, antwortete der General. »Die einzige Option für sie ist der Tod. Erst dann wird der Wille unserer Ahnen befriedigt sein. Das ist der Wunsch unseres Kollektivs.«

»Wir wissen jetzt Bescheid«, teilte er Admiral mit. »Bei unserem nächsten Zusammentreffen werden wir keine Angriffs-Schiffe mehr von ihnen übriglassen. Sie sind nicht zu Kompromissen bereit. Es versteht sich daher von selbst, dass eine unserer Rassen vernichtet werden muss. Früher ist kein Ende der Kämpfe möglich.«

»Das sehe ich genauso«, antwortete General Da'Wamsihajaas. »Vorher wird kein Friede in der Galaxie herrschen. Sie können sich nicht verstecken. Wir werden sie finden. Alle unsere Suchflotten, aber auch die unserer Hilfsvölker werden sie suchen und finden. Hierzu zähle ich auch die vielen Worgass-Kampfverbände, die sich in unterschiedlichen Sterneninseln aufhalten.«

Der Admiral dachte kurz nach.

»Das kann ich ihnen nicht verbieten«, erwiderte er.
»Doch überspannen sie ihren Bogen nicht. Falls wir durch sie bedroht werden, wissen wir entsprechende Gegenmaßnahmen durchzuführen. Das beinhaltet auch die Vernichtung aller ihrer neuen Brutstätten.«

Dann brach der Admiral die Verbindung ab.
Er blickte seinen 1. Offizier an.

»Veranlassen sie bitte den nächsten Hyperraum-Sprung«, befahl er. »Wir verlassen das unfreundliche System. Programmieren sie wieder fünf Sprünge.

Vielleicht verlieren die Daraner unsere Spur.«
Dieser nickte und lief zu der Flottenfunk-Konsole. Er informierte alle Schiffe über den Befehl des Admirals.

»Ich messe eine starke Erschütterung im Hyperraumgefüge«, meldete der Ortungs-Offizier. » Es werden weitere starke Flottenverbände in diesen Sektor eindringen.«

»Sprungtriebwerke aktivieren«, befahl der Admiral.
»Verlassen wir dieses Gebiet.
«

Fast synchron sprang die Flotte in den Hyperraum und verschwand von den Bildschirmen der daranischen Schiffe.

General Da'Wamsihajaas war außer sich. Der Befehlshaber der Flotte der Vernichter hatte ihm gedroht, sämtliche Brutnester seiner Rasse zu vernichten. Das hatte bisher noch niemand einer fremden Species gewagt, auf die sie gestoßen waren. Nur langsam beruhigte er sich.

»Eine Verfolgung mit der kompletten Flotte ändert nichts an unserer Unterlegenheit«, dachte er. »Wir müssen sondieren, wo sie ihren Stützpunkt haben.«

Er winkte seinen ersten Offizier zu sich.
»Sie sind doch ein eifriger Verfechter der Anordnungen unserer Ahnen«, sagte er verächtlich. »Ich habe eine Aufgabe für sie.«

Da'Orihamsijahh blickte den General fragend an.
»Sie werden sich drei Schiffe nehmen und der Flotte der Vernichter folgen«, befahl der General. »Folgen sie ihren Spuren und suchen sie ihren Stützpunkt. Wenn dieser ermittelt wurde, informieren sie uns umgehend. Wir werden dann mit einem entsprechend mächtigen Flotten-Verband aller Clans angreifen und die Wünsche unserer

Königin Geltung verschaffen. Haben sie den Auftrag verstanden?«

»Ich habe ihn verstanden«, antwortete der 1. Offizier. »Sie werden zufrieden sein. «

»Das hoffe ich für sie«, antwortete der General. »Bereiten sie sich vor. Ich denke, die fremde Flotte wird nicht mehr lange in diesem Gebiet verweilen. «

Der 1. Offizier salutierte, drehte sich ab und eilte davon.

General Da'Wamsihajaas wandte sich wieder dem zentralen Bildschirm vor. In imposanter Weise wurden die Schiffe der fremden Armada angezeigt. Die großen Schiffe der 2.000 Meter-Klasse beeindruckten ihn.

»Wer solche Schiffe bauen kann, wird sicherlich noch mehr technische Überraschungen für uns bereithalten«, dachte er. »Besser wäre es, wenn wir uns nicht mehr um sie kümmern würden. Sie sind nicht so einfach zu besiegen. «

»Ihr 1. Offizier Da'Orihamsijahh meldet seine Bereitschaft«, teilte der Funk-Offizier mit. »Er hat sich mit drei Schiffen an die Spitze unserer Flotte gesetzt. «

»Danke«, antwortete der General. »Weisen sie ihn an, dass er nach eigener Entscheidung fliegen kann.«

Der Funk-Offizier bestätigte.
»Ich registriere eine starke Verzerrung im Hyperraum«, meldete der Ortungs-Offizier. »Unsere Verstärkung trifft ein.«

»Zu spät«, antwortete der General. »Die Vernichter werden sich gleich aus dem Staub machen.«

Der General hatte die Worte kaum ausgesprochen, als die Antriebe der natradischen Flotte zündeten. Fast synchron sprang die Flotte in den Hyperraum und verschwand von dem Bildschirm des daranischen Flagg-Schiffes.

Einige Sekunden später brachen 7 Flotten-Verbände der Daraner in den Normalraum ein. Jeder von ihnen umfasste 5.000 schwere Schiffe der 500 Meter-Klasse.

Das Schiff des 1. Offiziers hatte die Spur aufgenommen. Die drei Schiffe unter dem Kommando von Offizier Da'Orihamsijahh entmaterialisierten und folgten den natradischen Schiffen in den Hyperraum.

Die Entdeckung

Die Sorganis lebten seit Anbeginn der Zeit in unterschiedlichen Dimensionen des Weltalls. Die wenigen Überlebenden der Rasse waren längst über ihr körperliches Stadium hinausgewachsen. Sie wurden in der Hochblüte ihres Volkes als Technovalgoren bezeichnet. Doch seit die Stämme der wissenden Rasse aufgebrochen waren, um sich über das Universum auszubreiten, war es still auf dem Geheimplaneten Zyborak geworden. Die Sorganis wollten das Überleben ihrer Rasse sichern. Gegen diese löbliche Initiative war zunächst nichts zu sagen. Doch die Ältesten hatten bereits viel erlebt. Sie warnten die jungen euphorischen Sorganis. Auch Weisheit schützt nicht vor Übermut, sagten sie ihnen.

Sie verwiesen auf die Anfälligkeit ihrer Körper durch gefährliche Strahlen und auf die unberechenbaren Gefahren des Weltalls. Doch der Expansionsgedanke der Jüngeren konnte kein Einhalt mehr geboten werden. Anstatt sich zu mehren, neue Kolonien zu gründen, oder sich auf habitablen Planeten niederzulassen, emigrierten immer mehr Sorganis und suchten nach dem neuen Unbekannten. Zurückgebliebene warten vergeblich auf eine Nachricht. Keine der Expeditions-Flotten wurde jemals wieder gesehen. Nachrichten drangen nicht bis zu der alten Heimat vor. Ausgesandte Suchkommandos kamen ohne Ergebnis zurück. Lange Jahre wurde das

Schlimmste befürchtet. Später wurden die Emigranten aufgegeben.

Durch den Aufbruch der Jüngeren verminderte sich die Population der Sorganis drastisch. Die Älteren riefen alle Angehörige ihres Volkes auf, aus den unterschiedlichen Dimensionen zurück auf ihren Heimat-Planeten zu kommen. Hier sollten alle Sorganis ihre weitere Evolution genießen. Hunderttausende von Jahren vergingen. Die Evolution meinte es gut mit ihnen. Sie eigneten sich ein exzellentes Verständnis für alle technischen Zusammenhänge an. Nur ein Blick auf ein Gerät, oder auf eine technische Zeichnung genügte ihnen, um es später aus ihrem Gedächtnis nachzubauen.

Viele Jahrtausende später gelang es ihnen durch einen Evolutions-Sprung ihren Geist aus ihrem Körper zu lösen. Diesen konnten sie mit einem großen Kollektiv verbinden, der sich in einer unbekannten Zone des Weltalls befand. In gemeinsamer Stärke konnte das Kollektiv technische Errungenschaften hervorbringen, die bisher von keiner lebenden Rasse je konzipiert werden konnte. Ab diesem Zeitpunkt wurden sie zu Technovalgoren. Immer häufiger verließ ihr Geist den eigenen Körper, um sich in der Zusammenkunft des Kollektivs weiterzuentwickeln.

Als Technovalgor der jüngeren Generation konnte ein Sorganis seinen Geist in eine energetische Form bringen und sich mit dem großen Kollektiv vereinen. Einmal in dieser Geistesballung integriert, konnte jeder von ihnen Teile seines Geistes auf eine Reise schicken, um neue Gebiete und Dimensionen zu erkunden. Eine körperliche Bindung war schon viele Jahrtausende nicht mehr erforderlich. Es war ihnen möglich, auf diese Weise in unbekannte Sternensysteme in Lichtgeschwindigkeit zu durchreisen. Auf diesem Wege forschten, scannten und lokalisierten die Sorganis neue technische Erkenntnisse für ihre Gesellschaft.

Sobald die Gedankenspeicher gefüllt waren, kehrten die ausgesandten Teile des Geistes zurück und vereinigten sich wieder mit dem Kollektiv. Gemeinsam analysierte die Gemeinschaft die Erkenntnisse und setzte diese Entwicklungen auf ihren geheimen Welten um. Ihre ursprüngliche Körperform konnten sie nicht mehr annehmen. Zu viel Zeit war vergangen. Doch sie fanden einen Weg, um sich ihren Schutzbefohlenen sichtbar zu machen. Sie konnten ihren energetischen Geist in einer konstruierten Metallkugel manifestieren. Diese hatte einen Durchmesser von 25 Zentimetern. Das war nicht sehr groß, doch diese Kugel reichte für ihre Zwecke aus. Durch sie konnten die Sorganis Kontakt zu den unterschiedlichsten Wesen der Galaxie aufnehmen.

Astranaat kontrollierte eine Fläche, deren Ausmaße selbst für kleine Bevölkerungen gigantisch gewesen wären. Die Plantagen und die Felder dienten einzig und allein dem Anbau von benötigten Lebensmitteln für die hier lebenden Zöglinge. Wenn er, als einer der wenigen Sorganis in manifestierter Form einer Kugel über die großen Felder schwebte, konnte er am Horizont kein Ende der Plantagen erkennen. Weit im Norden, etwa 120 Kilometer entfernt lag Rack Sinn, die Stadt der Zöglinge. Sie hatten sich als dankbare Gehilfen erwiesen, die den letzten seines Volkes ein Überleben ermöglichten.

Astranaat erinnerte sich an die Tragödie, die vor langen 100.000 Jahren stattgefunden hatte. Dank ihrer geistigen Reisemöglichkeiten, waren viele Sorganis auf den Wunsch der Ältesten hin, auf ihren Heimat-Planeten zurückgekommen. Jahre vergingen, doch dann gerieten sie in eine tobende Raumschlacht, die sich immer weiter in Richtung ihrer Heimat orientierte. Die schützenden Metallkugeln standen damals noch nicht zur Verfügung. Eine große Flotte der Zöglinge lieferte sich mit einer wespenähnlichen Rasse, die sich Daraner nannten, eine erbitterte Raumschlacht. Zwar wurde die Flotte der Zöglinge langfristig Herr der Lage, doch sie musste sich ihren Sieg mit starken Verlusten erkämpfen.

Einige Schiffe der Zöglinge stürzten auf den Planeten der Sorganis ab. Eine Rasse, die sich Daraner nannte, beschoss den Planeten mit atomaren Gefechtsköpfen. Keiner der gehassten und notgelandeten Feinde sollten überleben. Die Flotte der Zöglinge konnte den Beschuss nicht verhindern. Als sie endlich die Flotte der Daraner besiegt hatten, breitete sich bereits die radioaktive Strahlung auf dem Planeten der Sorganis aus.

Mit Trauer und Wehmut dachte Astranaat an das Ereignis zurück.

»Ganze 90 Prozent meines Volkes wurden dahingerafft«, erinnerte er sich. »Lediglich wenigen Sorganis gelang es, in einem abgestürzten Schiff der Zöglinge zu materialisieren. Die Schutzschirme der Schiffe waren noch intakt und hielten die vernichtende Strahlung ab. Hierdurch entgingen diese Sorganis der vollständigen Ausrottung.«

Die Flotte der Zöglinge im All konnte die Schiffe der Daraner vernichtend schlagen. Die Besatzungen der abgestürzten Schiffe entschieden sich dafür, auf dem Planeten zu bleiben und sich hier eine neue Zivilisation aufzubauen. Die Sorganis waren sehr dankbar über die Rettung der Letzten ihrer Rasse. Sie versprachen den Zöglingen zu helfen und ihr Wissen weiterzugeben.

Seit dieser Zeit waren 100.000 Jahre vergangen. Astranaat konnte auf das komplette Wissen des Kollektivs zurückgreifen.

»Schon in einer anderen Galaxie konnten wir Kontakt zu dieser humanoiden Lebensform herstellen«, dachte er. »Dort wurde eine Kolonie unserer Rasse von den Schiffen der Worgass, unter dem Befehl der Mächtigen angegriffen und unsere Bevölkerung gnadenlos ausgelöscht. Nur durch das beherzte Eingreifen einer starken natradischen Flotte, unter dem Befehl des Kaisers Quoltrin-Saar-Arel, konnten einige wenige unserer Nachkommen überleben. Die Flotte der Mächtigen wurde vernichtet. Nur wenigen Schiffen gelang es, die Flucht zu ergreifen. Die Mächtigen drohten dem natradischen Kaiser eine massive Vergeltung an. Mein Volk wurde gerettet und durfte weiterleben. Zum Dank überreichten unsere Kolonisten dem Kaiser einen speziellen Wurmloch-Transmitter-Generator. Sie teilten ihm mit, dass er gut hierauf aufpassen solle, denn es werde die Zeit kommen, in der er das Gerät nutzen würde.

Astranaat schwebte höher über die Ländereien des alten Planeten. Vieles hatte sich in den nachfolgenden Jahrtausenden verändert. Er wusste, dass in Kürze die Ankunft weiterer Zöglinge bevorstand.

Astranaat liebte es, über die Felder zu fliegen. Er konnte das frische Gras, die Gräser, die Blätter und die Sträucher riechen. Jeden Sonnenstrahl fing er ein und er freute sich über den Regen, der die Felder zum Blühen brachte. Doch da war sie wieder, eine böse Vorahnung, die sich in seinen Sinnen ausbreitete.

Astranaat spürte, wie eine Bedrohung auf seine Welt zuflog. Die Wellen waren nicht mehr zu ignorieren. Sie brannten sich förmlich in seinen Geist. Die starken Turbulenzen in den Sektoren der näheren Umgebung strahlten gewaltig aus. Er beschleunigte seine metallische Kugel und flog in Richtung der Kuppel, die seine Rasse beherbergte. Er musste die Anderen unbedingt informieren. Blitzschnell flog er durch die Atmosphäre. Dort am Horizont lag sie, die Kuppel des Lichts. Er bremste seinen Flug ab und lenkte die Kugel durch das breite Portal. Die Anderen hatten sich bereits versammelt und erwarteten ihn. Er landete auf einem breiten Tisch und setzte die Kugel vorsichtig auf einen Ständer auf.

»Fremde sind auf dem Flug zu uns«, teilte er den Anderen mit. »Ich spüre es ganz deutlich. Es sind die gleichen natradischen Schiffe, die uns vor vielen Jahrtausenden gerettet haben. Sie werden von mehreren starken Verbänden der Daraner verfolgt. Es sind Angehörige unserer Zöglinge. Wie ist eure Meinung hierzu? «

Astralin blickte ihn an.

»Wir haben die gleichen Empfindungen«, bestätigte er. »Die Wellen dringen zu uns vor und können nicht mehr ignoriert werden. «

»Es sind Suchende«, bemerkte Astranaat. »Ihre Schiffsignaturen haben wir eine lange Zeit nicht mehr registriert. Es ist die gleiche Flotte, der unsere Zöglinge angehört haben. «

»Was wollen sie? «, erkundigte sich Astragrin. » Warum steuern sie unsere Planeten an. Sie können ihn nicht orten. «

»Sie sind sich dessen nicht bewusst«, erwiderte Astragard. »Niemand hat sie geschickt. Sie sind auf dem Weg zu ihrer alten Sterneninsel. Doch die große Flotte der Daraner verfolgt sie. «

»Sollen wir ihnen unseren Schirm öffnen? «, fragte Astragronn.

»Wir sind die letzten unseres Volkes in dieser Sterneninsel«, antwortete Astranaat. « Wollen wir uns dieser Gefahr wirklich aussetzen? «

»Wir sind nicht die Letzten«, antwortete Astralin. Das mag für unsere Sterneninsel stimmen. Doch unser Volk hat sich vor vielen Jahrtausenden aufgemacht, andere Sterneninseln zu bevölkern. Wir müssen Kontakt zu ihnen aufnehmen und alle lebenden Sorganis in dem Kollektiv zusammenführen. Vereint sind wir stark und unbesiegbar. «

»Wir wissen doch gar nicht, ob es unseren Jüngeren gelungen ist Fuß zu fassen? «, erwiderte Astragrin. » Sie können ebenso angegriffen und vernichtet worden sein. Wir haben nichts mehr von ihnen gehört. «

»In allen anderen Sterneninseln müssen Angehörige unseres Volkes ansässig sein«, bemerkte Astragard. »Hiervon bin ich überzeugt. Irgendwann werden wir das Kollektiv wieder zusammenführen. «

»Bis dahin ist es noch ein weiter Weg«, antwortete Astranaat. »Erst wenn wir alle Koordinaten über die Welten unserer Jüngeren vorliegen haben, können wir Kontakt zu ihnen aufnehmen. «

»Das ist bekannt«, erwiderte Astranaat. »Der Zeitpunkt wird kommen. «

»Wir haben in einem Randsektor undefinierbare Wellen ausgemacht«, teilte Ritrin mit.

Vitrin blickte ihn an. Er war ein Ortungs-Offizier in der kleinen Raumüberwachung des getarnten Planeten Zyborak. Durch das kontinuierliche Tarnfeld sahen die Nachkommen der Natrader es nicht für notwendig an, ihre Raumaufklärung zu vergrößern. All die langen Jahre war nichts Weltbewegendes passiert.

Er blickte ebenfalls auf die Monitore.
»Verflucht«, rief er. »Die ansonsten so ruhigen Wellen der Hyperraum-Abtastung schwingen hin und her.«

Er schlug mit der flachen Hand gegen das Gerät, doch eine Änderung zeigte sich nicht. Die Ausschläge auf dem Gerät wurden immer stärker. Widerwillig drückte er den Alarmknopf. Der Grund für die heftigen Ausschläge auf dem Ortungsgerät lag in den registrierten großen Flottenbewegungen im Hyperraum. Hierüber war er sich sicher.

Laut wurde Türe aufgerissen und ein halbes Dutzend Wissenschaftler strömten in den Überwachungs-Raum. An den Wänden erhellten sich weitere Bildschirme und Monitore.

»Warum wurde der Alarm ausgelöst?«, fragte der Leiter der Dienststelle.

Vitrin zeigte auf den Bildschirm.
»Wir haben starke Flottenbewegungen im Hyperraum registriert«, teilte er mit. »Es sieht fast so aus, als ob sie in unserer Nähe materialisieren werden.«

Der Leiter winkte die Wissenschaftler an die Geräte. Das Dienstpersonal überprüfte die Angaben, schnell kamen aber sie aber zu dem gleichen Ergebnis.

»Haben wir Kontakt zu den Meistern?«, fragte der Leiter der Überwachungsstation.

»Bisher noch nicht«, antwortete Vitrin. »Ich habe keine Informationen von ihnen erhalten.«

Die Wissenschaften riefen schrill alle Worte durcheinander. Es war kaum möglich das eigene Wort zu verstehen. Vitrin verzog sein Gesicht. Er verstand seine Kollegen nicht mehr. Niemand schien die Entdeckung viel auszumachen. Langsam bekam er ein flaues Gefühl in der Magengegend.

»Stellt endlich einen Kontakt zu den Meisten her«, schrie er. »Sie müssen informiert werden. Die Sorganis werden uns sagen, was zu tun ist.«

***

Die große Flotte von Admiral Tarin war in den Normalraum gefallen.

»Befinden wir uns auf den Koordinaten 17.95.008.Sy.15.1?«, fragte der Admiral.

Ortungs-Offizier Garrtrin bestätigte die Frage nickend.
»Wir befinden uns exakt auf der Position, doch irgendetwas stimmt nicht«, antwortete er.

Der Admiral blickte ihn fragend an.
Der Ortungs-Offizier zeigte auf den Bildschirm des Flaggschiffes.

»Fällt ihnen auf dem Bildschirm nichts auf?«, fragte er. »In diesem Sektor sind wir vor 100.000 Jahres erstmals auf die Daraner gestoßen.«

»Das kann nicht sein«, erwiderte Admiral Tarin. »Der Planet ist nicht da, auf dem einige unserer Schiffe notgelandet sind. Ich sehe nur eine einzige Sonne in diesem System.«

Der Ortungs-Offizier lächelte.
»Das ist es, was ich meine«, antwortete er. »Der Planet ist fort.«

»Registrieren wir Reste einer Strahlung, oder Asteroiden im näheren Umkreis?«, erkundigte sich der Admiral. »Kann der Planet durch die Daraner zerstört worden sein?«»Ich kann keine Strahlung ausmachen«, teilte der Ortungs-Offizier mit. »Eine Zerstörung des Planeten halte ich ebenfalls für ausgeschlossen. Die Trümmer wären unweigerlich von dem Gravitationsfeld der Sonne eingefangen worden. In diesem Fall wären wir direkt in ihnen materialisiert.«

Der Admiral dachte nach.
»Etwas stimmt in diesem Sektor nicht«, überlegte er. »Sollten die wenigen abgestürzten Natrader, die sich auf diesem Planeten eine neue Heimat einrichten wollten, eine technische Lösung gefunden haben, um ihren Planeten an einen anderen Standort zu versetzen?«

Er schüttelte seinen Kopf.
»Auch diese Kolonie musste technisch von vorne beginnen«, sagte er.

Commander Lurtrin war an seine Seite getreten und blickte ihn an.

»Rechnen sie mit einer weit fortgeschrittenen Technik?«, fragte er.

»Ich hatte gerade darüber nachgedacht, ob die Kolonisten es geschafft haben sich technisch schneller als die Santaraner zu entwickeln«, teilte er mit. »Aber je länger ich hierüber nachdenke, um so abwegiger wird der Gedanke für mich. Wenn ich mich richtig erinnere, waren es lediglich die Besatzungen von fünf Schiffen, die sich auf dem einzigen Planeten in diesem Sektor eine neue Heimat einrichten wollten.«

»Ich habe schon viel erlebt«, antwortete der 1. Offizier. »Vielleicht besaß der Planet keine stabile Umlaufbahn und ist aus diesem Sektor gedriftet?«, bemerkte er.

Admiral Tarin schien die Aussage seines 1. Offiziers zu abwegig zu sein. Er drehte seinen Kopf in die Richtung des Ortungs-Offiziers.

»Tiefenscans durchführen«, befahl er. »Versuchen sie auch Gravitationswellen zu orten. Ich habe da eine Vermutung.«

»Welche denn? «, erkundigte sich der 1. Offizier.
»Lasst euch etwas einfallen«, antwortete der General. »Erstellt ein Raster einer habitablen Zone zu der Sonne. Vielleicht ist der Planet mit einem ähnlichen Tarnfeld geschützt, wie das Kunstsystem der Santaraner. Um es sichtbar zu machen, brauchen wir die ungefähre Position des Planeten. Dann können wir ihn mit einem leichten Fächerstrahl unserer Laser sichtbar machen. «

»Das funktioniert nur, wenn es sich um einen normalen Energie-Schirm handelt«, antwortete der 1. Offizier. »Falls es sich um ein fluktuierendes Mehrfachfeld handelt, wird es keine Reaktion zeigen. «

Der Schott ging auf und Suterin, der den Rang eines Informations-Offiziers trug, trat ein.

»Störe ich? «, fragte er.
»Ganz und gar nicht«, antwortete der Admiral. »Sie kommen gerade zur rechten Zeit. Ich habe einige Fragen an sie. «

Suterin, der ehemalige Ratsvorsitzende des großen Auditoriums kam zu Commander Lurtrin und Admiral Tarin geschritten.

»Was kann ich für sie tun? «, fragte er.

»Wissen sie, ob die Santaraner zu irgendeiner Zeit die Technik ihres Tarnschirmes an eine andere natradische Kolonie weitergegeben haben?«, erkundigte er sich.
Offizier Suterin schüttelte seinen Kopf.

»Offiziell nicht«, antwortete er. »Dafür war dieses Thema zu sensibel. Aber ich kann nicht ausschließen, dass die Admiralität ohne das Wissen des Auditoriums gehandelt hat. Sie hätte jedoch hiermit gegen bestehende Gesetze verstoßen. Ich glaube nicht, dass die Admiralität das Risiko eingegangen wäre.«

Er blickte den Admiral an.
»Warum fragen sie?«, erkundigte er sich.

»Weil wir in einem Sektor materialisiert sind, in dem sich vor 100.000 Jahren ein Planet befunden hat, auf dem sich Kolonisten unserer Flotte niedergelassen haben«, erklärte er. »Doch dieser Planet existiert nicht mehr.«

Offizier Suterin blickte ihn an.
»Wie kann das sein?«, fragte er.

Der Admiral lächelte über die Frage.
»Das versuchen wir gerade herauszubekommen«, erwiderte er. »Leider waren sie auch nicht gerade eine große Hilfe.«

Der Admiral lehne sich in seinem Kommandostuhl zurück.

»Wir haben etwas«, meldete der Ortungs-Offizier. »Unsere Instrumente konnten eine schwere Gravitations-Anomalie, in einem Abstand von 150.000 Kilometern von der Sonne registrieren. Dort scheint zumindest ein eigenes Gravitationsfeld zu existieren.«

»Legen sie die Koordinaten auf den Bildschirm«, befahl der Admiral.

Der zentrale Bildschirm aktualisierte sich. Die KI des Schiffes hatte die errechnete Position mit einem roten Licht gekennzeichnet.

»Dort ist nichts«, sagte der Admiral. »Alles sieht gleich aus. Es ist nur dunkler Weltraum.«

»Wir können uns nur auf die Instrumente verlassen«, antwortete der 1. Offizier. »Die zeigen an dem Punkt eine massive Gravitations-Anomalie an.«

»Flächenbeschuss einleiten«, sagte der Admiral. »Vielleicht erhalten wir Hinweise auf einen Schutz- oder Tarnschirm.«

«Die Koordinaten wurden eingespeist«, bemerkte der Commander.

Die Crew sah, wie die Geschütztürme der Backbordseite des Flaggschiffes einen Flächenbeschuss der einprogrammierten Koordinaten vornahmen. Sie schwenkten während des Beschusses hin und her, um eine größtmögliche Fläche zu belegen.

Nichts deutete auf einen Tarnschirm hin. Keine energetischen Überlastungen wurden auffällig.

»Das ist nichts«, bemerkte Offizier Suterin. »Ein Treffer sollte den Energieschirm aufglühen lassen. «

»Nicht in jedem Fall«, antwortete der Admiral. »Es kann sich um eine uns unbekannte Weiterentwicklung handeln. Auch die Kolonisten hatten 100.000 Jahre Zeit für mögliche Entwicklungen. «

»Halten sie es für möglich, dass die Kolonisten sich technisch schneller entwickelt haben, als wir Santaraner? «, fragte Suterin.

Der Admiral schüttelte seinen Kopf.
»Eigentlich nicht«, antwortete er. »Dafür waren sie zu wenige Wissenschaftler. «

»Den Laserbeschuss einstellen«, befahl Commander Lurtrin. »Das bringt uns nicht weiter.«

»Fliegen wir die Koordinaten an«, entschied der Admiral. »Wir werden einen unbemannten Gleiter ausschleusen. »Dieser wird versuchen in die Gravitationszone vorzudringen.«

***

Astranaat hatte sich mit seinen Artgenossen versammelt. 150 Metallkugeln schwebten vor einem großen Monitor.

»Sie sind materialisiert«, sagte er. »Es handelt sich eindeutig um die gleiche Flotte, die vor 100.000 Jahren die Daraner bekämpft hat. Wieso existiert sie noch? Unsere Zöglinge haben nicht eine so lange Lebenserwartung.«

»Sie werden die Zeit in Schlafkammern überdauert haben«, antwortete Astralin. »Das ist bei vielen körperlichen Wesen üblich.«

Ein lautes Klicken wurde hörbar.
»Sie scannen die Koordinaten unserer Welt«, bemerkte Astragrin. »Sie sind auf der Suche nach Ihresgleichen. Sie

wissen, dass sich vor 100,000 Jahren ein Planet in der Umlaufbahn um unsere Sonne befunden haben muss.«

»Sie suchen uns«, antwortete Astragard. »Sie führen einen Tiefenscan durch.«

»Sie werden die Gravitations-Anomalie orten«, erwiderte Astragronn. »Dann werden sie erkennen, dass hier etwas nicht stimmt.«

»Wir erhalten eine Anfrage von unseren Zöglingen«, teilte Astranaat mit. »Sie fragen, wie sie sich verhalten sollen?«

»Begebe dich zu den Zöglingen«, befahl Astragronn. »Sie möchten zunächst noch Funkstille einhalten. Wir wissen nicht, in welcher Absicht die Natrader kommen.«

»Ich instruiere sie«, antwortete Astranaat.
Seine metallische Kugel schlug einen Haken und flog mit immenser Geschwindigkeit aus dem Dom der Sorganis. Die anderen Kugeln verharrten mit ihren Geisteswesen und blickten auf den Bildschirm.

Astranaat flog über die Felder und die Wiesen, die er so liebte. Schnell kam die Stadt der Zöglinge näher. Er senkte den Flug seiner Kugel und stieß steil aus der Luft auf die Stadt zu. Vor dem Gebäude der Raumüberwachung bremste er ab. Schnell initiierte er ein Dekristallisation-Feld. Astranaat wusste, dass dies ein spezielles Energie-Materie-Wandlungsfeld war. Wenn ein fester Gegenstand von ihm eingehüllt wurde, in diesem Fall seine Metallkugel, könnte dieser Gegenstand dank des Feldes durch feste Materie fliegen. Überall dort, wo das Dekristallisations-Feld auf feste Materie auftraf, wurde die molekulare Struktur anderer Materie weich und durchlässig.

Er durchflog die Wand und stoppte in dem Kontrollraum der Raumaufklärung.

Erschreckt blickten die anwesenden Bediensteten auf die Kugel.

»Ihr habt nach uns gerufen?«, fragte Astranaat.

Vitrin, der Ortungs-Offizier in der kleinen Raumüberwachung blickte die Metallkugel an.

»Könnt ihr nicht den Eingang benutzen«, fluchte er.
Astranaat sagte nichts hierauf.

»Wir haben eine Flotte nahe unserem Planeten lokalisiert«, teilte Vitrin mit. »Es handelt sich um natradische Schiffe. Vermutlich sind es Nachkommen unserer Vorfahren. «

»Eure Analyse ist nicht ganz korrekt«, antwortete Astranaat. »Die Schiffe sind identisch. Auch die Lebewesen an Bord weisen die gleichen Gehirnwellen auf, wie vor 100.000 Jahren. Eure Vorfahren sind zurückgekehrt. Vermutlich wollen sie euch holen. «

»Wie kann das sein? «, fragte der Leiter der Raumüberwachung. » Sie müssten schon lange tot sein?

»Das Universum ist unendlich und schwer zu ergründen«, antwortete Astranaat. »Sie können in einer Stasis-Kammer überdauert haben, oder von einem Zeitfeld ausgespuckt worden sein. Die Antwort können nur sie uns geben. «

»Wie verfahren wir mit ihnen? «, fragte Vitrin. » Dürfen wie sie anfunken? «

»Der weise Rat befürwortet diesen Weg nicht«, antwortete der Sorganis. »Wir wissen zu wenig von ihnen. Unsere Tarnung schützt uns und euch. Ihre Flotte wird von starken Verbänden der Daraner verfolgt. «

»Können wir ihnen nicht helfen?«, fragte Vitrin. »Es handelt sich um Angehörige unserer Species.«

»Das ist lange her«, antwortete der Astranaat. »Wisst ihr, wie sie sich weiterentwickelt haben?«

»Eine Erweiterung eures Tarnschirmes würde ihre Flotte für die Daraner unsichtbar machen«, bemerkte der Leiter der Raumüberwachung.

»Wenn etwas schiefläuft, kennen die Daraner die Position unserer Welt«, konterte Astranaat. »Ist es das euch wert?«

»Haben wir seinerzeit hiernach gefragt, als wir euch Schutz unter dem Schirm unseres Schiffes gegeben haben?«, fragte Vitrin. »Erst später konnten wir von euren speziellen Fähigkeiten profitieren. Doch bei dem Erstkontakt ging es nur darum, einer bedrohten Spezies zu helfen.«

Die Metallkugel lag ruhig in der Luft vor den Zöglingen. Einige Sekunden antwortete Astranaat nicht. Es schien so, als ob der sich mit seinem Kollektiv unterhielt.

»Der Rat unseres Kollektivs hat euren Einwand aufgenommen«, teilte er mit. »Ihr habt Recht. Ohne eure

Hilfe wäre unsere Rasse in dieser Sterneninsel ausgerottet worden. Unsere kollektive Ballung wäre ohne Geistesintelligenz gefüllt gewesen. Eure Tat wurde nicht vergessen. Wollt ihr heute unsere Schuld einfordern? «

»Wir sehen euch nicht in einer Schuld«, antwortete Vitrin. »Das Gleiche hätten wir auch für andere bedrohte Species getan. Es dreht sich hier nicht um die Frage, welche Art erneut durch die Daraner bedroht wird. Wir bitten euch lediglich um eine kleine Hilfestellung für eine Rasse, die durch aggressive Wespenwesen angegriffen werden. Dank euren technischen Möglichkeiten sollte das nur ein unwesentlicher Wunsch sein. «

Wieder verharrte die Metallkugel einige Momente regungslos in der Luft.

Dann bewegte sie sich wieder.
»Eurer Bitte wurde zugestimmt«, antwortete der Sorganis. »Ihr seid unsere Zöglinge. Eure Wünsche bedeuten uns sehr viel. Kontaktiert die Flotte eurer Angehörigen. Sie sollen näher an die Position unseres Planeten fliegen. Dann werden wir unser Tarnfeld ausdehnen. Sagt ihnen, dass nicht mehr viel Zeit bleibt. Sie sollen sich beeilen. Die Daraner werden in Kürze mit 8 Flotten-Einheiten in diesem Sektor materialisieren. «

Vitrin griff nach dem Communicator.
»Öffnet mir eine Verbindung zu der Flotte«, sagte er.

»Die Leitung ist offen«, antwortete der Leiter der Raumüberwachung. »Fassen sie sich kurz. Hoffen wir, dass die Daraner im Hyperraum keine Funksprüche empfangen können. «

Nach einem kurzen Knistern pegelte sich die Frequenz ein.

»Hier spricht Vitrin«, sprach er in den Funkgeber. »Ich rufe die natradische Flotte. «

»Eingehender Hyperfunkspruch aus der schwarzen Anomalie«, meldete Offizier Nofritin. »Wir werden gerufen.

»Auf die Lautsprecher legen«, befahl Admiral Tarin.
Er griff noch seinem Communicator.

»Hier ist Admiral Tarin«, sprach er hinein. »Mit wem spreche ich? «

»Hier spricht Vitrin, von der Raumüberwachung des Planeten Zyborak«, tönte es auf den Lautsprechern. »Unterbrechen sie mich nicht, die Zeit drängt. Ihre Flotte wird von 8 starken Kampf-Verbänden der Daraner verfolgt. Sie werden in wenigen Minuten in den Normalraum wechseln. Ihre Flotte hat nicht mehr viel Zeit. Beschleunigen sie und fliegen sie 25.000 Kilometer auf die von ihnen ersichtliche Anomalie zu. Stoppen sie und fahren sie alle Energieverbraucher herunter, die nicht für ihr Überleben notwendig sind. Wir werden unseren Tarnschirm über ihre Flotte legen. Ab diesem Zeitpunkt können sie Daraner sich nicht mehr ausmachen. Auch ihre Schiffe werden nicht mehr geortet. Fragen sie nicht, vertrauen sie uns einfach. Auch wir sind Natrader.«

Der Admiral hatte genug gehört.
»Geben sie den Befehl sofort weiter und koordinieren sie den Anflug«, befahl er seinem 1. Offizier.

Dieser eilte davon und gab die Befehle an die Flotte durch. Innerhalb von Sekunden führte die große Armada das Manöver durch und rückte näher an die Anomalie heran. Die Sorganis erweiterten ihren Tarnschirm und hüllten die Flotte von Admiral Tarin ein. Nichts deutete mehr auf Schiffe in diesem Sektor des Raumes hin. Einzig und allein war eine Sonne zu orten, die ihre Strahlen in den kalten Weltraum sandte.

***

Nur wenige Minuten später materialisierten 8 daranische Kampf-Verbände in dem Sektor. Jeder Flottenverband besaß 5.000 Schiffe. In geordneten Formationen verharrten sie im Raum und versuchten jede Kleinigkeit zu registrieren.

General Da'Wamsihajaas blickte entgeistert auf den großen Bildschirm seines Flaggschiffes.
»Wo ist die fremde Flotte der Vernichter?«, fragte er. »Die Spuren haben uns in diesem Sektor geführt.«

»Sie sind weg«, antwortete der Ortungs-Offizier. »Ich habe nichts. Hier in dem Sektor werden keine Ortungszeichen registriert.«

»Vielleicht habe sie ihre Schiffe getarnt«, bemerkte der 1. Offizier Da'Orihamsijahh.

»Ob sie technisch so weit fortgeschritten sind, kann ich nicht sagen«, antwortete der General. »Bisher haben sie sich vor uns nicht versteckt. Sie werden entdeckt haben, dass wir sie verfolgen. Vermutlich haben sie einen anderen Antrieb benutzt, der keine Spuren hinterlässt.«

Der 1. Offizier überlegte kurz.

»Ortungsgeräte auf Maximum einstellen«, befahl er. »Wir führen noch einmal einen Tiefenscan durch. Vielleicht haben wir etwas übersehen.«

Ortungs-Offizier Da'Fikamasijahh bestätigte den Befehl sofort. Er stellte alle Regler seiner Geräte auf die höchste Einstellung. Dann aktivierte er die Taster und Sensoren. Gespannt blickte er auf seine Monitore.

Das Piepsen der Scanner zeigte ihm die Aktivität der Geräte an.

Enttäuscht schüttelte er seinen Kopf.
»Ich erhalte das gleiche Ergebnis, wie beim ersten Mal«, teilte er mit. »Hier ist nichts. Keinerlei Hinweise auf eine Flotte sind zu finden. Keine Energie-Emissionen, oder Gase von Antrieben wurden registriert.«

»Es ist vorbei«, antwortete General Da'Wamsihajaas. »Wir haben die fremde Flotte verloren. Die stellvertretende Königin wird nicht zufrieden sein.«

»Ich empfehle, dass sich unsere Verbände aufteilen«, schlug der 1. Offizier vor. »Lassen wir die Sektoren im großen Umkreis absuchen. Vielleicht können wir Spuren von Hyperraum-Aktivitäten feststellen.«

»Ihnen ist bewusst, dass die Verzerrungen nicht sehr lange zu registrieren sind«, sagte General Da'Wamsihajaas.

Der 1. Offizier nickte.
»Aus diesem Grunde sollten wir nicht länger warten«, erwiderte er. »Teilen wir die Flotte auf. Möglicherweise haben wir Glück und finden neue Hinweise.«

»Informieren sie die Kommandeure unserer Flotten-Verbände«, entschied er. »Sie sollen ihre Verbände aufsplitten und Suchgeschwader in alle angrenzenden Sektoren entsenden.«

Der Funk-Offizier übermittelte die Meldung an alle Kommandanten der Schiffs-Verbände.

Es dauerte einige Zeit, bis die Generäle der daranischen Schiffe geantwortet hatten. Sie waren mit dem Vorschlag einverstanden. Die 8 großen Flotten splitteten sich auf. Suchgeschwader von 250 Schiffen entmaterialisierten und sprangen in alle angrenzenden Raumsektoren. In dem unscheinbaren Raum, vor dem getarnten Planeten Zyborak, war es schlagartig ruhig geworden.

***

Vitrin erkannte, wie die natradischen Schiffe seinen Anordnungen folgten. Sie näherten sich den übermittelten Koordinaten. Auf der Position angekommen, deaktivierten die Schiffe ihre Antriebe und sämtliche Energieverbraucher. Die Lichter der Flotte erloschen.

»Es ist so weit«, sagte Vitrin. »Ihr könnt das Tarnfeld ausweiten. «

Astranaat verharrte in der Luft vor den Anzeigen. Er unterhielt sich mental mit dem Kollektiv. Das Tarnfeld der Sorganis weitete sich aus schloss die natradische Flotte vollständig ein.

»Es ist vollbracht«, teilte Astranaat mit. »Die Flotte eurer Angehörigen ist vor den Sensoren der Daraner geschützt. Die Antriebe und die Energieverbraucher wurden deaktiviert. Die Daraner werden keine Hinweise finden. «

»Danke, Meister«, antwortete Vitrin. »Das war uns sehr wichtig. Wie können wir euch danken? «

»Das kann ich euch mitteilen«, antwortete der Sorganis. »Ihr seid unsere Zöglinge. Obwohl wir in der Evolution weit über euch stehen, haben wir uns jedoch an die angenehme Zusammenarbeit mit euch gewöhnt. Ihr wurdet von uns gefördert und mit technischem Wissen versorgt. Euch fehlt es an nichts. Wir würden es nur schwer ertragen, wenn ihr uns jetzt verlasst und mit euren Angehörigen in eine ungewisse Zukunft fliegt. «

Vitrin blickte seine Kollegen und den Leiter der Raumüberwachung an.

»Warum sollten wir das? «, erkundigte er sich. » Zyborak ist zu unserer neuen Heimat geworden. Hier lebt unser Volk. Wir haben etwas, dass sehr selten ist. Den Schutz einer Rasse, die sich Sorganis nennen. Wir haben ihnen viel zu verdanken. Warum sollten wir diesen einzigartigen Planeten jetzt wieder verlassen. «

»Weil ihr euch möglicherweise mit eurer eigenen Rasse vereinigen möchtet«, sagte Astranaat. »Das sind Erkenntnisse, die wir bei anderen humanoiden Lebensformern registriert haben. «

»Teilt eurem Kollektiv mit, dass wir uns hier wohlfühlen und keinen Anlass sehen, diesen Planeten zu verlassen«, antwortete Vitrin. »Dank euren technischen Möglichkeiten, können wir Zyborak vor den Augen aggressiver Rassen verbergen. «

Die Metallkugel von Astranaat kreiste aufgeregt vor dem Personal der Raumüberwachung. Sie schien sich zu freuen.

»Wir danken euch für das Vertrauen«, antwortete Astranaat. »Es wird langfristig nicht euer Schaden sein. Wir haben noch Großes mit euch vor. «

Seine Metallkugel flog einen Meter zurück.
»Beobachtet die Bildschirme«, empfahl er. »Die Daraner werden jetzt materialisieren. Sie werden nichts registrieren und sich in einzelne Suchflotten aufteilen und weiterfliegen. Seid nicht ungeduldig. Wartet den Weiterflug der daranischen Kriegsschiffe ab. Wenn sie fort sind, bittet ihr die Kommandeure eurer Flotte zu einem Gespräch auf diesen Planeten. Wir werden auch dabei sein, um ihre Geschichte zu hören und um ihnen den Weiterflug zu erleichtern. «

»Das machen wir«, antwortete Vitrin. »Das machen wir ganz bestimmt. «

»Alle Schiffe stoppen«, rief Admiral Tarin. »Wir sind exakt auf den übermittelten Koordinaten. «

»Alle Antriebe aus, die Geräte herunterfahren«, befahl der 1. Offizier. »Alle Energiesysteme ausschalten. Das Lebenserhaltungssystem auf Minimum schalten.«

Admiral Tarin lehnte sich in seinem Kommandostuhl zurück. Ab jetzt hatte er äußerste Funkstille vereinbart. Nur der Hauptbildschirm des Flaggschiffes war aktiv. Eine graue, dunkle Energie-Tarnwolke legte sich über die Schiffe und hüllte sie vollständig ein.

Admiral Tarin schloss die Augen. Eigentlich interessierte es ihn, was das für eine Energieform war, die seine Flotte einhüllte. Jedoch die Funkstille hinderte ihn daran, auf dem Planeten nachzufragen. Er hatte Respekt vor den Leistungen anderer Rassen.

»Hier wird ein ganzer Planet vor den äußeren Einwirkungen abgeschirmt«, dachte er. »Ähnlich wie bei den Santaranern.«

Er blickte auf den Bildschirm und sah, wie 8 daranische Kriegsflotten in dem System einfielen. Jeder Verband schien aus 5.000 Schiffen zu bestehen. Admiral Tarin fragte sich, warum er innerhalb der Wolke nach außen sehen konnte. Andersherum sollte das nicht möglich sein.

Undefinierbare Echos, Tastzeichen und Ortungsscans, offenbar aus den großen Flotten der Daraner kommend, prasselten auf die natradischen Schiffe ein. Verwundert nahmen die Schiffe Messungen und Ortungen in alle Richtungen vor.

»Sie finden uns nicht«, murmelte er. »Die Angaben der Raumaufklärung von Zyborak stimmen. Über welche technischen Errungenschaften verfügen die Kolonisten?«

»Das wird ein Gespräch mit ihnen klären«, erwiderte der 1. Offizier.» Vermutlich wollen sie mit uns fliegen und nicht länger auf diesem Planeten bleiben.«

Admiral Tarin blickte ihn an.
»Es sind 100.000 Jahre vergangen«, lächelte er. »Sie werden sich täuschen. In dieser langen Zeit sind viele neue Zivilisationen erstanden, andere sind untergegangen. Das Personal unserer abgestützten Schiffe hat sich hier eine intakte Zivilisation aufgebaut. Warum sollten sie jetzt diese Welt verlassen?«

»Weil sie Natrader sind«, antwortete Commander Lurtrin. »Auch sie werden zurück nach Natrid wollen.«

»Natrid ist nicht mehr unser Planet«, antwortete Admiral Tarin. »Unsere Nachkommen von Tarid nehmen ihn jetzt in Besitz. Was ich von ihnen gehört habe, machen sie es besser als wir.«

»Warum fliegen wir denn dorthin?«, erkundigte sich Commander Lurtrin. » Wollen sie ihn nicht zurückerobern?«

»Wo denken sie hin«, lächelte der Admiral. »Das ist alles in dem großen Plan berücksichtigt.«

Admiral Tarin blickte verheißungsvoll auf den Bildschirm. Die Flotte der Daraner verharrte regungslos in diesem Sektor.

»Falls sie es nicht wissen«, ergänzte er. »Unsere Nachkommen haben mittlerweile eine dreifach so große Flotte aufgebaut, wie wir sie in der Vergangenheit besaßen. Sie haben alle Schiffe weiterentwickelt und modifiziert. Ihnen sollte klar sein, dass wir bei einem Angriff unser Ende finden würden.«

»Das war mir nicht klar«, entschuldigte sich der Commander. »Haben sich die Barbaren von Tarid so weit entwickelt.«

»Das ist so«, erwiderte Admiral Tarin. »Wir müssen sie als Gleichgesinnte, als Partner und als unsere Nachkommen

akzeptieren. Verstehen sie das Neue-Imperium als eine mögliche Unterstützung in heiklen Situationen. Sie werden dafür sorgen, dass Natrid nie mehr untergehen wird.
«

»Sie scheinen eine sehr hohe Meinung von den Barbaren zu haben«, antwortete der Commander. » Was veranlasst sie zu dieser Vermutung? «

»Sie nennen sich Terraner«, sagte Admiral Tarin. »Das habe ich von Admiral Cartero mitgeteilt bekommen. Er hat mir Bildmaterial einer Schlacht überlassen, welche die technische Überlegenheit der Terraner und ihrer Verbündeten zeigt. «

»Was meinen sie mit Freunden? «, erkundigte sich der Commander.

»Sie gehen einen Weg, den unser ehemaliger Kaiser nie für nötig gehalten hatte«, erklärte der Admiral. »Sie haben mittlerweile eine Menge Freunde, die ihnen nicht nur technisch zur Seite stehen. «

Er blickte Commodore Sitrin an, der an einer Konsole hantierte.

»Commodore Sitrin«, befahl er. »Speisen sie doch bitte einmal die Bildsequenzen ein, die wir von Admiral Cartero erhalten haben. Legen sie das Material auf den Hauptbildschirm.«

»Das dauert einen Augenblick«, erwiderte der Commodore mit. »Ich muss erst die Datei suchen.«

Admiral Tarin blickte Commander Lurtrin an.
»Es handelt sich um Aufnahmen, die noch den Vorgänger von Admiral Cartero bei seiner Arbeit in der Admiralität zeigten«, teilte er mit. »Wundern sie sich also nicht. Die Bildsequenzen sind mit dem Originalton unterlegt. Wir haben nichts verändert. Die Bilder sind selbsterklärend.«

»Ist Offizier Suterin noch auf der Brücke?«, fragte der Admiral laut.

»Hier«, rief eine Person eines Nachrichten-Terminals. »Ich bin noch da.«

»Kommen sie bitte zu uns herüber«, antwortete der Admiral. »Sie können uns mit einigen Informationen behilflich sein.«

Suterin kam zu Admiral Tarin und Commander Lurtrin geschritten.

»Wir sehen gleich Bildmaterial, das ihnen noch von dem großen Auditorium bekannt sein dürfte«, teilte der Admiral mit. »Commander Lurtrin kennt diese Aufnahmen noch nicht. Sie stammen von Admiral Cartero. Würden sie für ihn bitte die Bilder kommentieren. Sie handeln von der Unterstützungs-Flotte des neuen Imperiums. «

»Das mache ich gerne«, antwortete Suterin. »Auch ich bin erstmals im großen Rat hiermit konfrontiert worden. «

»Die Bilder kommen auf den zentralen Bildschirm«, sagte der Commodore. »Ich habe die Datei gefunden. «

»Danke«, antwortete Admiral Tarin.

Gespannt schauten die Offiziere auf den Bildschirm.
Das Bild erhellte sich. Es zeigte den Rat des großen Auditoriums. Admiral Cartero stand vor ihm und schien Erklärungen abzugeben.

»Entschuldigen sie mein Abschweifen«, hörten sie den Admiral sagen. »Wie ich ihnen schon mitteilte, wurden wir von dem Angriff der Daraner überrascht. Es gelang ihnen, mit 5.000 Schiffen einer 500 Meter-Klasse, unser getarntes System ausfindig zu machen. Der große Teil unserer Kohorten-Verbände war in entfernten Bereichen des Universums unterwegs. Der damalige Leiter der Admiralität, Admiral Gentrin, konnte lediglich auf eine Anzahl von 3.600 Schiffen der Heimat-Verteidigung zurückgreifen. Ich habe die Schiffe meiner Kohorte bereits mitgerechnet. Es gelang mir noch rechtzeitig unser Heimat-System mit meinem Flotten-Verband zu erreichen.«

»Das sind Informationen über den daranischen Angriff auf unser Kunstsystem«, teilte Suterin mit. »Zu diesem Zeitpunkt war ich schon nicht mehr dabei. Wie sie sehen, hat der stellvertretende Vorsitzende Melterin die Geschäfte übernommen.«

»Wir wissen Bescheid«, antwortete Admiral Tarin.
Die Offiziere blickten weiter auf den Bildschirm.

»Wir sind informiert und sehr dankbar für ihre schnelle Rückkehr«, bemerkte das Ratsmitglied Melterin. »Sie sind einer unserer besten Offiziere. Sprechen sie weiter.«

»Die Schiffe der Daraner standen kurz vor dem Durchbrechen durch unseren Schutzschirm«, erklärte Admiral Cartero. » Dann erhielten wir unerwartet Hilfe von dem Neuen Imperium von Tarid & Natrid und ihren Verbündeten. Mit 1.000 starken Zerstörern der Kaiser-Klasse, es handelte sich um modifizierte Natrid-Schiffe der 2.000 Meter-Klasse, gelang es Major Travis innerhalb kürzester Zeit die Flotte der Daraner zu schlagen. Diese gewaltigen Zerstörer haben ein Feuerwerk entfacht, das die Besatzungen unserer Schiffe neidisch werden ließ.«

»Jetzt übertreiben sie aber«, sagte Melterin. »Diese Schiffe sind über 100.000 Jahre alt.«

Admiral Cartero und Commander Utero lachten sich an.

»Das denken sie«, erwiderte der Admiral Cartero. »Es handelt sich um Schiffsneubauten, die von unserer alten Groß-Hypertronic-KI von Natrid modifiziert wurden. Ich kann ihnen schon heute mitteilen, dass unsere Schiffe diesen Giganten massiv unterlegen sind. Ihre Freunde haben sich lediglich mit 25 Schiffen einer uns unbekannten 200 Meter-Klasse an der Raumschlacht beteiligt. Aber diese kleinen Angriffs-Kreuzer hatten es in sich. Zu ihrem besseren Verständnis rufe ich eine Bild-Aufnahme von Admiral Gentrin ab. Schauen sie bitte zu, wie er sich mit den Offizieren seiner Leitstelle unterhält. Beachten sie den großen Monitor an der Wand der Leitstelle.«

»Jetzt werden separate Aufnahmen eingespielt, die Commander Utero auf einem Speichergerät mitgebracht hatte«, teilte Suterin mit.

Der Commander zog ein Gerät aus der Tasche seiner Uniform. Er drückte mehre Tasten und aktivierte das Bild und den Ton der Aufnahme.

»Hier sehen sie den abgesetzten Admiral Gentrin«, teilte Suterin mit. »Er war der Vorgänger vor Admiral Cartero.«

Die Bildaufzeichnung füllte den ganzen Monitor des Flaggschiffes aus.

Admiral Gentrin stand mit seinen Offizieren in der Leitstelle der Admiralität. Fassungslos blickten sie auf den großen Bildschirm an der Wand.

»Das sind Schiffe von Natrid«, erkannten die Zuhörer seine Stimme. »Es handelt sich um die natradische Schiffe der Kaiser-Klasse. Die 2.000 Meter-Schiffe aktivieren ihre Waffensysteme.«

Der Monitor zeigte die stolze Flotte des Neuen-Imperiums. Dann zog sich ein Blitzgewitter über den Bildschirm. Unzählige Laserlanzen schossen auf die Schiffe der Daraner zu. Ein Zischen und Knistern waren zu hören. Die Stimme des Admirals wurde erneut hörbar.

»Die Schiffe der Daraner zerplatzen unter ihren Laser-Salven«, sagte er erstaunt. »Was müssen sie für gewaltige

Waffensysteme haben. Solche hätte ich auch gerne. Dann wäre unser Problem gelöst.«

Commander Lurtrin und Suterin sahen die erstaunten Gesichter der Ratsmitglieder des großen Auditoriums. Es schien fast so, als ob sie solche Szenen bisher noch nicht gesehen hatten. Sie registrierten bewundernd, dass die Laser-Strahlen der Daraner den Schiffen des neuen Imperiums nichts anhaben konnten.

Erneut schaltete das Bild auf die Szenen im Weltraum um. »Wir registrieren eine weitere Flotte von 1.000 Schiffen, die in unser inneres System eindringen«, meldete der Ortungs-Offizier der Admiralität. »Die Daraner haben Verstärkung erhalten.«

»Was passiert da?«, erkundigte sich Admiral Gentrin ungläubig.

Er erkannte, dass nur wenige Schiffe auf einen Abfangkurs einschwenkten.

»Lediglich 24 Schiffe der 200 Meter-Klasse stellen sich ihnen entgegen«, meldete der Ortungs-Offizier.

»Warum nur 24 Schiffe?«, stutzte der Admiral. » Wie wollen sie die daranische Flotte aufhalten?«

»Das Geschwader aus 24 kleinen 250 Meter-Schiffen fliegt auf die vorderste Linie der daranischen Schiffe zu«, bemerkte der Ortungs-Offizier. » Jetzt stoppen sie ihren Flug. Sie scheinen die restliche Flotte absichern zu wollen. Lediglich fünf Schiffe fliegen weiter auf die daranischen Einheiten zu. «

»Ich sehe es«, antwortete Admiral Gentrin. »Welchen Sinn macht das? «

»Sie eröffnen das Feuer«, meldete der Ortungs-Offizier. »Ich registriere 20 Bomben, die mit hoher Geschwindigkeit auf die daranischen Schiffe zufliegen. «

Eisige Stille war zu hören. Kein Ton wurde von der Aufnahme wiedergegeben.

»Achten sie jetzt genau auf die Geschehnisse«, forderte Admiral Tarin seinen Commander auf.

Die Beobachter sahen, wie der ehemalige Admiral der Admiralität gespannt auf seinen Bildschirm blickte. Kurz vor der Flotte der Daraner explodierten die 20 Bomben. Das Bild des Monitors von Admiral Gentrin flackerte und verzerrte sich. Sie Zuschauer erkannten, wie sich eine Dimensions-Spalte im Universum bildete. Eine kreisende

Bewegung baute sich auf, wie eine Art Strudel im Wasser. Der Strudel vergrößerte sich in eine breite Spalte, die sich vor den Schiffen der Daraner aufbaute. Zusatz-Antriebe der daranischen Schiffe zündeten. Sie wollten der dunklen Dimensions-Spalte entkommen. Doch es gelang ihnen nicht. Die hilflosen Feind-Schiffe wurden alle in den Abgrund gerissen. Dann schloss sich die Dimensions-Spalte wieder. Die 1.000 Schiffe der Daraner waren spurlos verschwunden.

Admiral Gentrin schüttelte seinen Kopf. Seine Kinnlade fiel herunter. Er war fassungslos.

»Wo sind sie hin?«, fragte er.» Haben wir neue Ortungen vorliegen? «

»Nein«, antwortete der Ortungs-Offizier. »Die fremden Schiffe sind fort, spurlos verschwunden. «

Der Admiral hob seinen Kopf und schaute ihn an.
»Wir müssen vorsichtig sein«, flüsterte er. »Mit den Waffen des Neuen-Imperiums ist nicht zu spaßen. Sie scheinen technisch weit über unserem Wissen zu stehen. So etwas habe ich noch nie gesehen. «

Die Aufnahmen zeigten wieder die Flotte des Neuen-Imperiums. Die verbliebenen Schiffe der Daraner wurden von allen Seiten eingekesselt. Selbst die santaranische Heimat-Flotte erzielte jetzt zusehends Erfolge. Immer wieder wurden rückseitig Abschüsse der letzten daranischen Walzenschiffe gemeldet. Im Sekundenrhythmus entzündeten sich neue kleine Kunstsonnen auf dem Monitor der Leitzentrale. Die Vernichtung des Feindes wurde deutlich.

»Wie viele Schiffe zählen wir noch?«, fragte Admiral Gentrin.

»Ganze 163 Schiffe«, antwortete der Ortungs-Offizier lachend. »Die Anzahl nimmt stetig ab.«

»Die Aufnahme beenden«, befahl Admiral Tarin.
Das Bild schaltete sich ab.

»Verstehen sie jetzt, was ich meine?«, fragte er seinen Commander.

Der stand immer noch auf seinen Füßen und blickte auf den dunklen Monitor. In seinem Gehirn arbeitete es.

»Das ist nicht möglich«, antwortete er. »Wie lässt sich so etwas technisch bewerkstelligen?«

»Das werden uns die Verbündeten des Neuen-Imperiums nicht mitteilen«, erwiderte der Admiral. » So viel ist sicher. Aber mit solchen Waffen ausgerüstet, werden sie keine Feinde fürchten müssen. «

»Achtung, die Flottenverbände der Daraner splitten sich in. kleinere Gruppen auf«, meldete der Ortungs-Offizier. » Die Schiffe springen aus dem Sektor. «

»Sie haben uns nicht orten können«, lachte Admiral Tarin. »Wir können uns bei den Kolonisten bedanken. Ein weiter Kampf ist uns erspart geblieben. «

Nach und nach sprangen die Flotten-Geschwader der Daraner in den Hyperraum.

Dann wurde es ruhig, auf dem Bildschirm des natradischen Flaggschiffes. Die Daraner waren verschwunden.

»Eingehender Funkspruch von der Raumüberwachung von Zyborak«, meldete Ortungs-Offizier Garrtrin. »Man ruft uns. «

»Legen sie auf die Lautsprecher«, entschied der Admiral.

»Hier ist die Raumüberwachung von Zyborak«, tönte es aus den Lautsprechern. »Ich rufe die Evakuierungsflotte von Admiral Tarin.«

Der Befehlshaber der Flotte griff nach seinem Communicator.

»Hier spricht Admiral Tarin«, antwortete er. »Ich möchte mich als Erstes für ihre Unterstützung bedanken. Ohne ihre Hilfe wären wir in einen weiteren Kampf verwickelt worden. Das liegt in keiner Weise in unserer Absicht.«

»Danken sie nicht uns«, antwortete die freundliche Stimme. »Nur durch die freundliche Unterstützung unserer Meister wurde ihnen der Schutz gewährt. Darf ich die Führung ihrer Flotte auf unseren Planeten einladen? Sie haben bestimmt einige Fragen an uns?«

»Ich hatte gehofft, dass sie uns das fragen?«, erwiderte der Admiral. »Wir kommen gerne und hoffen von ihnen zu lernen.«

»Nehmen sie einen Tarin-Gleiter und folgen sie unserem Leitstrahl«, teilte Vitrin mit. »Er führt sie zu einem geeigneten Landeplatz.«

»Senden sie uns ihren Leitstrahl«, antwortete der Admiral. »Wir kommen zu ihnen. «

Die Verbindung brach ab.

»Commander Lurtrin, Commodore Sitrin, Ortungs-Offizier Garrtrin und Informations-Offizier Suterin, sie begleiten mich«, befahl der Admiral. » Irgendwelche Einwände?«

Die angesprochenen Offiziere schüttelten ihren Kopf. »Commander nehmen sie noch sechs Kampf-Roboter zu unserer Sicherheit mit«, entschied der Admiral. »Wir wissen nicht, was die angeblichen Meister der Kolonisten im Schilde führen. «

»Der Leitstrahl wird gesendet«, meldete Funkoffizier Nofritin.

»Wir machen uns auf den Weg«, antwortete der Admiral.

Schnell verließen die Offiziere die Brücke des Flaggschiffes. Es verging eine ganze Zeit, bis das große Schiff durchquert war. Im Hangar 5 wartete der Tarin-Jet auf das Personal. Die sechs Kampf-Roboter standen Spalier an dem Schott und salutierten, als die Offiziere eintrafen. Nachdem alle in den Jet gestiegen waren, schloss der letzte Roboter die Luke.

Commander Lurtrin setzte sich auf den Pilotenstuhl. Er griff nach dem Communicator.

»Hier ist der Jet von Admiral Tarin«, sprach er in das Gerät. »Wir sind zum Abflug bereit. Öffnen sie uns das Ausflugsschott.«

»Ihr Flug ist freigegeben«, meldete Steuermann Hartrin. »Starten sie ihre Antriebe, das Außenschott wird geöffnet.«

»Danke«, antwortete der Commander und steckte den Communicator in seine Halterung. Dann drückte er auf den Knopf, der die Antriebe zündete.

Langsam hob der Jet vom Boden ab. Das Hangar-Schott schob sich langsam beiseite und gab den Blick in den dunklen Weltraum frei. Vorschriftsgemäß flog der Commander der Kampf-Jet aus dem Hangar. Außerhalb beschleunigte er, flog eine Schleife und schwenkte auf den Planeten ein, der schillernd grün vor ihnen schimmerte.

Der Tarin-Jet stieß in die Atmosphäre des Planeten Zyborak vor. Die Wolken wurden durchlässiger. Die Crew staunte über die weitflächigen Kräuterwiesen, die vielen

Felder und die angelegten Beete. Farbenprächtige Blumen säumten breite Steinwege. Dazwischen schimmerten künstlich angelegte Teiche und Flüsse. Alles schien untereinander verbunden zu sein. Immer wieder wurden die Wege von kleinen Brücken und Überdachungen abgeteilt.

»Es sieht aus, wie ein globaler Garten«, bemerkte Commander Lurtrin.

Er war sichtlich beeindruckt von der Fülle der Pflanzen und der Blütenpracht.

Admiral Tarin nickte beeindruckt.
»So etwas habe ich auch noch nicht gesehen«, erwiderte er. »Ein Paradies im entfernten Weltraum einer kriegerischen Species.«

Er zoomte das Bild auf dem Monitor heran.
Die Sonne durchdrang die Wolken. Sie spiegelte sich in den Tautropfen, die noch an den Gewächsen hingen. Ein Funkeln, wie von tausenden ausgestreuten Diamanten drang über den Bildschirm zu der Crew. In regelmäßigen Abständen waren große überdachte Zonen festzustellen. Hier wurden vermutlich die jungen Pflanzen herangezogen. Am Horizont war eine größere Stadt zu erkennen. Der Leitstrahl zog den Jet in ihre Richtung. Es

waren gewaltige Flachbauten zu erkennen. Sie glichen großen Industriewerken. Zahlreiche Roboter liefen durch die Anlagen und bewässerten die Pflanzen. Andere beschnitten Sträucher, wieder andere legten neue Beete an. Nur wenige Personen waren zu sehen. Alles schien automatisch abzulaufen.

»Der Planet ist tatsächlich ein Paradies«, bemerkte Commodore Sitrin. »Die Kolonisten hatten Glück, hier abgestürzt zu sein.«

Kurz vor der Stadt lag der Raum-Flughafen, vor dem Gebäude der Raumaufklärung. Der hellgrüne Bodenbelag passte sich nahtlos in die Grünlandschaften ein. 10 Schiffe einer 1.000 Meter-Klasse standen regungslos am Boden.

Gemächlich setzte Commander Lurtrin den Jet auf.
» Alle Maschinen auf Standby«, teilte er mit. » Ich lasse die Generatoren für den Schutzschirm in Bereitschaft«.

Der 1. Offizier Leutnant Graves bestätigte den Befehl.
»Unser Begrüßungskomitee ist bereits eingetroffen«, sagte Admiral Tarin. »Lassen wir sie nicht warten.«

Das Schott öffnete sich. Zuerst sprangen die sechs Kampf-Roboter aus der Luke. Sie bauten sich rechts und links des Schotts auf. Einer von ihnen gab den Offizieren die

Information, dass keine Gefahr zu erkennen war. Admiral Tarin und seine Begleiter stiegen aus dem Jet.

Eine Abordnung der Kolonisten erwartete sie bereits. Admiral Tarin und seine Crew blickten sich interessiert nach allen Seiten um und gingen auf die wartende Gruppe zu.

»Willkommen, Admiral Tarin«, sagte Vitrin. »Ich bin begeistert den Retter unserer Rasse persönlich kennenzulernen.«

»Sie schmeicheln mir«, lächelte der Admiral. »Eigentlich stimmt ihre Aussage nicht ganz. Wir haben ihre abgestürzten Schiffe auf diesem Planeten zurückgelassen, weil wir davon ausgegangen sind, keine Überlebenden mehr anzutreffen. Durch den Angriff der Daraner wollten wir schleunigst weiterreisen, um uns nicht noch mit einer möglichen Verstärkung herumschlagen zu müssen.«

»Das ist lange her«, antwortete Vitrin. »Wenn ich mich nicht täusche, müssten seit dieser Zeit 100.000 Jahre vergangen sein?«

»Ihre Einschätzung entspricht den Tatsachen«, antwortete der Admiral. »Sie haben sich hier eine schöne Heimat aufgebaut. Der Planet scheint sie mit allem zu versorgen, was sie benötigen. Doch leider haben wir registriert, dass die Daraner immer noch diese Sterneninsel in ihrer Gewalt haben. Es scheint sich nichts geändert zu haben?«

Vitrin blickte die Gruppe an.
»Die Daraner sind eine wespenähnliche Lebensform«, antwortete er. »Sie sind in der Lage jedes Jahr Tausende von Nachkommen zu gebären. Hierunter sind viele Arbeiter und Soldaten. Obwohl sie nicht über die Duplikationstechnik verfügen, gelingt es ihnen jedes Jahr unzählige Raumschiffe zu bauen. Doch sie wissen nicht, dass wir hier leben. So wird es auch bleiben.«

Vitrin blickte die Besucher durchdringend an.
»Doch gehen wir in die Raumaufklärung unserer Stadt«, ergänzte er. »Ich möchte ihnen unsere Meister vorstellen. Dank ihnen können wir heute vor ihnen stehen.«

Admiral Tarin blickte Vitrin fragend an.
»Folgen sie uns bitte«, sagte er höflich. »Es ist nicht weit in die Raumaufklärung.«

Die Gruppe setzte sich in Bewegung folgte dem Empfangskomitee. Die 100 Meter zu dem großen Gebäude waren schnell bewältigt.

Zwei Soldaten in bunten Uniformen öffneten die Türe, als die Gruppe eintraf.

Admiral Tarin und seine Begleiter musterten die bunten Uniformen und folgten Vitrin. Er führte die Begleiter in einen großen Saal. Als sie eintraten, wurden sie bereits von 50 Offizieren erwartet. Auf einem Podest auf einer Empore lagen 5 Metallkugeln jeweils in einem Ständer. Vermutlich sollte der Ständer dafür sorgen, dass die Kugeln nicht von der Empore rollten.

Vitrin führte die Offiziere des Flaggschiffes von Admiral Tarin in die Mitte des Raumes.

Ein älterer Natrader mit grauem Haar kam auf sie zugetreten.

Vitrin verbeugte sich.
»Darf ich ihnen unseren Kanzler vorstellen«, sagte er. »Zytrin ist unser gewähltes Staatsoberhaupt.

Admiral Tarin und seine Crew verbeugten sich vor dem Kanzler. Sie begrüßten ihn mit dem alten natradischen Gruß.

»Diese Grußbezeugung habe ich lange nicht mehr gesehen«, lächelte der Kanzler. »Sie sind noch richtige Natrader? «

Admiral Tarin blickte ihn an.
»Ich hoffe, sie ebenfalls? «, fragte er.

Der Kanzler schaute ihn durchdringend an.
»Wir waren es einmal«, erwiderte er. »Doch die lange Zeit auf diesem Planeten hat uns umdenken lassen. Obwohl wir eine lange Lebenserwartung von unseren Meistern geschenkt bekommen haben, konnten sich nur noch wenige Nachkommen unseres Volkes an ihren Ursprungs-Planeten erinnern. Aufgrund der schrecklichen Erlebnisse wird die Geschichte unserer Herkunft nicht mehr unserem Nachwuchs mitgeteilt. Sie ist zwar in unseren Geschichtsarchiven nachlesbar, jedoch nur für die Personen, die sich gezielt hierfür interessieren. «

»Ich verstehe«, antwortete der Admiral.
»Das glaube ich nicht«, erwiderte der Kanzler. »Sie wissen selbst am besten, was wir alles verloren haben. Nicht zuletzt durch den kaiserlichen Protektionismus konnten wir uns als Volk nicht frei entwickeln. Natrid war ein machtvolles Imperium. Andersdenkende wurden unnachgiebig verfolgt, unterwürfig gestellt oder im schlechtesten Fall ausgerottet. Sie sollten am besten die

Machenschaften des Kaisergeschlechts unserer alten Heimat kennen.«

»Uns kommt es vor, als wäre es erst gestern gewesen«, antwortete Admiral Tarin. »Die wenigen Jahre, die wir auf Santaron verbracht haben, konnten hieran nichts ändern. Dann gingen wir in die Stasis-Kammern, weil wir anders dachten als die neue Regierung unseres Evakuierungs-Planeten. Es war eine sogenannte Sicherungsverwahrung, die lediglich einige Hundert Jahre dauern sollte. Doch wir wurden vergessen. Neue Regierungen wurden gewählt, die Offiziere meiner Evakuierungs-Flotte lagen über 100.000 Jahre in diesen Schlafkammern. Wir können froh sein, dass keine Kammer ausfiel.«

»Dann wissen sie, wovon ich spreche«, antwortete der Kanzler. »Jede Zivilisation verändert sich. Auch wir haben uns dank unserer Meister zu einer zurückgezogenen Rasse entwickelt. Obwohl wir einige Raumschiffe besitzen, haben wir nie den Anreiz verspürt, uns in neue Regionen des Weltalls auszudehnen. Dafür ist unsere Population auch zu gering. Unser Planet heißt Zyborak, entsprechend nennen wir uns seit unserer unfreiwilligen Notlandung Zyborakies.«

Admiral Tarin nickte.

»Zyborakies mit natradischer Abstammung«, antwortete er. »Diese können sie leider nicht verleugnen. «

»Das möchten wir auch gar nicht«, antwortete der Kanzler. »Die Wurzeln unseres Ursprungs sind für immer mit uns verbunden. Dank unserer Meister verfügen wir über ein enormes technisches Verständnis. Wir können uns überall hinbegeben, um zu beobachten und um zu verstehen. Ein direkter Eingriff in die Abläufe der Geschehnisse der einzelnen Sterneninseln, der unterschiedlichen Dimensionen und den Zeitschleifen ist uns nicht gestattet. «

Admiral Tarin, Commodore Sitrin, Commander Lurtrin und Suterin blickten den Kanzler fragend an.

»Verstehe ich sie richtig? «, fragte der Admiral. » Sie können sich zu all den Orten begeben und beobachten? «»So habe ich es mitgeteilt«, erwiderte der Kanzler. » Sie können uns auch als Astrotechniker bezeichnen. Unsere Meister haben seit Beginn ihrer Daseinsform ein reges Interesse an technischen Entwicklungen. Sie besitzen ein unvorstellbares technisches Verständnis. Eine besondere Gabe, welches ihnen die Evolution mitgegeben hat. Nur durch das Ansehen von Geräten, können sie die Funktionsweise verstehen und diese nachbauen. «

Admiral Tarin sah den Kanzler an.
»Warum erzählen sie uns das?«, fragte er.» Es freut mich natürlich, dass ihre Meister technisch so verständnisvoll sind. Doch wie profitieren sie hierdurch? Wir sind hier in diesen Sektor gekommen, um nach ihnen zu schauen. Wir wollten sie fragen, ob sie mit uns fliegen möchten? «

Der Kanzler blickte Vitrin an.
»Wir haben uns weit von ihnen entfernt«, bemerkte er. »Sie verstehen uns nicht mehr. «

Vitrin nickte zustimmend.
»Das haben unsere Meister vorhergesehen«, antwortete er. »Es ist nicht verwunderlich, sie besaßen nicht unsere Lehrer. «

Er wandte sich wieder dem Admiral zu.
»Wir danken im Namen unserer Rasse für ihr Angebot«, erwiderte er. »Doch wir fühlen uns auf diesem Planeten sehr wohl. Hier können wir uns schneller entwickeln, als uns das auf einem anderen Planeten möglich wäre. Ich hoffen sie sind uns nicht böse, wenn wir ihr Angebot ablehnen? «

»Das ist ihre Entscheidung«, antwortete Commodore Sitrin. »Wir zwingen Niemanden, mit uns zu gehen. Doch bedenken sie, dass die Daraner immer noch nach Humanoiden Ausschau halten.«

Der Kanzler blickte den Commodore an.
»Die Daraner haben die ganzen 100.000 Jahre ihrer Abwesenheit unseren Sektor kontrolliert«, teilte er mit. » Dank des Tarnschirmes unserer Meister konnten sie uns jedoch nicht lokalisieren. «

»Ob das immer gelingen wird, ist äußerst fraglich? «, sagte Admiral Tarin. » Auch die Daraner scheinen ihre Technik weiterzuentwickeln. «

»Jede Species ist hierzu in der Lage«, antwortete der Kanzler. »Auch wir machen das. Falls es einmal dazu kommen sollte, dass uns die Daraner entdecken, dann werden wir unseren Planeten in einen anderen Sektor transferieren. «

Der Admiral riss seine Augen weit auf.
»Hierzu sind sie in der Lage? «, fragte er nach.

»Das ist eine unserer leichteren Möglichkeiten«, antwortete der Kanzler. »Unseren Planeten in eine andere Dimension zu bringen, oder auf eine Zeitschleife einzupendeln, das benötigt schon eine größere Anstrengung. «

Admiral Tarin schüttelte seinen Kopf.
»Sie haben meinen Respekt«, sagte er. »Das hätte ich nicht gedacht. Wir haben vor in die Milchstraße zu fliegen, um nach Natrid zu sehen. Von dort aus fliegen wir weiter.«

Vitrin lachte kurz auf.
»Sie wollen dem Neuen-Imperium einen Besuch abstatten«, antwortete er. »Unsere Nachkommen wollen das alte natradische Kaiserreich wieder in seinen alten Grenzen erneuern. Jedoch mit einer anderen Lebensphilosophie als jene, die früher bei uns üblich war.«

»Woher wissen sie das alles?«, fragte Admiral Tarin.

»Sie haben unsere wenigen Raumschiffe gesehen«, antwortete Vitrin. »Unsere Meister nehmen uns mit auf ihre Expeditionen. Dort halten sie Ausschau nach neuer Technik. Auch im Sol-System, wie die Terraner ihr Heimat-System nennen, waren wir bereits öfters?«

Admiral Tarin überlegte kurz.
»Sie waren bereits öfter da?«, wiederholte er die Antwort von Vitrin. » Wie bewältigen sie denn die große Entfernung? Mit einem Hyperraumsprung-Antrieb würde der Flug Jahre dauern.«

»Der Hyperraumsprung-Antrieb ist eine Entwicklung junger Rassen«, antwortete Vitrin. »Er ist die erste Entwicklung längere Strecken im Weltraum zu absolvieren. Darüber sind wir lange hinausgewachsen. Unsere Schiffe können ein Triangel-Portal öffnen. Es wird gespeist durch die Energie des Zwischenraumes und ist von einem Raumschiff aus steuerbar. Eine anstehende Reise kann durch die Koordinaten angewählt werden. Wenn sie so wollen, ist ein Triangel-Portal der nächste technische Schritt nach einem Wurmloch-Durchgang. «

»Können sie uns eines zur Verfügung stellen? «, fragte der Admiral. » Dann brauchen wir nicht die ganzen Jahre im Weltraum zu verbringen? Das würde uns sehr hilfreich sein. «

Vitrin blickte den Kanzler an.
Der zuckte mit seinen Achseln.
»Das müssten unsere Meister entscheiden«, antwortete er.

»Wir dürfen die Technik zwar nutzen, doch ohne die Zustimmung unserer Meister dürfen wir diese Technik nicht weitergeben. «

»Dürfen wir mit ihren Meistern sprechen? «, fragte der Admiral. » Möglicherweise sind sie zu einer

Unterstützung bereit. Auch sie unterstützen ihre Meister, wie ich erkannt habe. Wo können wir sie treffen?«

Vitrin drehte sich um und blickte die fünf Metallkugeln an, die noch immer in ihrem Ständer lagen.

»Sie sind hier«, erklärte er dem Admiral. »Sie haben die ganze Zeit ihr Gespräch verfolgt.«

Admiral Tarin und seine Begleiter blickten sich um. Doch sie konnten nichts entdecken.

»Wo sind sie?«, fragte er. »Sie verstecken sich vor uns.«

»Sie verstecken sich nicht«, antwortete Vitrin. »Ich bitte sie jetzt zu uns.«

Er winkte kurz den fünf Metallkugeln zu. Diese schwebten aus ihren Ständern und flogen in geordneter Reihe hintereinander auf die Gäste zu.

In Augenhöhe blieben sie vor Admiral Tarin und seinen Begleitern stehen. Es schien so, als ob sie schwerelos in der Luft verharrten.

»Darf ich ihnen den Rat der Sorganis vorstellen«,

sagte Vitrin. »Ich stelle sie ihnen von links nach rechts vor. Für sie werden sie alle gleich aussehen. Doch wir können sie gut unterscheiden.

Er wartete einen kurzen Augenblick.
»Links sehen sie Astranaat, neben ihm schweben Astralin und Astragrin«, erklärte Vitrin. »Die beiden letzten Kugeln beinhalten Astragard und Astragronn. Das sind unsere Beschützer.«

Admiral Tarin und seine Begleiter waren irritiert.
»Es sind schwebende Metallkugeln«, bemerkte Commodore Sitrin.

»Das ist nur ihre äußere Erscheinung, die sie uns zu Liebe angenommen haben«, erklärte Vitrin. »Unsere Meister sind schon lange über ihre körperliche Erscheinung hinausgewachsen. Sie bevorzugen den energetischen Zustand ihrer Erscheinung. Er offenbart ihnen mehr Freiraum für ihre Forschungen. Aber hören sie zu, was sie ihnen zu sagen haben.«

Admiral Tarin blickte die Kugeln an, die sich für ihn nicht unterschieden.

»Wir begrüßen die Rasse unserer Zöglinge auf unserer Welt«, sagte Astranaat. »Wir verstehen, dass sie erstaunt sind. Wir sind schon lange nicht mehr an unsere Köper gebunden. Vor vielen Tausenden war es uns möglich, auf den nächsten Evolutions-Stand zu wechseln. Unser Geist und unsere Daseinsform definieren sich in reiner Energie. Das hat für uns sehr viele Vorteile, leider auch einige Nachteile, wie wir erst später erkannt haben.«

Die Augen von Admiral Tarin bildeten kleine Fältchen. Er versuchte die Sorganis einzuschätzen.

»Wir möchten uns bei ihnen bedanken«, ergänzte Astranaat. »Durch die Notlandung von fünf ihrer Schiffe vor 100.000 Jahren, konnten zahlreiche Angehörigen unserer Rasse unter den noch aktiven Schutz-Schirmen Schutz suchen. Die Angehörigen ihres Volkes sorgten sich um uns. Dem Angriff der Daraner und ihrem Bombardement mit Atomwaffen waren wir auf diesem Planeten schutzlos ausgeliefert. Wir waren erst wenige Stunden vorher eingetroffen und hatten die Lage falsch beurteilt.

Dieser Angriff auf einen Planeten war neu für uns. Es gelang uns in dieser kurzen Zeit nicht, unsere Technik zu installieren. Unsere Hilfsroboter wurden durch den Angriff der Daraner derart beschädigt, dass sie nicht mehr zu gebrauchen waren. Erst als ihre Artgenossen notlanden mussten, konnten wir bei ihnen Schutz suchen.

Wir verloren leider viele Angehörige unserer Rasse, doch 150 Sorganis überlebten. Wir sind die letzten unserer Rasse in dieser Sterneninsel.«

»Das tut uns leid«, antwortete Admiral Tarin. »Auch wir wurden von dem Angriff der Daraner überrascht. Aber das ist jetzt lange her. Wir möchten in keinen weiteren Kampf verwickelt werden.«

»Das werden sie noch öfter«, antwortete Astranaat. »Das Grauen der Zeitschleife wird sie einholen. Nicht nur die Daraner suchen nach ihnen.«

Die Kugel schwebte etwas höher, auf das Gesicht von Admiral Tarin zu.

»Besser wäre es gewesen, wenn sie weiterhin in ihren Stasis-Kammern geblieben wären«, antwortete Astranaat.

Der Admiral lachte.
»Uns reichen die vielen Jahrtausende aus«, antwortete er. »Wir wollen uns ab heute der Vergangenheit stellen.

»Unsere Zöglinge sind die Hände und die Füße für uns«, erklärte Astranaat. »Durch sie können wir unsere Ideen und Entwicklungen schneller umsetzen, als es die Roboter für uns machen konnten. Wir sind ihren Angehörigen zu großem Dank verpflichtet. Aus diesem Grunde unterstützen wir sie. Ihr Flaggschiff wird von uns mit einem Gerät ergänzt, dass ein Triangel-Portal öffnen kann. Hiermit kommen sie sehr schnell an ihren gewünschten Zielort.«

Ein großes Hologramm entstand in der Mitte des Raumes. Es zeigte eine Karte der Galaxie. Das zunächst nebelige Bild stabilisierte sich und wurde klar und deutlich sichtbar.

»Sie sehen einen Ausschnitt aus dem näheren Universum«, erklärte Astranaat. »Wir befinden uns in der Sombrero-Galaxie.«

Rechts oben im Bild blinkte die Position des Planeten in der flachen Scheibe der Sterneninsel. In einem äußeren Arm befand sich der Planet Zyborak.

»Wie ich vermute, wollen sie zurück in die Milchstraße, um Kontakt zu dem Neuen-Imperium von Natrid und Tarid aufzunehmen«, bemerkte Astranaat.

Admiral Tarin nickte.
»Das ist unser Ziel«, bestätigte er.

»Für Raumschiffe, die über keinen Wurmloch-Antrieb verfügen, ist das eine sehr lange Reise«, bestätigte Astranaat. »Unsere Heimat, die Sombrero-Galaxie hat einen Durchmesser von 30.000 Lichtjahren. Diese müssen sie durchqueren. Immer darauf bedacht sein, dass sie von den Daranern nicht gefunden werden. Sie haben zahlreiche Suchflotten im All. Auch ihre Diener, die Worgass, beteiligen sich an der Suche. Wenn sie unsere Sterneninsel durchquert haben, dann liegen weitere 15 Millionen Lichtjahre Flug vor ihnen. Wie haben sie den Hinflug hierhin bewältigt?«

»Wir verfügen über ausreichend viele Stasis-Kammern auf unseren Schiffen«, antwortete der Admiral. »Das wurde bei unserer Evakuierung von Natrid entsprechend berücksichtigt.«

»Sie haben sich die meiste Zeit in den Kammern befunden?«, erkundigte sich Astranaat.

Admiral Tarin bestätigte die Frage.
»Unsere Schiffe wurden von den Hypertronic-KI's gesteuert«, erzählte er. »Lediglich in heiklen Situationen wurden einige benötigte Offiziere erweckt, um die KI's unserer Schiffe zu unterstützen. So wie im Fall des Angriffes der Daraner. Zu diesem Zeitpunkt waren alle Offiziere im Einsatz.«

»Ich verstehe«, antwortete Astranaat. »Ihr Antrieb ist wahrlich eine mühsame und veraltete Reisemöglichkeit. Auch aus diesem Grunde möchten wir ihnen diesen Flug ein zweites Mal ersparen. Schauen sie auf die Karte. «

Admiral Tarin und seine Crew blickten erneut auf die Raumkarte.

In allen Sterneninseln blinkten Positionen von Planeten auf.

»Sie sehen die Stützpunkte unserer Species«, teilte Astranaat. »Wir erhalten aktive Meldungen von ihnen. Sie alle sind mit unserem Kollektiv verbunden. Es sollten noch weitere Stützpunkte existieren, weil Jüngere unserer Rasse aufgebrochen sind, um weitere Niederlassungen von uns zu gründen. Leider haben wir schon lange den Kontakt zu ihnen verloren. Wir wissen nicht, was mit ihnen passiert ist. Wir können seltsamerweise nicht über die Energieadern des Zwischenraumes zu ihnen schauen. Falls sie Hinweise auf unsere Jüngeren finden sollten, informieren sie bitte einen der eingezeichneten Stützpunkte unserer Rasse. Wir werden uns dann um alles Weitere kümmern. «

Das machen wir gerne«, bestätigte der Admiral. » Wie können wir mit ihren Stützpunkten Kontakt aufnehmen?«

»Das Steuergerät, das wir auf ihrem Schiff einbauen, wird einen schwarzen Schalter enthalten«, teilte Astranaat mit. » Betätigen sie ihn nur, wenn sie Kontakt mit einem unserer Stützpunkte aufnehmen möchten. Unser Signal identifiziert sie als Zöglinge unserer Rasse. Man wird sich unverzüglich bei ihnen melden und ihnen Hilfe anbieten.«

»Danke«, erwiderte der Admiral. »Wie können wir uns für ihre Hilfe bedanken? «

»Wie ich schon anfangs mitteilte«, erklärte Astranaat. »Wenn sie ihre Nachkommen bei uns belassen, reicht uns das als Entschädigung. Die Zyborakies sind unsere Arme und Beine. Sie bauen für uns alle technischen Gerätschaften, die wir neu konzipieren. Ohne sie können wir nur auf unsere Roboter zurückgreifen. «

»Diesen Wunsch kann ich unseren Nachkommen nicht befehlen«, antwortete der Admiral. » Falls es ihr eigener Wunsch sein sollte, werden wir ihn akzeptieren. «

Er blickte Vitrin an.
»Sie haben den Wunsch ihrer Meister gehört«, fragte der Admiral. »Wie entscheiden sie sich? «

»Hierüber brauchen wir nicht lange abzustimmen«, antwortete der Kanzler. »Zyborak ist unsere Heimat. Alle hier Geborenen akzeptieren keinen anderen Planeten als ihre Welt. Hinzu kommt noch, dass wir einen direkten Kontakt zu unseren Göttern haben. Wir werden unsere Heimat nicht verlassen.«

»Das sind klare Worte«, lächelte der Admiral. »Es freut uns, dass sie unter dem Schutz der Sorganis stehen. Vielleicht kommt irgendwann einmal die Zeit, an dem sich alle Splittergruppen unserer Rasse wieder vereinigen.«

Er blickte die Metallkugel von Astranaat an.
»Ihr Wunsch geht in Erfüllung«, sagte er. »Unsere Nachkommen fühlen sich bei ihnen in guten Händen. Wir haben nichts dagegen einzuwenden.«

»Sie sehen uns sehr glücklich«, erwiderte der Sorganis. »Ich teile die freudige Mitteilung unserem Kollektiv mit.«

Die Kugel verharrte einen Augenblick. Dann bewegte sie sich wieder.

»Schauen sie auf die Karte«, sagte Astranaat. »Hier finden sie die Milchstraße. Sie ist 15 Millionen Lichtjahre von hier entfernt. Unser Triangel-Portal öffnet ihnen den Durchgang. Der Flug wird zwei Stunden dauern. Das werden sie jedoch nicht mitbekommen. Das Portal zieht Energien aus dem Zwischenraum. Ihre Schiffe werden entstofflicht und an den Zielkoordinaten wieder ausgestoßen. Für sie und das Personal ihrer Schiffe wird es spürbar nur ein kurzer Moment sein.«

»Unglaublich«, sagte Commodore Sitrin begeistert. »Das so etwas überhaupt möglich ist? «

»Das hängt mit der Krümmung des Raumes zusammen«, antwortete der Sorganis. »Sie werden zwei Klicks vor der Milchstraße in den Leerraum gespült. Von dort werden sie ihren weiteren Weg allein finden. «

»Wir besitzen entsprechende Raumkarten«, antwortete der Admiral. »Das ist kein Problem mehr. «

»Versprechen sie mir bitte eines«, bemerkte Astranaat. »Unterstützen sie das Neue-Imperium in seinem Versuch ein humanes Imperium aufzubauen. Machen sie nicht den Fehler ihres alten Kaisers. «

»Wir haben nicht vor zu intervenieren und Besitzansprüche geltend zu machen«, erwiderte der Admiral. »Eine alte Langzeitprogrammierung, die ich vor 100.000 Jahren installiert habe, hat die Besitzansprüche unserer Hinterlassenschaften geregelt. Wir werden uns kurz mit der Führung des Neuen-Imperiums unterhalten und dann weiterfliegen. Eine spezielle Aufgabe wartet auf uns.«

»Darüber sind wir informiert«, teilte Astragronn mit. »Doch sie werden auch neue Erkenntnisse aufnehmen, die ihnen vielleicht nicht gefallen werden. «

Der Admiral blickte irritiert.
»Welche könnten das sein? «, fragte er.

»Die Terraner sind in vielen Gebieten aktiv«, sagte er. »Sie haben die Najekesio aufgefordert ihrem Imperium beizutreten. Sie meldeten zunächst ihren Anspruch auf die Hinterlassenschaften von Natrid an, wurden jedoch von dem Neuen-Imperium in ihre Schranken gewiesen. «

»Die Ausgestoßenen leben noch? «, staunte der Admiral. » Sie sind vor langer Zeit ausgewandert und wurden nicht mehr gesehen. «

»Das ist es, was den Unterschied macht, « erklärte Astragronn. »Das Neue-Imperium akzeptiert alle Rassen, so unterschiedlich sie auch sind. Deswegen möchten wir, dass sie das Neue-Imperium unterstützen. Es wird irgendwann die vorherrschende Rolle in der Milchstraße spielen und für den Schutz und die Ordnung sorgen. Das wurde leider von ihrem ehemaligen Kaiser nicht so gesehen.«

»Wir waren an die kaiserlichen Befehle gebunden«, antwortete der Admiral. »Sicherlich waren viele Befehle des Kaisers nicht richtig, doch auch wir unterhielten mit fremden Species Kontakte. Erst durch den Angriff der Rigo-Sauroiden fiel das Imperium auseinander. Unser Kaiser wurde leider bei dem Angriff auf unsere Heimatwelt getötet.«

»So lautet die offizielle Mitteilung«, antwortete Astranaat. »Doch ihrem ehemaligen Kaiser gelang es, einen unserer Stützpunkte in der Andromeda-Galaxie zu beschützen. Unsere dortige Kolonie wurde überraschend von Schiffes-Verbänden der Worgass angegriffen, die von einigen Schiffen der Mächtigen begleitet wurden. Unsere Rasse bediente sich damals noch nicht den heutigen Metallkugeln zur Manifestierung des Geistes, sondern sie gingen auf dem Planeten eine Symbiose mit einer Lebensform ein.

Auf dieser Welt fanden wir in einer 1,20 Meter großen katzenartigen Wesensform einen optimalen Träger unseres energetischen Geistes. Doch auch diese Gattung war nicht gegen die Strahlen der Angreifer resistent. Die Schiffe der Worgass vernichteten den Großteil unserer

Kolonie. Wir wissen bis heute nicht, wie sie auf uns aufmerksam geworden sind. Unsere Kolonie stand kurz vor der kompletten Ausrottung. Dann kamen natradische Schiffe. Durch die Unterstützung ihres Kaisers wurde ein geringer Teil unserer Kolonisten gerettet. Als Dank übergaben sie ihm einen seltenen zeitgesteuerten-Wurmloch-Generator, den wir mit den Kon-Ra-Tak entwickelt hatten. Diesen baute ihr Kaiser später auf seiner Atlantis-Basis ein.«

Admiral Tarin blickte den Sorganis fragend an. Er kannte viele Namen von unterschiedlichen Species, doch die Rasse der Kon-Ra-Tak konnte er nicht zuordnen.

»Die Sorganis scheinen über viele Informationen zu verfügen«, antwortete er.» Es kam öfter vor, dass wir Zivilisationen unterstützt haben, die von fremden Rassen angegriffen wurden. Was wollen sie mir hiermit sagen? «

»Ganz einfach«, antwortete Astranaat.»Ihr Kaiser hat sie betrogen. Das von uns übergebene Gerät öffnete einen Durchgang in eine fremde Galaxie. Die Gegenstelle wurde vor vielen Jahrtausenden von uns in einem Berg installiert, der auf dem Planeten Redartan liegt. Dieser, von ihrem Kaiser so benannte Planet, liegt in der weit entfernten Galaxie. Die Terraner katalogisieren die Sterneninsel als M 81. Die Mächtigen nennen diese

Spiralgalaxie Adramalon. Sie liegt 12 Millionen Lichtjahre von Natrid entfernt.«

Admiral Tarin überlegte und blickte seine Offizier an.

»Darf ich weitersprechen?«, fragte Vitrin.
»Ich habe keine Einwände«, antwortete Astranaat. »Ihr seid eingeweiht.«

»Zu ihrem besseren Verständnis möchte ich ihnen folgendes mitteilen«, erklärte der Offizier der Raumüberwachung. »Das Wort Redartan sollte ihnen auffallen. Der Name entsteht aus dem Wort Natrader, wenn es rückwärts geschrieben wird.«

»Jetzt befielen Admiral Tarin erste Zweifel.

»Sie vermuten richtig«, sagte Vitrin. »Der Planet Redartan wurde von dem ehemaligen natradischen Kaiser als Fluchtwelt auserkoren. Bei dem von unseren Kolonisten übergebenen Gerät, handelte es sich um einen Wurmloch-Generator. Es ist eines der seltenen Geräte, die gleichzeitig eine Zeitspirale in ein Wurmloch initiieren kann. Das Gerät gräbt sich sprichwörtlich durch Raum und Zeit. Der Fluchtort der Natrader liegt nach unseren Messungen 12 Millionen Lichtjahre von Natrid entfernt. Er befindet sich in der East-Side des Adramelech-Systems, in der Galaxie Adramalon. Zusätzlich rund 300.000 Jahre in der Vergangenheit, von unserer heutigen Zeitrechnung ausgegangen.«

»Ich verstehe nicht richtig«, antwortete Admiral Tarin. »Wollen sie uns mitteilen, dass da auch Natrader leben?«
»Das ist wahr«, entgegnete Vitrin. »Ihr Kaiser hat alle Mitglieder seiner kaiserlichen Kaste und ausgewählte Natrader rechtzeitig auf diesen Planeten überführt. Von dieser Welt aus wollte er sein neues Imperium aufbauen. Für sie und viele andere Natrader, die in einem aussichtslosen Kampf Natrid verteidigten, blieb der Weg verschlossen. Er hatte nie daran gedacht, Offiziere wie sie zu evakuieren. Nur ausgesuchtes Personal, das ihm treu ergeben war, durfte ihm folgen. «

»Ich hatte es vermutet«, antwortete der Admiral. »Dieser Feigling war mir schon zu Lebzeiten suspekt. Gut, dass er nicht mehr unter uns weilt. Er hätte ansonsten unangenehme Fragen beantworten müssen. Der verfluchte Kaiser hat einen großen Teil unserer Rasse dem sicheren Tod übereignet. «

Vitrin nickte zurückhaltend.
»Er lebt noch«, teilte er mit. »Der Kaiser hat sich eines alten Artefaktes bereichert und konnte hiermit seine

relative Unsterblichkeit erlangen. Von welcher Rasse es stammt, entzieht sich unseren Informationen. Er befindet sich auf Natrid in Gefangenschaft.«

»Da ist er richtig«, schimpfte der Admiral. »Ich werde ihn befragen und zur Rechenschaft ziehen.«

Vitrin blickte ihn an.
»Wir bringen sie auf den aktuellen Stand der Informationen«, teilte er mit. »Sorgen sie dafür, dass es keinen Eklat auf Natrid gibt. Sie brauchen Freunde und Unterstützer. Ansonsten sind sie auf sich selbst gestellt und wir werden ihnen das Triangel-Portal nicht geben.«

Der Admiral und seine Crew blickte Vitrin an.
»Machen sie sich keine Sorgen«, antwortete er. »Wir möchten dem Kaiser lediglich einige Fragen stellen. Es sind 100.000 Jahre seit dem großen Krieg vergangen. Das lässt sich nicht mehr zurückdrehen.«

Vitrin nickte und blickte Astranaat an.
Dieser wusste, dass die Annahme des Admirals nicht den Tatsachen entsprach. Er sandte Vitrin einen gedanklichen Hinweis, dass er nicht mehr über das Zeitfeld des Wurmloch-Transmittergenerators sprechen sollte.

»Es gibt noch einen Punkt, den ich ihnen mitteilen möchte«, ergänzte Vitrin.

Der Admiral hatte Mühe die neuen Informationen zu verarbeiten.

»Der Flucht-Planet der Natrader liegt nach unseren Messungen 12 Millionen Lichtjahre von Natrid entfernt in der East-Side des Adramelech-Systems«, teilte Vitrin mit. »Diese Galaxie wird von den Terranern M 81 genannt. Die Rasse der Adramelech hält sich selbst für die Mächtigen des Universums. Sie werden von einem selbstherrlichen Regenten beherrscht, der alle humanoiden Lebensformen in der Galaxis ausrotten möchte. Alle Jahrtausende nehmen sie Reinigungskriege in ihrer Galaxie vor. Humanoides Leben, oder auch andersartige Lebensformen, werden von ihnen rücksichtslos vernichtet.

Sie bedienen sich der Energie des Zwischenraumes, um ihre Feinde zu vernichten. Sie zapfen die blaue Energie an, verdichten sie unterhalb ihrer Schiffe zu einer tödlichen Waffe und lassen sie in einem gasförmigen Zustand frei, wenn sich fremde Schiffe in ihrer Nähe befinden. Die blaue Energie des Zwischenraumes legt sich über die Schiffe der Angreifer und lässt sie Minuten später explodieren. Es ist also ratsam, Vorsicht walten zu lassen.«

»Gibt es kein Gegenmittel hierfür?«, fragte der Admiral. » Sie sind doch die Spezialisten für technische Errungenschaften, so wie ich mitbekommen habe. «

»Es gibt eine Vereinbarung zwischen allen alten Rassen des Universums«, antwortete Vitrin. »Es ist verboten in die selbstständige Entwicklung der jungen Rassen einzugreifen. Sie müssen selbst ihr elementares Wissen erlangen. «

»Es geht in diesem Fall aber darum, dem Abschlachten der Adramelech ein Ende zu setzen«, erwiderte Admiral Tarin. » So wie ich sie verstanden habe, steht den Redartanern derzeit kein Mittel gegen die blaue Energie der Mächtigen zur Verfügung? Die Folge wäre, ohne unsere Mitwirkung wird auch diese Zivilisation dem Untergang geweiht sein. Wollen sie hierbei zusehen? «

Vitrin und Astranaat unterhielten sich.
»Wir können nicht immer nur fordern? «, bemerkte Vitrin. » Um eine Ausgeglichenheit herzustellen, sollte das Gute eine Chance bekommen. «

»Wie definiert sich das Gute? «, fragte Astranaat.

»Das Gute besteht darin, dass alle Rassen des Universums miteinander auskommen«, erklärte Vitrin. »Für Aggressoren sollte die Zeit ablaufen. Diese Species braucht niemand mehr. Wir alle haben es in unserer eigenen Entwicklung gesehen. Immer wenn etwas Gutes entsteht, wird es von Andersdenkenden kaputtgemacht. Das muss endlich aufhören. Wenn niemand eingreift, wird es ewig so weitergehen. Das haben auch die Lantraner in der Milchstraße erkannt. Jedoch beschäftigen sie sich nicht mit Forschungen der Energie des Zwischenraumes.«

Astranaat verharrte kurz und schloss sich mit dem Kollektiv kurz.

»Dankt eurem Artgenossen Vitrin«, sagte er zu Admiral Tarin. »Er hat uns überzeugt, dass es ein Ende der Gewalt geben muss.«

Vor Admiral Tarin materialisierte ein Speicherkristall. Er schwebte bewegungslos vor seiner Brust.

»Nehmen sie diesen Speicherkristall«, sagte Astranaat. »Hören sie jetzt gut zu. Es gibt in der Milchstraße eine alte Rasse, die sich Lantraner nennen. Sie wurden nach vielen Jahrtausenden wieder aktiv und unterstützen das Neue-

Imperium. Es sind Freunde der Terraner und speziell von Major Travis.«

»Sie kennen den Namen des Befehlshabers des Neuen-Imperiums?«, staunte der Admiral.

»Ich sagte ihnen bereits, dass wir in viele Bereiche des Universums schauen können«, antwortete Astranaat. »Fragen sie den Major nach den Lantranern. Er soll für sie den Kontakt herstellen. Teilen sie ihm mit, dass sie die Konstruktions-Unterlagen für einen Schutzschirm besitzen, der die blaue Energie des Zwischenraumes ableiten kann. Die Waffe der Mächtigen wird hiernach wirkungslos sein. Die Lantraner haben die technischen Möglichkeiten diesen Schutzschirm zu bauen. Sie waren es auch, die ihre natradischen Schiffe modifiziert haben. Derzeit gelingt es keiner Rasse die Schutzschirme der Schiffe des neuen Imperiums zum Kollabieren zu bringen. Fragen sie nach Aritron. Übergeben sie ihm den Speicherkristall und überbringen sie ihm Grüße von dem Astrovalgor Astranaat. Alles Weitere ergibt sich dann.«

»Vielen Dank«, antwortete Admiral Tarin. »Jetzt stehen wir in ihrer Schuld. Wie können wir das wieder gutmachen?«

»Freuen sie sich nicht zu früh«, antwortete der Sprecher der Sorganis. »Versuchen sie Hinweise auf unsere Jüngeren zu finden. Das ist uns sehr wichtig. «

»Das werden wir«, bestätigte Admiral Tarin.
»Landen sie ihr Flaggschiff, sagte Astranaat. »Dann können wir mit dem Einbau der Steuerung beginnen, die das Triangel-Portal öffnet. Ich vermute, sie wollen schnell weiter. Während der Zeit des Einbaues, kann ihnen Vitrin unseren Planeten zeigen. Sie werden erstaunt sein, wie schön er ist. «

Kanzler Zytrin trat vor.
»Ich werde nicht mehr gebraucht«, sagte er. »Dann kann ich mich meinen Amtsgeschäften widmen. Grüßen sie die alte Heimat von uns. «

Admiral Tarin und seine Begleiter verbeugten sich vor ihm.

»Vielen Dank für ihre Unterstützung«, sagte er. »Wir sehen, dass sie hier gute Freunde gefunden haben. «

»Das wissen wir«, antwortete der Kanzler. »Ich wünsche ihnen eine problemlose Reise. «

Dann drehte er sich um und verließ die Raumüberwachung.

Er war kaum aus dem Raum getreten, da heulten Alarmsirenen auf.

»Die Daraner sind zurück«, meldete Ritrin. »Es sind die gleichen acht Schiffs-Verbände, die schon einmal hier waren.«

»Was wollen sie?«, fragte Vitrin.
»Sie scheinen die Spuren verloren zu haben und sind an den Ursprungsort ihrer Ortungen zurückgekehrt«, antwortete Ritrin.

Der zentrale Bildschirm baute sich auf und zeigte die Flotten der Daraner an. Noch lagen sie reglos im All.

Die fünf Metallkugeln der Sorganis schwebten in einer Linie vor dem Bildschirm.

»Das sind aber auch hartnäckige Insekten«, sagte Astranaat gelassen. »Was führen sie jetzt wieder im Schilde?«

»Die vorderen Schiffslinien aktiveren ihre Waffentürme«, bemerkte Astragrin.

»Sie vermuten, dass sich getarnte Schiffe hier verbergen«, erklärte Astragard.

»Einsatzbefehl für unsere 5 Dimensions-Schiffe«, befahl Astragronn. »Bereitmachen und abheben. Eine Struktur-Lüke durch unseren Schirm wird bei Annäherung geöffnet.«

Admiral Tarin und seine Begleiter waren etwas zurückgetreten. Sie beobachten interessiert alle Aktivitäten in der Raumüberwachung.

»Konzentrierter Fächerbeschuss«, meldete Vitrin. »Die daranischen Schiffe beschießen alle Sektoren mit einem starken Fächerstrahl.«

»Das sind äußerst hartnäckige Insekten«, wiederholte Astranaat seine Aussage.

»Die Schiffe nähern sich unserem Tarnfeld«, meldete Ritrin. »Zufallstreffer schlagen auf den Schirm ein. Das Energiefeld ist weiterhin stabil.«

»Wenn der Beschuss intensiver wird, werden die Daraner die farbliche Veränderung entdecken«, sagte Astralin. »Wir sollten sie vernichten.«

Astranaat unterhielt sich mit dem Kollektiv. Seine Metallkugel verharrte regungslos in der Luft.

»Das Kollektiv stimmt widerwillig zu«, antwortete er. »Flugfreigabe für die Dimensions-Schiffe. Wir greifen aktiv in die Befreiung des Universums ein.«

»Wer fliegt diese Schiffe?«, erkundigte sich Admiral Tarin.

Astranaat kam zu ihm geflogen.
»Sie werden von Robotern und Zöglingen bedient«, antwortete der Sorganis. »Das ganze Personal wurde von uns geschult und versteht die Bedienung der Schiffe problemlos.«

»Was können fünf Schiffe bewirken?«, fragte Commodore Sitrin.

»Das sind mehr als genug«, teilte ihm Astragard mit. »Schauen sie zu.«

»Dauerbeschuss des Tarnschirmes durch die Daraner«, meldete Vitrin. »Sie haben seinen Standort ermittelt. Sie registrieren, dass hier irgendetwas vor ihnen verborgen wird.«

»Eine Strukturlücke wird geöffnet«, befahl Astranaat. »Die Schutzschirme aller Schiffe auf Maximum stellen. Die Schiffe der Daraner per Hyperfunk zur Rückkehr auffordern.«

Die Bestätigungen der Schiffe traten unvermittelt in der Raumüberwachung ein.

Ein großes Feld in dem Tarnschirm wurde transparent. Aus diesem flogen die fünf Dimensions-Schiffe der Sorganis. Noch waren die daranischen Verbände nicht in Schussreichweite gelangt. Sie hatte die fünf Schiffe registriert und gingen auf einen Kollisionskurs.

»Hier spricht General Wirtrin«, hörten die Personen in der Raumüberwachung den Kommandeur der fünf Schiffe sprechen. »Sie befinden sich in dem Hoheitsgebiet der Sorganis. Verlassen sie diesen Sektor umgehend, ansonsten vernichten wir ihre Schiffe.«

Keine Antwort kam von den daranischen Schiffen. Sie sahen vermutlich die fünf Schiffe der Sorganis nicht als eine Bedrohung an.

»Die daranischen Schiffe antworteten nicht«, meldete der General an die Raumüberwachung. »Ich gehe jetzt zu Phase zwei über.«

»Die Phase zwei wurde genehmigt«, sprach Vitrin in seinen Communicator. »Vernichten sie die Feindschiffe. «

Die Beobachter in der Raumüberwachung sahen, wie die Dimensions-Schiffe eine Schleife flogen und ihre Backbordseiten den anfliegenden Schiffen der Daraner zuwandten. Starke Abschussrampen wurden ausgefahren. Der Admiral und seine Begleiter schauten gespannt auf die Bilder des Monitors.

Die Flotten der Daraner rückten näher. Bereits erste Lasersalven ihrer Schiffe verpufften im All.

Dann schleusten die Dimensions-Schiffe der Sorganis 20 schwere Bomben aus. Die Triebwerke der Bomben zündeten. Sie flogen mit maximaler Geschwindigkeit auf die heranfliegende feindliche Flotte zu. In einem Abstand von 5.000 Meter detonierten die Bomben in grellen Explosionen. Das Bild des zentralen Monitors flackerte und verzerrte sich. Die Beobachter erkannten, wie sich ein Dimensionsloch im Universum bildete. Eine kreisende Bewegung baute sich auf, wie eine Art Strudel im Wasser. Der Strudel vergrößerte sich in eine breite Spalte, die sich vor den Schiffen der Daraner aufbaute. Die Daraner hatten die dunkle Spalte geortet. Sie versuchten ihre Schiffe zu wenden. Nachrückende Einheiten kollidierten mit den voraus fliegenden Schiffen.

Ein heilloses Durcheinander brach aus. Zusatz-Antriebe der daranischen Schiffe zündeten. Sie wollten der dunklen Dimensions-Spalte entkommen. Doch es gelang ihnen nicht. Die Spalte hatte sich immens vergrößert. Sie griff mit ihren dunklen Kräften nach den daranischen Schiffen. Die Triebwerke der Schiffe konnten dem Sog nicht entkommen. Er wurde immer stärker. Sichtbar war, dass der Sog nur in eine Richtung erfolgte. Die Schiffe der Sorganis blieben unbehelligt. Die hilflosen Feind-Schiffe wurden nach und nach in den Abgrund gespült. Sie verschwanden in dem Dunkel des Zwischenraumes. Niemand wusste genau, was mit ihnen geschah. Dann schloss sich die Dimensions-Spalte wieder. Die 8 Schiffs-Verbände der Daraner waren spurlos verschwunden.

»Der Sektor ist frei von daranischen Schiffen«, meldete General Wirtrin. »Es liegen keine Ortungen mehr vor. Alle Schiffe wurden aus dem System entfernt.«

»Danke«, teilte Vitrin mit. »Kommen sie zurück und landen sie ihre Schiffe. Ihr Auftrag ist beendet.«

Admiral Tarin und seine Begleiter waren noch nicht in der Lage Fragen zu stellen. Sie blickten noch immer auf den großen Bildschirm, der einen leeren Raum im All zeigte.

»Den Tarnschirm deaktivieren«, befahl. Vitrin. »Die Gefahr ist beseitigt.«

Ritrin nahm einige Schaltungen vor.
Die schimmernden Sterne wurden sichtbar. Die natradische Flotte lag unverändert auf ihrer Position.

»Ist die ganze daranische Flotte vernichtet?«, fragte Commander Lurtrin.

»Sie ist nicht vernichtet«, antwortete Vitrin. »Wir haben sie lediglich aus unserem System entfernt.«

»Wo ist sie hin?«, fragte Suterin.
»Das wissen wir nicht«, antwortete Vitrin. »Sie ist in einer anderen Dimension, in einer anderen Zeit, oder an einem anderen Ort.«

»Woher wissen sie denn, dass sie noch leben?«, erkundigte sich Admiral Tarin.

»Das sind Grundlagenerkenntnisse, die wir über den Zwischenraum gewonnen haben«, antwortete Astranaat. »Ihnen sind jetzt zwei Energiearten des Zwischenraumes bekannt. Es gibt noch viel mehr hiervon, darauf möchte ich aber nicht eingehen. Grundsätzlich zerstört, vernichtet und tötet die blaue Energie. Die schwarze

Energie versetzt lediglich in Raum und Zeit. Das ist alles, was sie wissen müssen.«

»Ihr Raumschiff ist gelandet«, sagte Vitrin. »Zeigen sie uns die Zentrale, damit das notwendige Steuergerät installiert werden kann.«

Der Admiral nickte in Gedanken. Die gesehenen Bilder lagen immer noch in seinem Kopf.

Admiral Tarin bedankte sich bei den Sorganis für ihre Hilfe.

»Passen sie auf ihre Flotte auf«, sagte Astranaat. »Wir hoffen auf Informationen von ihnen. Die Koordinaten unseres Systems werden in der Steuereinheit eingespeist sein. Kommen sie nur zu uns, wenn sie neue Informationen haben.«

Dann schritt die Gruppe aus dem Gebäude.
»Das Gleiche habe ich schon einmal gesehen«, sagte Admiral Tarin zu Vitrin. Auch die Freunde des Neuen-Imperiums verfügen über eine solche Technik.«

Vitrin lachte.
»Das ist der Vorteil der älteren Rassen«, erklärte er. »Sie hatten viel Zeit sich mit den elementaren Dingen des

Universums, anderer Dimensionen, oder mit dem Zwischenraum zu beschäftigen. Diese Technik ist kein Geheimnis unserer Meister. Vielen Rassen ist es möglich, einen Spalt des Zwischenraumes zu öffnen. Der entstehende Sog zweier paralleler Universen zieht Gegenstände aus dem normalen Kontinuum unweigerlich an. Das ist nichts besonders. Es passiert einfach.«

»Für uns ist es unglaublich«, antwortete Commander Lurtrin.»Wer über eine solche Technik verfügt, kann es mit allen Rassen aufnehmen.«

Vitrin lachte.
»Das denken auch nur sie«, antwortete er.»Sie haben doch gehört, dass die Daraner viele unserer Meister getötet haben, als sie zufällig auf diesem Planeten landeten. Sie waren nicht vorbereitet gewesen. Ein Hinterhalt der Wespenwesen hat vielen ihrer Artgenossen das Leben gekostet.«

An dem Flaggschiff angekommen, warteten bereits Techniker und Arbeitsroboter mit Material auf sie.

»Der Einbau wird sechs Stunden dauern«, teilte Vitrin mit. »In dieser Zeit zeige ich ihnen unseren Planeten.»Unsere Techniker und Arbeitsroboter werden den Einbau allein vornehmen können.«

Commodore Sitrin wies die Techniker und die Crew des natradischen Schiffes über den Einbau der Steuerung des Triangel-Portals ein. Vorsichtshalber informierte er Admiral Tarin, dass er an Bord bleibe und den Einbau überwachen würde. Admiral Tarin hatte nichts hiergegen einzuwenden.

Vitrin forderte einen Gleiter an, der kurze Zeit später vor der Gruppe abbremste.

Der Pilot stieg aus und salutierte.
Vitrin bat die Besucher, in den Gleiter einzusteigen. Er war rundherum mit Fenstern versehen. Die Besucher konnten alle neuen Gegebenheiten des Planeten aufnehmen.

»Ich zeige ihnen jetzt ein wenig von unser Welt«, sagte Vitrin.

Er setzte sich in einen angenehmen Sessel des Gleiters und gab den Befehl zum Abheben.

Völlig geräuschlos hob der Gleiter langsam vom Boden ab und flog in geringer Höhe durch die Straßen der einzigen Stadt. Sie wirkte wie leer, Bewohner waren nicht zu sehen.

»Sie erkennen unsere Verbundenheit mit Natrid«, erklärte Vitrin. »Die Architektur ist ihnen sicherlich bekannt.«

Commander Lurtrin lächelte.
»Sie haben sich hier ein neues Stück Heimat erschaffen«, antwortete er. »Meinen Respekt hierfür.«

»Schnell hatte der Pilot die Stadt hinter sich gelassen. Der Gleiter nahm an Höhe zu und beschleunigte. Die Straßen außerhalb der Hauptstadt mündeten alle in unterschiedliche Richtungen. Die Crew des Flaggschiffes blickte aus den großen Fenstern des Gleiters und erkannte ein Farbenmeer aus Feldern und Pflanz-Anlagen.

»Alles ist in geordnete Pflanzen-Resorts eingeteilt«, erklärte Vitrin. »Die Flächen werden von Robotern bewirtschaftet.

Vor ihnen lagen große Flächen und abgeteilte Pflanzenbereiche, die alle eine unterschiedliche Farbe aufwiesen. Sie flogen über einen Sektor, wo großräumig unterschiedlich große Flachdach-Hallen sichtbar wurden. Der Gleiter verringerte die Höhe. Jetzt erkannte die Crew, dass es sich um mehrere Bauten handelte, die dicht an dicht angereiht waren. Vor den Hallen waren große Plätze angelegt. Zahlreiche Transport-Gleiter standen hiervor. Eine Menge Roboter, Lademaschinen transportierten Container hin und her.

»Das sind unsere Lebensmittel-Stationen«, teilte Vitrin mit. »Hier wird jede Pflanze auf Reinheit geprüft und zertifiziert.«

Die Anlagen waren gewaltig. Admiral Tarin versuchte die bebaute Fläche der Industrie-Anlagen zu schätzen.

»Das müssen über 70 Kilometer bebaute Fläche sein?«, fragte er erstaunt.

Vitrin blickte ihn von der Seite aus an.
»Unsere Bevölkerung wächst langsam wieder, antwortete er. »Die Fläche dieses Bereiches beträgt exakt 83 Kilometer.«

Der Gleiter vollführte eine Kurve und bog nach links ab. Von vorne wurden die Konturen hoher Wälder sichtbar. »Was sind das für Riesenbäume?«, fragte Suterin. »Die gibt es auf Santaron nicht.«

»Das sind unsere besonderen Prachtstücke«, erklärte Vitrin. »Exemplare dieser Riesenbäume haben unsere Forscher auf einem Planeten entdeckt, der leider nicht mehr existiert. Sie werden maximal 190 Meter hoch. Die Ältesten dieser Bäume sind über 11.000 Jahre alt. Ihr Stamm-Durchmesser kann bis zu 37 Metern betragen.

Wieder wendete das Fluggerät seine Richtung. Die Sonne wanderte langsam zum Heck des Gleiters vor. Vor ihnen zeichnete sich eine Anhäufung von spitzen Bauten ab, die sich strahlend gegen den blauen Horizont erhoben. Sie wirkten, wie eine Ansammlung von Sperren, die zum Himmel aufgerichtet waren.

Die Besucher waren begeistert von der Vielfalt der Flora und Fauna des Planeten.

Vor dem Gleiter breitete sich eine weite, flache Ebene aus. Die großen Grünflächen wurden von Teichen und kleinen Seen unterbrochen. In ihnen bewegten sich Wasserpflanzen hin und her.

»Das ist ein Teil unserer künstlichen Reservate«, sagte Vitrin. »Sie werden gerne als Naherholungsgebiete genutzt.«

Vitrin zeigte mit seiner Hand nach vorne. Gebäude kamen in Sicht, die keiner irdischen Architektur ähnelten. Alle Bauten waren in hellem Blau gehalten und erinnerten an übergroße Quadrate. Auch hier waren große Flächen vor den Gebäuden angelegt, auf denen zahlreiche Transport-Gleiter standen. Der Gleiter verringerte seine Höhe. Die Besucher aus dem neuen Imperium sahen, wie vor den Gebäuden viele Roboter ihre Arbeit verrichteten. Zahlreiche Anti-Grav-Plattformen standen auf dem Platz. Sie wurden mit großen Containern beladen. Unterschiedliche Roboter trugen Boxen heran und stapelten diese auf den Plattformen.

»Das sind die sogenannte Konstruktionshallen unserer neuen Technikprodukte«, teilte Vitrin mit. »Die Qualitätskontrollen auf den unterschiedlichen Produktionsstufen wurden sehr hoch angesiedelt. Es erfolgt immer wieder eine Zwischen-Kontrolle des Fertigungsgutes. Eine ungewollte Verunreinigung wird hierdurch vermieden. Alle neuen Produkte gehen automatische an alle unsere Stützpunkte und Kolonien.«

Die Besucher nahmen alles in sich auf. Der Gleiter beschleunigte und gewann wieder an Höhe. Unter ihnen lagen jetzt bunte Felder, die alle in anderen Farben blühten.

» Wie viele unterschiedliche Gewächse und Pflanzen gibt es auf ihrem Planeten? «, fragte Commodore Sitrin.

»Da muss ich kurz überlegen«, antwortete Vitrin.

» Nach der letzten Zählung wachsen bei uns 54 Millionen Arten von Pflanzen.

»Wie viele Einwohner gibt es derzeit auf ihrem Planeten?«, fragte Admiral Tarin.

» Vitrin blickte ihn an.
»Aufgrund der medizinischen Entwicklung ist unsere Einwohnerzahl auf 5 Millionen Einwohner gestiegen«, antwortete er.

Der Gleiter flog eine Schleife und begab sich auf den Rückflug.

»Eine intakte Welt, wie man sie sich selbst vorstellt«, sagte Admiral Tarin. »Das ist bewundernswert. «

Der Gleiter landete wieder auf dem Raumhafen, neben dem natradischen Schiff.

»Wir danken ihnen für den Rundflug«, sagte Admiral Tarin. »Er war sehr eindrucksvoll. «

Ritrin und Astranaat warteten bereits auf die Gruppe.
»Es ist alles eingebaut und funktionsgerecht«, sagte der Sorganis. »Ihr Steuermann wurde von uns in der Bedienung eingewiesen. «

»Vielen Dank«, antwortete der Admiral. »Wir bleiben in Verbindung. Sie hören von uns, sobald wir erste Informationen finden konnten.«

»Das wissen wir«, antwortete Astranaat. »Unsere Kolonien und Stützpunkte wurden angewiesen, ihnen bei Bedarf Unterstützung zu leisten. Folgen sie meinen Anweisungen. Sprechen sie mit den Lantranern und übergeben sie meinen Speicherkristall.«

»Das werde ich«, lächelte der Admiral. »Sie haben mein Wort hierauf. Jetzt verabschieden wir uns und fliegen weiter. Passen sie auf ihre Zöglinge auf.«

»Sie werden von uns entsprechend beschützt«, antwortete der Sorganis. »Auf sie wollen und können wir nicht mehr verzichten.«

Die Gruppe von Admiral Tarin salutierte, drehte sich um und ging die Laserbrücke zu ihrem Schiff hoch.

Astranaat, Vitrin und Ritrin gingen zu der Raumüberwachung zurück und schauten dem Start des 2.500 Meter messenden Raumschiffes zu. Langsam schwebte das schwere Schiff den Wolken entgegen. Dort zündete es die Haupttriebwerke und entschwand schnell aus dem Blickfeld der Zurückgebliebenen.

Das Schiff vereinigte sich mit der wartenden Flotte. Admiral Tarin informierte seine Flotte, dass er einen schnelleren Weg in die Milchstraße gefunden hatte. Nachdem alle Schiffe die Bereitschaft bestätigt hatten, gab der Steuermann Hartrin den Befehl das Triangel-Portal zu öffnen. Er vertraute den Sorganis, die sich so liebevoll um die Zöglinge kümmerten.

Die Koordinaten waren eingespeist. Offizier Hartrin aktivierte das Portal. Vor den Schiffen entstand ein großes dreieckiges Portal, das von drei Seiten zu benutzen war. Die drei Flächen der künstlichen Horizonte flimmerten bläulich. Die drei Durchgänge stabilisierten sich.

Admiral Tarin griff nach seinem Communicator.
»Wir fliegen von allen drei Seiten in das Portal«, befahl er. »Hierdurch verringern wir die Durchflugzeiten. Alle Schiffe schließen dicht auf. Das Flaggschiff wartet bis zum Schluss, um das Portal offenzuhalten. Auf der Gegenseite nehmen sie wieder ihre normale Formation ein. Bestätigen sie den Befehl.«

»Die Bestätigungen kommen zurück«, meldete Offizier Nofritin.

Dann flogen die ersten Schiffe durch das Portal. Alles funktionierte reibungslos.

In der Raumüberwachung des Planeten Zyborak verfolgten die natradischen Nachkommen und die Sorganis den Einflug der großen Flotte in das Portal. Sie schienen sichtlich zufrieden zu sein, der Flotte von Admiral Tarin geholfen zu haben.

Adramalon-Spiralgalaxie

Hoheitsbereich der Mächtigen

Flotte der Uylaner

Die große Flotte der Uylaner hatte sieben Hyperraum-Sprünge absolviert. Knapp 499.300 Schiffe waren in das Gebiet der Adramelech eingedrungen und forderten Vergeltung. Aus dem Volk der unterdrückten Diener waren Rebellen geworden. Die Uylaner waren eine von vielen Rassen, die von den Adramelech künstlich erzeugt und manipuliert wurden. In vielen Sterneninseln hatten sie ihre Diener angesiedelt, um territoriale Ansprüche für sie geltend zu machen. Die Uylaner waren zu einem stolzen Volk von Kriegern herangewachsen. Sie wurden von den Mächtigen speziell für Kampfeinsätze ausgebildet. Doch die letzten Reinigungs-Kriege in der Galaxie waren lange her. Seit genau 150.000 hatten die Adramelech die Hilfe ihrer Diener nicht mehr benötigt. Einen Kontakt gab es in dieser Zeit nicht zu ihnen. Obwohl den Uylaner eine gewisse Behäbigkeit nachgesagt wurde, entwickelten sie sich weiter. Ihre Forscher und Wissenschaftler extrahierten das manipulierte Gen in dem Nachwuchs ihrer Rasse und reparierten es. Niemand von den Mächtigen hätte das ihren Dienern jemals zugetraut.

Jetzt konnten sie den Spieß umdrehen. Die Uylaner wollten sich für die Jahrtausende der Unterdrückung und der Manipulation bei ihren Herren bedanken. Aufgrund einer falschen Einschätzung ihrer Mentalität durch den Regenten der Adramelech, gelang es ihnen den entsandten Botschafter und zwei Abgesandte der obersten Vollkommenheit gefangen nehmen. Durch eine anschließende Folter erhielten sie den Codeschlüssel, um in das gesicherte und zeitversetzte Imperium der Adramelech eindringen zu können. Nach der Vernichtung einer ahnungslosen Patrouillenflotte, gelang es den Uylanern einen Förderplaneten der blauen Energie und eine Hyperfunkstation der Adramelech zu vernichten. Der angeschlossene Kolonieplanet wehrte sich erfolgreich gegen seine Vernichtung. Die große Flotte der Uylaner zog rechtzeitig weiter, bevor die angeforderte Verstärkung den Planeten Rasul erreichen konnte.

Eine große Verzerrung im Raum-Zeit-Kontinuums zeigte den Rückfall der Flotte in den Normalraum an.

»Alle Maschinen stoppen«, rief Doronger Furgun Marey. »Ich brauche einen Statusbericht. Wo sind wir? «

»Unsere Armada ist in einem Leerraum zwischen den zahlreichen Sternen-Systemen materialisiert«, teilte Ortungsoffizier Turgan mit. »Durch den programmierten Schleifenkurs ist es uns gelungen, unseren Verfolgern den Hinweis auf unsere aktuelle Position zu verheimlichen. «

»Perfekt«, antwortete der Doronger. »Die Flotte soll alle überflüssigen Reaktoren abstellen, lediglich die Waffentürme und die Schutzschirme unserer Schiffe bleiben aktiviert.«

»Ihre Befehle wurden an die Flotte übermittelt«, meldete der Funk-Offizier.

Schritte wurden hinter dem Befehlshaber der Flotte hörbar. Der 1. Offizier trat an seine Seite.
»Darf ich einen Vorschlag unterbreiten?«, fragte Offizier Bruksill.

Doronger Furgun Marey blickte ihn an und nickte.
»Sprechen sie«, antwortete er. »Ich habe immer ein offenes Ohr für Vorschläge meiner Offiziere.«

»Ich glaube, hier sind wir erst einmal sicher«, sagte der 1. Offizier. »Wir sollten den Mannschaften unserer Schiffe etwas Erholung gönnen?«

»Einverstanden«, erwiderte der Doronger. »Was wollen sie mir mitteilen?«

»Die Adramelech wissen jetzt, dass wir in ihr Gebiet eingedrungen sind«, erklärte der 1. Offizier. »Sie werden uns mit allen ihnen zur Verfügung stehenden Mitteln suchen. Jedoch ist ihre beanspruchte Sterneninsel zu groß, als dass sie diese lückenlos kontrollieren können. Hierin liegt unsere Stärke. Die Adramelech werden ihre Flottenverbände auseinanderziehen. Ihre Schiffe müssen uns erst suchen. Ich vermute, dass sie in vielen Sektoren kleine Geschwader patrouillieren lassen. Diese werden einem größeren Verband angehören. Unser Ziel ist es, ihren Heimatplaneten Drame'leur anzugreifen, um die Macht ihres Regenten zu brechen. Wir sollten uns zunächst ihren einzelnen Flottenverbänden widmen, dann bleiben ihnen später keine Ressourcen mehr für unseren Angriff auf ihre Heimatwelt.«

Doronger Furgun Marey dachte nach.
»Ihr Vorschlag gefällt mit«, antwortete er. »Mit diesen Angriffen schwächen wir ihre Gesamtverteidigung.«

»Schicken wir Spähschiffe aus«, entschied der Doronger. »Sie sollen alle angrenzenden Sektoren nach starken Schiffsaufkommen scannen.«

»Einen Moment noch«, bemerkte der 1. Offizier. »Mein Plan geht noch weiter.«

Der Doronger blickte ihn fragend an.
»Die blaue Energie ihrer Schiffe ist sehr gefährlich«, erklärte Bruksill. »Wenn wir den ersten Stützpunkt der

Adramelech gefunden haben, vielleicht ist es auch nur ein starker Flotten-Verband im All, schlage ich vor, dass wir ein großes Geschwader als Ablenkung einsetzen. Ich denke an 500 Schiffe unserer Flotte, die sich von den Adramelech scannen lassen und dann wieder in den Hyperraum springen.«

Der Doronger lachte.
»Eine gute Idee«, antwortete er.»Die Mächtigen werden dann einen großen Teil ihrer Schiffe unserem Ablenkungs-Geschwader hinterherschicken. Somit haben wir ein leichtes Spiel mit den restlichen stationierten Schiffen ihrer Flotte«

»Sie haben meine Gedanken erraten«, erwiderte der 1. Offizier ernst.»Wir schonen hiermit unsere Ressourcen und haben möglicherweise ein leichtes Spiel mit ihren Schiffen. Erst wenn wir ihre Kriegsflotten massiv aufgerieben haben, empfehle ich einen Angriff auf ihre Heimatwelt. Dieser muss unverhofft erfolgen. Die Adramelech dürfen nicht in der Lage sein, die Zeitfeld-Generatoren ihres Planeten zu aktivieren, um ihre Welt in eine andere Zeitzone zu versetzen. Unser Erstschlag muss alle Zeitfeld-Pyramiden ihres Planeten synchron ausschalten.«

»Ich bin einverstanden«, entschied der Doronger. »Leiten sie alles in die Wege und starten sie unsere Suchverbände. Wir werden die Flotten der Adramelech ausdünnen.«

Er lehnte sich entschlossen in seinem Kommandosessel zurück und lachte grimmig.

Imperialer Führungsstab der Adramelech

In dem dunklen Sternen-System der Adramelech lag der Zentralplanet Drame'leur ruhig auf seiner künstlichen Position. Die helle gelbe Sonne brannte ihre Strahlen auf den Planeten. Auf der Verwaltungswelt wurde nichts von den besonderen Sicherheitsmaßnahmen der Flottenführung registriert. Alle Schiffe der Heimat-Verteidigung waren alarmiert und sicherten das Heimat-System des wichtigsten Planeten des Imperiums.

Zadra-Scharun, Regent des Wissens und der Erleuchtung, hatte seine wichtigsten Stabs-Offiziere einberufen. Es lief nicht alles nach seinen Wünschen. Erstmals nach vielen Tausenden von Jahren hatte es eine Rasse gewagt, in das Hoheitsgebiet der Mächtigen einzudringen und bewohnte Welten anzugreifen.

»Haben wir Informationen von Admiral Jordin'Rorxon und Prinz Dadra'Katyn?«, fragte er. »Konnte die große Flotte der Uylaner endlich gefunden werden?«

Commodore Fuito'Jeyfun schüttelte seinen Kopf.
»Es liegen keine aktualisierten Berichte vor«, antwortete er. »Unsere Suchflotten sind pausenlos im Einsatz, um jeglicher Spur von den Uylanern nachzugehen. Unsere Adramalon-Galaxie hat einen Durchmesser von 30.000 Lichtjahren. Ohne genaue Hinweise ist es sehr schwierig die uylanische Flotte zu finden. Sie kann sich überall verstecken.«

»Ich höre immer wieder negative Nachrichten«, brauste der Regent auf. »Ist es meinen Offizieren nicht mehr möglich positive Mitteilungen zu unterbreiten?«

»Es stehen derzeit zu wenige Schiffe zur Verfügung«, erklärte Lord Pidra'Borxon. »Ich gebe Commodore Fuito'Jeyfun Recht. »Wir können nicht alle Sektoren unseres Hoheitsgebietes gleichzeitig prüfen.«

»Es kann doch nicht so schwierig sein, eine große Flotte von 500.000 Schiffen zu finden?«, tobte der Regent.

»Das ist es aber«, erwiderte Commodore Fuito'Jeyfun. »Sie können sich gerne mit ihrem Flaggschiff an der Suche beteiligen.«

Der Regent blickte ihn erbost an. Sein scharfer Blick ließ den Bediensteten der Flotten-Leitstelle verstummen.

»Wir sollten die Situation sachlich erörtern«, bemerkte Lord Pidra'Borxon. »Ein falscher Ehrgeiz hilft niemand weiter.«

Der Regent stand auf stöhnte und breitete seine Arme aus. »Habe ich euch nicht alles gegeben, um erfolgreich zu sein?«, fragte er. » Ihr könnt über alle Ressourcen unseres Imperiums verfügen. Warum gewinne ich immer den Eindruck, dass nicht mit aller Intensität gearbeitet wird? Kann die Fertigstellung der zugesagten Flotte der obersten Vollkommenheit nicht beschleunigt werden?«

Lord Suito'Beytun, ein Mitglied der obersten Vollkommenheit trat vor.

»Nein, eure Erhabenheit«, antwortete er. »Die Produktion läuft bereits auf maximaler Leistung. Mehr Schichten sind nicht machbar. Dafür fehlen uns die Spezialisten.«

»Wenn ich nur negative Antworten erhalte, dann frage ich mich, ob ich hier die richtigen Offiziere versammelt habe?«, schrie der Regent außer sich.

»Es liegt nicht an dem Material«, antwortete der Lord zurückhaltend. »Die Zulieferteile stapeln sich vor den Werften. Die Montage ist das Problem. Die Reaktoren können erst installiert werden, wenn das Maschinendeck vollständig in die Schiffe eingearbeitet worden ist. Viele Arbeitsgänge werden erst nach den vorausgegangenen abgeschlossen Arbeiten durchgeführt.«

»Was ist mit unseren Abwrack-Werten«, erkundige sich der Regent. »Dort stehen viele Schiffe auf den Landeplätzen herum, die nach Angaben der Flottenführung nicht mehr einsetzbar sind.«

»Sie sind nicht mehr auf dem neusten Stand der Entwicklung«, antwortete Commodore Fuito'Jeyfun. »Diese Schiffe haben nicht die Vorrichtung, um die blaue Energie zu komprimieren. Ihre Waffenbänke wurden ebenfalls nicht mehr modifiziert.«

»Dennoch fliegen sie und sind einsetzbar«, erwiderte der Regent. »Wir können sie als zusätzliche Suchflotten einsetzen. Sie brauchen nicht an Kampfhandlungen teilnehmen.«

Die Stabs-Offiziere schauten sich nachdenklich an.

»Unsere Techniker teilen uns mit, dass sie schrottreif sind und kurz vor dem Versagen der Energie-Generatoren stehen würden«, antwortete Lord Vussor'Leytin, ein Offizier der Flotte. »Wollen sie unsere Besatzungen in Gefahr bringen?«

»Wir alle sind durch die Uylaner in großer Gefahr«, antwortete der Regent nachdenklich. »Sie müssen gefunden und ausgelöscht werden. Ich denke, dass dieser besondere Umstand ausreichen sollte, um die Schiffe wieder zu reaktivieren. Um wie viele handelt es sich?«

Lord Pidra'Borxon blickte den Offizier der Flotten-Oberkommandos an.

»Reden sie«, befahl er. »Die Idee unseres Regenten ist grandios. Warum haben wir nicht selbst daran gedacht?«Lord Vussor'Leytin unterhielt sich kurz mit Commodore Fuito'Jeyfun. Dieser zuckte mit seinen Achseln.

»Es sollten sicherlich an die 120.000 Schiffe sein«, beantwortete der Lord die Frage. »Die genaue Anzahl muss ich abfragen. Ihnen ist schon klar, dass die Schiffe öfter in die Docks müssen. Alle technischen Systeme der Schiffe sind veraltet und können jederzeit ausfallen.«

»Das sollte kein Problem darstellen«, antwortete Lord Suito'Beytun. »Unsere vorgelagerte Stationen und Basen werden einen entsprechenden Befehl erhalten, um sich vorrangig um die wartungsintensiven Einheiten zu kümmern.«

»Sind die Basen durch eine Sicherungsflotte geschützt?«, fragte der Regent.

»Nur durch die übliche Standardsicherung«, teilte Commodore Fuito'Jeyfun. »Das ist ein Verband von 12 Schiffen unserer 2.500 Meter-Klasse. Alle anderen Einheiten beteiligen sich an der Suche nach den Uylanern.«

»Das ist keine zufriedenstellende Flotte«, monierte der Regent. »Was passiert, wenn die Uylaner in diese Sektoren einfallen, in denen wir eine Kampf- und Werftstation unterhalten?«

»Dann werden sie unweigerlich angreifen«, antwortete Lord Suito'Beytun. »Wir alle wissen, dass diese Stationen einem Angriff von knapp 500.000 Schiffen nicht lange standhalten werden.«

Lord Vussor'Leytin blickte den Regenten an.
»Das sind überaus hilfreiche Ratschläge«, erwiderte er. »Die Führung unseres Imperiums sollte sich einigen, was sie möchte. Natürlich können wir Verbände von den Suchflotten abziehen, um hiermit zusätzlich alle Basen und Werften zu sichern. Aber sprechen wir nicht gerade über eine Ausweitung der Suche nach den Uylanern?«

Der Regent nickte.
»Wir können es drehen und wenden«, antwortete er. »Unser Problem bleibt bestehen. Es stehen zu wenige Schiffs-Verbände zur Verfügung. Das ist unsere vorrangige Aufgabe für die nächsten Jahre. Der Bestand an Schiffen wird massiv aufgestockt.«

»Trotzdem könnten die Uylaner aufgrund unseres verstärkten Flottenaufkommens angelockt werden«, sagte Lord Vussor'Leytin.

»Ich will mehr Flotten-Verbände in unserem Imperium haben«, schrie der Regent. »Wir brauchen uns nicht vor den Uylanern zu verstecken. Es sind willenlose Tiere.«

»Beruhigen sie sich wieder«, sagte Commodore Fuito'Jeyfun zurück. »Willenlose Tiere können keine Raumschiffe warten, geschweige denn welche nachbauen. Haben sie sich einmal gefragt, wie die Uylaner an eine Flotte von 500.000 Schiffen gekommen sind. Von den wenigen abgetakelten Schiffen, die wir ihnen überlassen hatten, konnten sie nicht eine solche Armada bauen. Sie haben sie gründlich zerlegt und alle erforderlichen Bauteile rekonstruiert. Das können keine willenlosen Tiere.«

Der Regent schaute ihn hasserfüllt an. Bevor er etwas sagen konnten, ergriff Lord Suito'Beytun das Wort.

»Lord Vussor'Leytin hat Recht«, bemerkte er. »Wir müssen uns endlich von dem Gedanken verabschieden, dass die Uylaner nicht selbstständig denken können. Sie haben sich in den vielen Jahren unserer Zurückgezogenheit deutlich weiterentwickelt. Möglicherweise wurden sie von einer anderen Rasse gefördert. Aus diesem Grunde empfehle ich, alle Hyperfunk-Verbindungen zwischen unseren Flotten-Verbänden drastisch zu reduzieren. Es ist möglich, dass sie von den Uylanern abgehört werden. Auf diesem Wege umgehen sie mit ihrer Flotte unsere Späh-Patrouillen.«

Der Regent hatte zugehört und nickte.
»Wir sollten das ausnutzen und ihnen eine Falle stellen«, schlug er vor.

Seine Stabs-Offiziere blickten ihn verständnislos an.

»Falls die Uylaner tatsächlich in der Lage sind, unseren Hyperfunkverkehr zu entschlüsseln, dann sollten wir ihnen ein lohnendes Objekt anbieten, welches sie angreifen können.«

»Was könnte das sein?«, erkundigte sich Commodore Fuito'Jeyfun.» Meine Vermutung ist, dass sie die Absicht haben in unser Heimat-System vorzudringen. Sie wollen ihre jahrtausendelange Unterdrückung durch uns rächen.«»Das mag sein«, grinste der Regent.» Doch sie wissen auch, dass wir ebenfalls über starke Kriegsflotten verfügen. Ihre Schiffe verfügen nicht über das Komprimierungsfeld der blauen Energie.«

»Wir könnten ihnen eine Transportflotte mit dieser Energie in einem flüssigen Zustand anbieten«, beteiligte sich Lord Pidra'Borxon an dem Gespräch.»Damit können sie nichts anfangen. Sie muss erst noch komprimiert werden. Für sie ist es nur eine blaue Flüssigkeit. Wir verbreiten, dass wir dringend auf die Lieferung warten. Sicherlich wird das die Uylaner zum Handeln animieren.«

»Diese Idee gefällt mir«, antwortete der Regent.»Die Tiere werden hierauf hereinfallen. Verbreitet diese Nachricht per Hyperfunk im ganzen Imperium.«

»Es kommt darauf an, wo sich die Uylaner verstecken«, bemerkte Commodore Fuito'Jeyfun. »Falls sie nicht in Funkreichweite sind, funktioniert unser Plan nicht.«

»Sie werden über kurz oder lang an einem dichter besiedelten Sternensystem unseres Imperiums vorbeikommen, oder es sogar angreifen«, erklärte Lord Pidra'Borxon. »Ich bin mir sicher, dass ihre Schiffe unseren Hyperfunkspruch auffangen werden.«

»Es ist alles besprochen«, beendete der Regent die Diskussion. »Ich möchte jetzt Erfolge gemeldet bekommen.«

Er stand auf und verbeugte sich und verließ den Raum. Die Stabs-Offiziere blieben allein zurück.

Lord Pidra'Borxon blickte die Offiziere des Flotten-Oberkommandos an.

»In der Abwesenheit von Admiral Jordin'Rorxon haben sie das Kommando des Flotten-Oberkommandos«, sagte er. »Ich erwarte eine vollständige Umsetzung der Befehle unseres Regenten. Haben wir uns verstanden?« »Wir kümmern uns sofort um alle Details«, antwortete Commodore Fuito'Jeyfun.« Ich werde Admiral Jordin'Rorxon und Prinz Dadra'Katyn auf einem verschlüsselten Kanal über unsere Gespräche informieren.«

»Machen sie das«, lächelte der Lord. »Wichtig ist das Ergebnis. Ich weiß nicht, wie lange wir den Regenten noch beruhigen können. Sie wissen, wie schnell bei ihm Köpfe rollen.«

Flotte der Uylaner

Funk-Offizier Crygin kam aufgeregt zu Doronger Furgun Marey gelaufen.

»Wir haben etwas«, meldete er aufgeregt. »Unser Spähschiff 4973 hat Daten aufgezeichnet. Es scheint sich um eine starke Flottenansammlung zu handeln.«

»Hat das Schiff die Daten bereits übermittelt?«, fragte der Befehlshaber der Flotte.

»Die Aufnahmen werden gerade aufbereitet«, teilte der Funk-Offizier mit.

»Die Hypertronic-KI soll sie auf den zentralen Monitor legen«, befahl der Oberbefehlshaber.

Furgun winkte seinen Offizieren zu. Ortungs-Offizier Turgan, der 1.Offizier Bruksill und Sicherheits-Offizier Zyrill traten an seine Seite.

»Wir haben etwas«, teilte der Doronger mit. »Ein Spähschiff konnte etwas aufzeichnen. «

Er blickte einen Verbindungs-Offizier an. »Sind die Daten bereit? «, fragte er.

»Das sind sie«, antwortete dieser.

»KI«, befahl der Doronger. »Die Bildaufzeichnungen bitte abspielen. «

Der große Bildschirm in der Zentrale des Schiffes erhellte sich. Die Brückencrew sah, wie ein Spähschiff der Uylaner in einem unbekannten Sektor materialisierte. Das Schiff reduzierte seine Geschwindigkeit und registrierte alle Details in diesem Sektor. Die Aufnahmen zeigten einen Schiffsträger, auf dem 50 Raumschiffe der Adramelech standen. Um den Träger herum hatten sich zahlreiche Raumschiffe platziert, die ihn weitläufig absicherten. In dem inneren Bereich der Schutzzone wurden zahlreiche Gleiter registriert, die den Träger anflogen und an ihm andockten.

»Sie haben einen Schiffsträger in diesem Sektor stationiert«, bemerkte der Doronger. »Das ist ihre Basis. Diese Träger sind in der Lage 50 Raumschiffe einer 1.000 Meter-Klasse aufzunehmen. Vermutlich wurden sie mit ihrer neusten Waffentechnik ausgestattet.«

»Unsere Hypertronic-KI hat 120 Abwehr-Geschütze auf dem Träger ausgemacht«, teilte Ortungs-Offizier Turgan mit. »Ferner wurden reichlich Docks für Kampf-Jets registriert. Die vorgelagerte Flotte in diesem Sektor zählt an die 25.000 Schiffe. Sie alle scheinen über das Eindämmungsfeld der blauen Energie unterhalb ihrer Schiffe zu verfügen.«

Doronger Furgun Marey dachte nach.
»Die blaue Energie macht mir Sorgen«, antwortete er. »Wir haben gesehen, welche ungebändigte Kraft sie entfalten kann. Am besten wäre es, wenn es uns gelingen würde, einen Großteil ihrer Schiffe fortzulocken.«

Der 1.Offizier Bruksill blickte seinen Vorgesetzten an.
»Das hier wird nicht der einzige Sektor sein, in dem die Mächtigen einen Träger stationiert haben«, erwiderte er. »Sie haben Vorsorge getroffen. Die Adramelech wissen aber derzeit nicht, wo wir uns aufhalten. Ansonsten wären sie mit ihrer gesamten Streitmacht bereits aufgetaucht.«

Die Crew blickte auf den Bildschirm. Das Spähschiff beschleunigte wieder und sprang in den Hyperraum. Es hatte sich nur wenige Sekunden an den Koordinaten aufgehalten, an dem die Adramelech ihren Flotten-Verband stationiert hatten.

Doronger Furgun Marey blickte seine Offiziere an.
»Besitzen wir Informationen, über wie viele Träger-Schiffe die Adramelech verfügen?«, fragte er.

Der Ortungs-Offizier schüttelte seinen Kopf.
»Leider sind diese Daten nicht in unserem Speicher verfügbar«, erklärte er. »Hierüber haben die Adramelech uns zu keiner Zeit informiert.«

Der Oberbefehlshaber dachte nach.
»Sie alle wissen, warum wir hier sind«, betonte er. »Die Clans unseres Heimat-Planeten fordern Vergeltung für die Beeinflussung unserer Species durch die Adramelech. Wir haben diese große Flotte gebaut, um den Stolz unserer Rasse wieder herzustellen. Wir dürfen sie nicht leichtfertig aufs Spiel setzen.«

»Das ist uns allen bewusst«, antwortete der 1. Offizier. »Wir müssen die Adramelech an ihrer Wurzel treffen. Ihnen muss die Möglichkeit genommen werden, die Fehde in unser Sternensystem zu tragen.«

»Vor langer Zeit waren wir kontinuierlich in Kriege verwickelt, die uns von den Mächtigen aufgebürdet wurden«, erklärte der Doronger. »Aus den Berichten unserer Vorfahren geht hervor, dass bereits damals der Wille nach einer eigenständigen Verwaltung in unserer Rasse aufkeimte. Doch durch die intensive Überwachung der Soldaten der Adramelech gelang es uns nicht, sie zu überwältigen. Dank ihrer langen Zurückgezogenheit, konnten wir uns eine mächtige Flotte aufbauen. Der Plan unserer Clanführer war es, den Mächtigen die Möglichkeit zu nehmen, weitere Rassen in ihren Laboren zu züchten, um diese für ihre Zwecke zu missbrauchen.«

»Wir haben viele Brüder in den zahlreichen Kriegen verloren, in welche uns die Adramelech verwickelt haben«, bemerkte Sicherheits-Offizier Zyrill. »Das lässt sich nicht wieder gutmachen.«

»Wir müssen zusammenstehen«, erwiderte der 1.Offizier Bruksill. »Auf Garadum, unserer Zentral-Welt, werden bereits die nächsten Kampf-Verbände produziert. Wenn dieser Krieg mehrere Jahre dauern sollte, dann wäre unser Nachschub gesichert.«

»Wir verlieren das Ziel aus den Augen«, antwortete der Doronger. »Hier und jetzt findet unser Angriff gegen die Adramelech statt. Wir können nicht vorhersagen, wie er ausgehen wird. Doch wir können uns unberechenbar machen.«

Die Offiziere des Flaggschiffes blickten Doronger Furgun Marey fragend an.

»Wir werden ihre Schiffsverbände ausdünnen«, erklärte der Befehlsführer. »Auch die Adramelech können nicht über Nacht neue Schiffe herbeizaubern. Beraubt man sie ihrer Waffen, sind sie völlig harmlos. Bevor wir mit dem Angriff auf ihre Zentralwelt beginnen, werden wir alle ihre Träger und Schutzflotten in den unterschiedlichen Sektoren eliminieren. Wenn meine Vermutung richtig ist, dann wird nur noch eine weitaus kleinere Schutzflotte ihren Heimat-Planeten absichern.«

»Der Doronger hat Recht«, antwortete Offizier Zyrill. »Es bringt nichts auf einen Verdacht hin unsere Flotte zu opfern. Die Macht der Adramelech muss gebrochen werden.«

»Ihr Regent muss sich verantworten«, sagte Ortungs-Offizier Turgan. »Er gibt die Befehle in dem blauen Universum der Mächtigen.«

»Wenn die Heimatwelt der Adramelech in unseren Händen liegt, ist der Weg zu dem Regenten nicht mehr weit«, lächelte Doronger Furgun Marey. » Zunächst planen wir den Angriff auf den ausgespähten Träger. Ich bitte um ihre Vorschläge? «

»Wir müssen die Adramelech in Sicherheit wiegen«, erklärte der 1. Offizier. »Der Träger wird von einer Flotte von 25.000 Kriegsschiffen der Mächtigen bewacht. Er selbst verfügt über 50 Schiffe, die vermutlich erst im Notfall eingesetzt werden. Wir sollten mit 20.000 Schiffen und aktivierten Waffentürmen in den Sektor springen und die Schiffe der Mächtigen unter Dauerfeuer nehmen. Sicherlich werden wir einige von ihnen vernichten können. Noch bevor die Adramelech ihre blaue Energie freisetzen können, entmaterialisieren unsere Schiffe wieder und springen in diesen Sektor zurück. Hier wartet unsere komplette Armada auf sie. Hiermit werden sie nicht rechnen, weil sie lediglich eine Flotte von 20.000 Schiffen verfolgen.

Sie denken, sie sind in der Überzahl. Den Gefallen erweisen wir ihnen jedoch nicht. Wir verteilen uns in diesem Gebiet und greifen sie von allen Seiten an. Unsere Schiffe, die aus dem Sektor des Trägers flüchten, werden sich hier wieder mit unserer Hauptflotte vereinen. Wir splitten uns in Gruppen zu 15 Schiffen auf. Jede dieser Gruppen greift lediglich ein Schiff der Mächtigen an. Der Dauerbeschuss unserer Schiffe wird auf das

Eindämmungsfeld ihrer blauen Energie gerichtet sein. Nur wenn wir das Energiefeld unterhalb ihrer Schiffe aufreißen können, werden sie ihre vernichtende Energie nicht mehr freilassen können.«

Die Offiziere nickten.
»Der Plan hört sich gut an«, antwortete der Doronger. »Sobald die Flotte der Adramelech in die Falle gesprungen ist, starte ich mit einem starken Verband unserer Flotte. Ich werde 125.000 Schiffe befehligen und den Schiffs-Träger angreifen und diesen aus dem Weltraum sprengen.«

Offizier Bruksill hob seinen Arm.
»Ich möchte noch etwas anmerken«, sagte er. »Ehre findet ein Uylaner nicht nur in einem glorreichen Tod. Hiermit ist keinem geholfen. Unser Ziel ist es, die Adramelech in die Knie zu zwingen. Hierfür ist auch eine Strategie hilfreich.«

»Worauf wollen sie hinaus?«, fragte der Doronger.
»Das kann ich ihnen erklären«, antwortete der 1. Offizier. »Unsere jüngeren Kämpfer wollen immer mit dem Kopf durch die Wand. Sie werden mit ihren Schiffen im Dauerfeuer auf die Kriegsschiffe der Mächtigen zufliegen. Das halte ich für falsch. Viel besser wäre es, wenn sie rechtzeitig erkennen würden, wenn die Treffer ihres

Laserfeuers die Eindämmungsfelder der blauen Energie nicht zum Kollabieren bringen. Diese Schiffe sollten dann in den Hyperraum springen und sich an anderen Koordinaten einem neuen Ziel zuwenden. Hierdurch vermeiden wir zu viele Verluste an Schiffen und Personal.«

»Sie haben Recht«, bemerkte Furgun Marey. »Das primäre Ziel ist es, möglichst viele intakte Schiffseinheiten für den Angriff auf die Wurzel des Adramelech-Systems zur Verfügung zu haben.«

Er blickte die Offiziere seiner Brückencrew an. »Irgendwelche Einwände?«, fragte er.

Die Offiziere schüttelten ihren Kopf.

»Bruksill«, befahl er. »Sie befehlen und koordinieren den Angriff auf die Schutzflotte. Fliegen sie mit und bringen sie die Schiffe in unseren Sektor. Wir werden sie hier erwarten.«

Die Offiziere liefen zu ihren Abteilungen. Funk-Offizier-Crygin informierte die Flotte über die neuen Befehle des Doronger's. Der 1. Offizier teilte einen Flotten-Verband ein, der den Scheinangriff auf die Schutzflotte der Adramelech durchführen sollte. Nachdem er die

Kommandeure der einzelnen Verbände informiert hatte, begab er sich in den Hangar des Schiffes. Er bestieg einen Gleiter und aktivierte die Bordsprechanlage.

»Bruksill bittet um Flugfreigabe«, sprach er in das Gerät.
»Öffnen sie mir das Hangar-Tor.«

»Ihr Flug ist freigegeben«, antwortete Offizier Crygin.
»Das Geschwader des Tarey-Clans erwartet sie.«

Das Hangar-Tor öffnete sich. Der 1. Offizier aktivierte die Triebwerke seines Gleiters und beschleunigte. Wie ein Geschoss flog er aus dem Flaggschiff hinaus und korrigierte seinen Kurs auf die Position des wartenden Verbandes des Tarey-Clans.

Flotte der Adramelech

Der Offizier des Adramelech-Flottenträgers blickte auf seinen Ortungs-Monitor. Ein Fremdkontakt blinkte in dem südlichen Bereich des Sektors. Verwundert starrte er auf den roten Punkt.

»Ich habe einen Fremdkontakt?«, sagte er.

Lord Zydran'Hutron blickte ihn an.
»Ist der Kontakt bestätigt?«, fragte er.

»Unsere Hypertronic-KI wertet noch aus«, antwortete der Ortungs-Offizier. »Es scheint sich um ein einzelnes Schiff zu handeln. «

»Ist es ein uylanisches Schiff? «, erkundigte sich der Lord.

Der Adramelech zuckte mit seinen Schultern.
»Es sieht eher aus, wie eines von unseren«, antwortete er. »Die Bauart ist identisch. «

»Das kann alles bedeuten«, erwiderte der Lord. »Behalten sie es im Auge. Wir brauchen eine ID-Bestätigung unserer Hypertronic-KI. «

»Sie kann das Schiff nicht zuordnen«, antwortete der Ortungs-Offizier. »Es weist deutliche Merkmale unserer eigenen Schiffsbaureihen auf. Lediglich geringfügige Veränderungen sind erkennbar. «

»Was macht es? «, fragte der Lord. » Stellt es eine Gefahr dar? «

»Nein«, antwortete der Lord. »Es durchfliegt die äußeren Bereiche unseres Sektors. Es meidet einen Kontakt zu unserer Flotte. «

»Legen sie das Ortungszeichen auf den Hauptschirm«, befahl Lord Zydran'Hutron.

Der Bildschirm erhellte sich und zeigte einen roten blinkenden Punkt an, der sich an den äußeren Routen des Sektors entlang zog.

Dann plötzlich war der rote Punkt verschwunden.

»Wo ist es hin? «, fragte der Lord.

»Die Gefahr ist vorüber«, antwortete der Ortungs-Offizier. »Das Schiff scheint wieder in den Hyperraum gesprungen zu sein. «

Der Lord lehnte sich in seinem Kommandosessel zurück.

»Das könnte ein Spähschiff gewesen sein«, sagte er.

»Ich habe nichts mehr auf den Ortungs-Anzeigen«, meldete Satro'Firgon, der Ortungs-Offizier des Trägers.

Commander Lidro'Ortrun. Der 1 Offizier des Flottenträgers war an die Seite des befehlshabenden Lord getreten.

»Ich werde eine erhöhte Alarmbereitschaft ausrufen«, erklärte er.

»Halten sie das für notwendig?«, erkundigte sich der Lord. » Wir haben keinerlei Hinweise auf den Verbleib der Flotte der Uylaner erhalten. Unzählige Schiffsverbände sind auf der Suche nach ihnen. «

»Sie sind gerissen«, antwortete der 1. Offizier. »Wo kann sich eine so große Flotte verstecken? «

Prinz Dadra'Katyn und Admiral Jordin'Rorxon leiten persönlich die Suche«, antwortete der Lord. » Sie werden sicherlich den Spuren der Schiffe folgen. «

»Das wird nicht so einfach sein«, lächelte der 1. Offizier. »Die Wellen der Hyperraumverzerrung verflüchtigen sich nach kurzer Zeit. Sie werden im Dunkeln tappen. «

»Befehlen sie die erhöhte Alarmbereitschaft«, bestätigte der Lord. »Wir werden vorbereitet sein. «

»Ihre Befehle wurden an alle Schiffe weitergeben«, meldete der 1. Offizier. »Alle Ortungstaster und Scanner werden aktiviert. «

Der Lord nickte zustimmend.

»Stellen sie mir eine Hyperfunk-Verbindung zu Träger-Verband 8 her«, befahl er. »Das ist die Einsatzzentrale von Prinz Dadra'Katyn und Admiral Jordin'Rorxon. Ich werde sie über unsere Entdeckung informieren. «

»Die Verbindung baut sich auf«, bestätigte Cudro'Mitron, der Funk-Offizier des Schiffes. »Sie können sprechen. «

»Hier ist die Einsatzleitung von Träger-Verband 8«, tönte es aus den Lautsprechern.

»Ich bin Lord Zydran'Hutron, der Oberkommandierende des Träger-Verbandes 7«, sprach er in den Communicator. » Ich möchte sofort Admiral Jordin'Rorxon sprechen. «

»Tut mir leid«, antwortete die Gegenstelle. »Der Admiral und Prinz Dadra'Katyn leiten persönlich einen Außeneinsatz. Sie suchen nach den Schiffen der Uylaner. «

Lord Zydran'Hutron blickte seinen 1. Offizier an und schüttelte seinen Kopf.

»Das machen wir alle«, antwortete er. »Wann werden sie zurückerwartet? «

»Frühestens in einer Stunde«, antwortete die Leitstelle des Trägers 8. »Soll ich eine Nachricht für den Admiral notieren?«

»Versuchen sie ihn über einen geheimen Hyperfunkkanal zu erreichen«, bat der Lord. »Wir haben einen Ortungs-Kontakt zu einem uylanischen Spähschiff verzeichnet.«

»Wurde die ID des Schiffes bestätigt?«, fragt die Leitstelle.

»Nein«, erwiderte der Lord. »Unsere Hypertronic-KI konnte die Bauweise nicht richtig zuordnen. Es kann auch eines unserer eigenen Schiffe gewesen sein.«

»Ich kann unmöglich auf einen Verdacht hin, den Großteil unserer Schutzflotte zu ihnen entsenden«, antwortete der Offizier der Leitstelle. »Es liegen klare Richtlinien vor. Ich werde gerne den Admiral von ihrer Meldung informieren. Er muss selbst entscheiden, ob wir Flotten-Verbände zu ihnen entsenden.«

»Die Zeit drängt«, antwortete der Lord. »Wir rechnen mit einem Angriff der Uylaner.«

»Die Uylaner sind nicht auffindbar«, teilte die Leitstelle von Träger 8 mit. »Warum sollten sie ausgerechnet in ihren Sektor fliegen? «

»Unser Sektor ist so gut, wie jeder andere«, fluchte der Lord. »Was macht sie eigentlich so sicher? «

»Ich habe detaillierte Anweisungen«, antwortete die Leitstelle. »Träger 8 und die Leitstelle stehen unter einem besonderen Schutz. Nur von hier aus lassen sich unsere Flottenverbände koordinieren. Sehen sie zu, dass sie sich bis zu der Rückkehr des Kommandostabes selbst schützen. «

»Was bleibt uns anderes übrig? «, antwortete der Lord. » Informieren sie den Admiral unverzüglich über unseren Hyperfunkspruch. «

»Das werde ich natürlich«, betonte die Leitstelle und unterbrach die Verbindung.

Lord Zydran'Hutron steckte seinen Communicator ein. »Auf Unterstützung brauchen wir in den nächsten zwei Stunden nicht zu warten«, bemerkte er. »Die Leitstelle kann nicht selbstständig entscheiden. Das ist auch ein Manko in der Befehlskette unseres Regenten. «

»Vielleicht wies der Resonanzkontakt doch auf eines unserer umgebauten Schiffe hin«, bemerkte der 1. Offizier. »Dann brauchen wir uns keine Sorgen zu machen. Falls das jedoch nicht der Fall sein sollte, empfehle ich diese Leitstelle auf ein Schiff unseres Trägers zu verlagern. Wenn wir angegriffen werden, wird das vorrangige Ziel dieser Träger sein. Vermutlich werden wir nicht mehr ausreichend Zeit haben, um entsprechende Gegenmaßnahmen einzuleiten. «

»Die Bedienung der massiven Abwehrgeschütze des Trägers kann nur von hier durchgeführt werden«, erklärte der Lord. »Sie sind ein mächtiges Instrument zur Abwehr anfliegender feindlicher Verbände. «

»Es könnten einige Techniker auf dem Träger bleiben«, schlug der 1. Offizier vor. »Sie werden die Geschütztürme bedienen. Wenn sie bemerken, dass die Uylaner mit ihrer starken Flotte durchbrechen sollten, dann werden sie die Geschütze auf Automatik stellen und uns sofort in das Schiff folgen. «

»Diese Option ist möglich«, entschied der Lord. »Befehlen sie unseren Umzug. Trägerschiff 1 wird unsere neue Leitstelle. Informieren sie den Commander des Schiffes, das wir zu ihm kommen. Zusätzlich sollen alle anderen Träger-Schiffe ihr Personal vollständig alarmieren.

Möglicherweise wird ein Notstart notwendig.«
Commander Lidro'Ortrun verbeugte sich und lief davon.
Er kümmerte sich um die Weitergabe der Befehle.

Die Brückencrew übergab die Steuerung der Waffentürme an die eintretenden Techniker. Sie erhielten den Befehl sofort auf das Trägerschiff 1 zu folgen, falls die Lage hoffnungslos wurde.

Lord Zydran'Hutron löste den Commander des Schiffes ab. Dieser hatte die nächste Zeit dienstfrei. Seine Offiziere aktivierten alle Geräte des Schiffes und fuhren die Antriebe hoch.

»Die Triebwerke stehen auf Stand-by«, rief der Lord. »Maximale Fluchtgeschwindigkeit programmieren. Die Schutzschirme aktivieren.«

»Ortungsinstrumente und Scanner wurden aktiviert«, rief Offizier Satro'Firgon. »Wir sind bereit.«

»Die Flotte ist in Alarmbereitschaft«, bestätigte der 1. Offizier.

Die Brückencrew der Leitstelle des Trägers 7 blickte auf den zentralen Bildschirm. Derzeit waren nur grüne Punkte zu registrieren, welche die eigenen Schiffe kennzeichneten.«

»Alles ist ruhig«, teilte der 1. Offizier. »Unsere Schutzflotte kontrolliert diesen Sektor großflächig. Falls irgendwo ein fremdes Spähschiff materialisiert, werden wir es finden.«

»Mehr können wir nicht tun«, antwortete der Lord. »Warten wir ab, ob sich etwas tut. Mir wäre wohler, wenn die Unterstützung von Admiral Jordin'Rorxon bereits eingetroffen wäre.«

Der Lord lehnte sich in seinem Stuhl zurück und kontrollierte die Anzeigen.

Greller Alarm heulte durch das Schiff. Lord Zydran'Hutron blickte entsetzt auf.
»Was haben wir?«, fragte er.

»Ich registriere starke Verzerrungen im Hyperraum«, meldete Offizier Satro'Firgon. »Das Gravitationsgefüge bricht zusammen. Es wird eine starke Flotte in unseren Sektor springen.«

Er blickte auf den Bildschirm. Vier starke Schiffs-Verbände wurden sichtbar. Mit aktivierten Waffen flogen sie auf die Schiffs-Verbände der Adramelech zu.

»Viele Schiffe sind es?«, fragte der Lord.

Commander Lidro'Ortrun schaute auf den Ausgabebildschirm der Schiffs-Hypertronic-KI.

»Es sind exakt 20.000 uylanische Schiffe«, meldete er. »Die Flotte ist kleiner, als von uns vermutet.«

»Sofort Abwehrmaßnahmen einleiten«, schrie der Lord. »Unsere Schutzflotte soll sich ihnen stellen.«

»Sie sind bereits auf einen Abfangkurs eingeschwenkt«. bestätigte der 1. Offizier.«

Die ausgebrochene Raumschlacht im Sektor des Flottenträgers 7 wurde durch unzählige Ortungssignale auf dem Bildschirm angezeigt. Die gegnerischen Gruppen schenkten sich nichts. Die Leuchtfeuer und die Explosionen auf den zentralen Bildschirm des Schiffes vermittelten die Verluste für beide Seiten.

»Die blaue Energie aktivieren«, schrie der Lord. »Die Schiffe der Daraner müssen vernichtet werden.«

»Sobald unsere Schiffe die blaue Energie freisetzen, springen die fremden Schiffs-Gruppen in den Hyperraum«, rief der 1. Offizier. »Sie stellen sich nicht einem fairen Kampf.«

Lord Zydran'Hutron blickte auf den Bildschirm und sah die Aussage Commander Lidro'Ortrun bestätigt.

»Langstreckenwaffen einsetzen«, befahl er. »Geben wir ihnen unsere Raketen.«

»Der Befehl wurde an die Schiffe weitergeleitet«, meldete der Funk-Offizier.

Auf dem Bildschirm registrierte die Crew, wie weitere uylanische Schiffe vernichtet wurden. Ein grimmiges Lächeln erschien auf seinem Gesicht.

»Diese Tiere verdienen es nicht zu leben«, dachte er. »Dank unserem Regenten können wir uns jetzt mit ihnen herumschlagen.«

Erstaunt sah er, wie die uylanischen Schiffe vor dem Einschlag weiterer Raketen in den Hyperraum sprangen. Sie hatten dazugelernt.

»Unsere Raketen erreichen ihr Ziel nicht mehr«, rief der 1. Offizier. »Die Uylaner springen in den Hyperraum, um sich an einer neuen Position wieder unseren Schiffen zu widmen.

»Wie hoch sind unsere Verluste? «, fragte der Lord.

Commander Lidro'Ortrun ließ sich die Zahlen geben. »Derzeit vermissen wir 320 Schiffe, auf uylanischer Seite sind es 390 Einheiten«, antwortete er.

»Unsere Vorgehensweise bringt nur einen mäßigen Erfolg«, bemerkte der Lord. «

»Es sind Schiffe aus unseren Werften«, betonte Commander Lidro'Ortrun. »Sie verfügen über die gleichen Waffen und die gleichen Schutzschirme. Wenn wir nicht die blaue Energie freisetzen können, werden wir noch ewig hier kämpfen. «

»Das Ergebnis ist ebenfalls ungewiss«, antwortete der Lord. »Die einzige Hilfe wäre eine rasche Verstärkung. Dann könnten sich mehrere Schiffe einem Feindschiff nähern und seinen Schutzschirm aufreißen. «

Das ständige Blinken auf den zentralen Bildschirm wurde von der Brückencrew in der neuen Leitstelle des Schiffes nicht groß beachtet. Das Schiff stand noch fest auf dem Rücken des Trägers 7. Die Crew hatte registriert, dass uylanische Verbände in den Hyperraum sprangen, um an entgegengesetzten Koordinaten erneut anzugreifen.

Die Katastrophe nahm seinen Lauf als 600 Schiffe der Uylaner, ohne Rücksicht auf eigene Verluste, unter einem Schiffsverband von 300 Schiffen der Adramelech materialisierten. Mit der Präzision von kampferprobten Wesen, feuerten sie im Salventakt ihre Geschütztürme auf die überraschten Schiffe der Mächtigen ab. Erste Schiffe der Adramelech explodierten. Die gigantischen Glutbälle erfassten weitere Schiffe und rissen sie mit in die Vernichtung. Ein heilloses Durcheinander brach unter den Schiffen der Adramelech aus.

Nur die Uylaner schienen noch Angriffsziele erkennen zu können. Jetzt schleusten sie noch ihre Raketen aus, die in den Schutzschirmen der der Adramelech-Schiffe reihenweise explodierten. Diese verfärbten sich teilweise tiefrot. Die Uylaner ließen nicht von ihrem Dauerbeschuss ab. In unsortierter Reihenfolge explodierten weitere Schiffe der Mächtigen in grellen Feuerbällen. Zahlreiche Aufbauten der Schiffe wurden abgeschmolzen, abgebrochene Hinterschiffe verglühten in dem kalten Weltraum.

Den Adramelech gelang es nicht, ihre blaue Energie einzusetzen. In dem Gebiet wirbelten glühende Wrackteile durch den Weltraum. Immer wieder suchten sich die Schiffe der Uylaner neue Ziele. Die Flotte der Adramelech schrumpfte in sich zusammen. Andere Einheiten konnten nicht zu Hilfe eilen, weil sie von den restlichen Verbänden der Uylaner in Schach gehalten wurden. Die Flotte der Adramelech wurde von den Uylanern vollständig aufgerieben.«

»Wir haben einen Krisenpunkt im östlichen Sektor des Gebietes«, schrie Commander Lidro'Ortrun. »Ein Verband von 300 Schiffen wurde von den Uylanern vollständig vernichtet.«

Lord Zydran'Hutron schlug erbost mit seiner Faust auf die Armlehne seines Sessels.

»Verdammte Schweinerei«, schimpfte er. »Warum sind die Schiffe nicht in den Hyperraum gesprungen. Diese Taktik wenden die Uylaner doch auch an?«

»Der Befehlshaber des Verbandes wurde überrascht«, antwortete der 1. Offizier. »Es gelang seiner Flotte nicht mehr die blaue Energie freizusetzen.«

»Verstärkt diesen Bereich«, schrie der Lord. »Die Schiffe der Uylaner dürfen nicht durchbrechen.«

Der 1. Offizier nickte.
»Verstärkung ist unterwegs«, antwortete er. »Doch die Schiffe der Uylaner sind wieder in den Hyperraum gesprungen. Sie können überall wieder materialisieren.

In dem Sektor der Adramalon-Spiralgalaxie tobte eine vernichtende Raumschlacht.

»Wir brauchen eine neue Strategie«, bemerkte der Lord. »Unsere Verluste sind nicht hinnehmbar.

»Derzeit verbuchen wir 980 eigene Abschüsse, die des Gegners sind lediglich auf 450 gestiegen«, teilte der 1. Offizier mit. »Was schlagen sie vor? «

»Starten sie alle Schiffe unseres Trägers zur Unterstützung«, befahl der Lord. »Wir bilden Gruppen zu fünf Schiffen. Diese Gruppen werden durch ein gezieltes Dauerfeuer jeweils nur ein uylanisches Schiff ausschalten. Nach der Vernichtung wenden sie sich einem neuen Ziel zu.«

»Hiermit können wir nicht alle uylanischen Verbände in Schach halten«, bemerkte der 1. Offizier. »Einige Schiffe können sich neuen Zielen zuwenden?«

»Das Risiko müssen wir eingehen«, antwortete der Lord. »Unsere Abschussquote muss erhöht werden.«

»Ich gebe ihre Befehle sofort weiter«, meldete der 1. Offizier.

Flink drehte er sich ab und eilte zu der Funkkonsole. Lord Zydran'Hutron sah, wie die Schiffe des Trägers 7 abhoben, ihre Antriebe zündeten und sie sich unter das Kampfgeschehen mischten. Nur noch ein letztes Schiff verblieb auf dem Flottenträger. Der Verteidigungsring der Schutzflotte der Adramelech driftete immer weiter von dem Träger fort.

Die Crew der Brücke sah die Explosionen auf dem Bildschirm des Schiffes, die von untergehenden Raumschiffen stammten. Der Ortungs-Offizier schaute irritiert auf seine Monitore.

»Eine starke Verzerrung im Raumzeitgefüge wird angezeigt«, meldete er. »Eine Flotte wird in einem Abstand von 8.000 Metern materialisieren.«

»Auf einen Angriff vorbereiten«, befahl der 1. Offizier. »Alle Waffentürme müssen in Bereitschaft sein.«

Es dauerte nur Sekunden, dann brach die angekündigte Flotte in den Normalraum ein. Ohne zu zögern, aktivierten 300 uylanische Schiffe die Lasertürme. Der Träger und das Schiff des Kommandostabes wurden förmlich mit einem Blitzgewitter überzogen.

Exakt 120 schwere Geschütztürme nahmen die anfliegende Flotte der Uylaner unter ein Dauerfeuer. Die schweren Geschütze trommelten die Lasersalven auf die anfliegenden Schiffe. Einige der uylanischen Kreuzer vergingen in einem sich ausbreitenden Atomfeuer.

»Auf Raketeneinschlag vorbereiten«, warnte der 1. Offizier.

Zahlreiche Wellen von Raketen rasten auf den Träger zu. Es war offensichtlich, dass er das vorrangige Ziel war.

»Ruft die Schutzflotte zurückrufen«, befahl der Lord.

Der Funk-Offizier überschlug sich mit Weitergabe des Befehls.

Die einschlagenden Lasersalven ließen den Schutzschirm des Trägers bereits rot aufleuchten. Erste Strukturlücken wurden registriert. Die nachfolgenden Lasersalven rissen Stücke der Bordwand fort. Explosionen entstanden auf den unterschiedlichen Ebenen des Trägers.

Ein Verband von 500 Adramelech-Schiffen beschleunigte auf die Angreifer zu und nahm die Schiffe unter Laserfeuer. Ein Blitzgewitter von Strahlen prasselte auf die Angreifer ein. Die Schiffe der Uylaner registrierten die Unterstützung und drehten ab. Sie beschleunigten und flogen mit maximalen Werten zu ihrer Armada zurück.

»Das war knapp«, fluchte Lord Zydran'Hutron. »Die Uylaner haben es auf unseren Träger abgesehen.«

Die Raumschlacht tobte verbittert. Der Befehlsführer sah, wie sich beide Seiten nichts schenkten. Wieder wurden zwei flackernde Lichterscheinungen auf dem Bildschirm sichtbar, die den Untergang von uylanischen Schiffen meldeten.

Plötzlich brach die Flotte der Uylaner den Kampf ab. Die Schiffe wendeten und sprangen in den Hyperraum.

»Wir haben sie«, freute sich der Lord. »Sie geben auf. Wir dürfen sie nicht entkommen lassen. Alle Schiffe unserer

Schutztruppe verfolgen sie und löschen sie aus, sobald sie wieder in den Normalraum fallen.«

»Sollten wir nicht auf Verstärkung warten?«, erkundigte sich der 1. Offizier. » Wir haben nur noch die 49 Schiffe unseres Trägers zur Verteidigung dieses Sektors?«

»Diese Chance bekommen wir nicht ein zweites Mal«, antwortete der Lord. »Wir werden die Flotte der Uylaner auslöschen. Die Wellen der Hyperraum-Verzerrung sind frisch und können von uns gut verfolgt werden.

Commander Lidro'Ortrun nickte und gab den Befehl an die Schutzflotte durch. Auf dem Bildschirm erkannte die Brückencrew, wie die Schiffe der Schutzflotte ihre Schiffe beschleunigten und entmaterialisierten.

»Status?«, fragte der Lord. » Welche Schäden sind auf dem Träger entstanden?«

»Die Sektoren 4, 19, 27 und 35 mussten abgeschottet werden«, meldete der 1. Offizier. »Hier wurden zahlreiche Einschläge in die Bordwand registriert. Die Reparaturteams sind auf dem Weg, um die Schäden zu beheben.«

»Gut«, antwortete der Lord. »Das sind keine großen Probleme. Bis zu dem Eintreffen der Flotte von Admiral Jordin'Rorxon, werden wir den Träger abgedichtet haben.«

Der Ortungs-Offizier beugte sich tief über seine Instrumente.

Lord Zydran'Hutron hatte seinen irritierten Blick mitbekommen.

»Was ist?«, fragte er.» Reden sie endlich.«

»Es wird erneut eine starke Verzerrung im Hyperraum angezeigt«, antwortete er. »Vermutlich kommt unsere Flotte zurück.«

»So schnell?«, fragte der Lord erstaunt.» Sie kann unmöglich bereits alle Schiffe der Uylaner gestellt haben?«

Die Offiziere der Brücke des Kommandoschiffes wussten, was das bedeuten konnte. Schlagartig war es still geworden, in der Befehlsstelle des Schiffes. Alle Anwesenden hielten den Atem an. Dann kam die Gewissheit. Unzählige rote Lichtreflexe füllten den Monitor des Schiffes aus.

»Eine große Feindflotte ist im Anflug«, meldete der Ortungs-Offizier. »Unsere KI hat 125.000 uylanische Schiffe ausgemacht. Sie fliegen auf einem Kollisionskurs zu unserem Träger. «

Fassungslos starrte der Lord auf den Monitor.
»Sie haben uns in eine Falle gelockt«, tobte der Lord. »Diese Tiere lassen uns wie Dummköpfe aussehen. Sofort einen Notstart durchführen. Ansonsten gehen wir mit unter. «

»Was ist mit den Technikern auf dem Träger? «, fragte der 1. Offizier.

»Rufen sie alle zu uns an Bord«, erwiderte der Lord.
»Sie sollen sich beeilen. Die Zeit läuft uns davon. Wenn der letzte von ihnen eingetroffen ist, gehen wir sofort auf einen Fluchtkurs. «

Kurze Zeit später zündeten die Antriebe des Schiffes.
Schwerfällig hob der Zerstörer der 1.000 Meter-Klasse ab und nahm Fahrt auf. Er flog eine Schleife und setzte einen Kurs, der entgegengesetzt der einfliegenden Flotte der Uylaner lag. In ausreichender Entfernung sahen die Kommando-Offiziere, wie die Schiffe der Uylaner mit dem Beschuss des Trägers begangen. Die Waffentürme des langen Trägers feuerten im Sekundenmodus auf die

anfliegenden Schiffe. Weitere Schiffe der Uylaner vergingen in grellen Explosionen. Doch der Schutzschirm des Trägers hielt dem Dauerbeschuss der Schiffe nicht lange stand. An mehreren Stellen klafften bereits Strukturlöcher. Diese nutzten die Schiffe der Uylaner, um ihre Lasersalven auf die ungeschützte Bordwand zu schießen. Die gewaltigen Einschläge rissen Stücke aus der Bordwand heraus. Die heißen Strahlen durchschlugen die inneren Abteilungen und drangen bis zu den Reaktoren des Schiffes vor. Immer mehr Strahlen fraßen sich in den Träger hinein.

Ein Teil der Abwehrtürme war bereits ausgefallen. Überall auf dem Trägerschiff entstanden grelle Detonationen, Feuerherde brachen aus. Explosionen aus dem inneren Schiff sprengten Teile der Bordwand in den Weltraum. Eine neue Welle von Angriffsschiffen schleuste Raketen aus, die mit voller Wucht auf den Träger schlugen und explodierten. Am Hinterschiff des Trägers explodierten die Antriebe. Der Atombrand hüllte das hintere Schiff ein und zerstörte einen Großteil des Bereiches. Der Brand breitete sich aus und griff nach weiteren Teilen des Schiffes. Er fraß sich durch das lange Schiff, bis er die Kommandobrücke erreicht hatte. Dann explodierte der Träger in der grellen Explosion.

Der Bildschirm des Kommandoschiffes 1 erhellte sich und fiel aus. Nach dem er sich neu aufgebaut hatte, konnten nur noch glühende Wrackteile geortet werden, die durch das Weltall drifteten.

Die 49 Schiffe des Flottenträgers 7 kamen nicht mehr dazu, in den Kampf einzugreifen und das Unheil abzuwenden. Mehr als 5.000 uylanische Schiffe stürzten sich auf sie und überzogen sie mit einem Blitzgewitter von Laserstrahlen. Auf den Schiffen wurden die Abwehrtürme weggesprengt. Aufbauten brachen ab. Innerhalb von Sekunden kollabierten die Schutzschirme der 49 Schiffe restlos. Die nachfolgenden Lasersalven durchschlugen die Bordwände und drangen in das Innere der Schiffe ein. Der wütende Beschuss der Uylaner verstärkte sich noch, als sie erkannten, dass die Schiffe der Adramelech schutzlos waren. Im Sekundenrhythmus explodierten die Schiffe des Trägers in hellen Feuerpilzen. Sie mussten die ganze Wut der uylanischen Flotte über sich ergehen lassen.

Aus einer sicheren Entfernung beobachte die Crew des Kommandoschiffes das Desaster.

»Alle Trägerschiffe wurden vernichtet«, meldete der Ortungs-Offizier. »Die Flotte der Uylaner dreht ab und springt in den Hyperraum. Sie haben kein weiteres Interesse an uns.«

»Sie haben ihr Ziel erreicht«, bemerkte der Lord. »Der Regent wird sicherlich nicht erfreut sein.«

»Wäre die Flotte von Admiral Jordin'Rorxon rechtzeitig erschienen, dann müssten wir jetzt nicht vor den Trümmern unseres Trägers stehen«, entgegnete der 1. Offizier. »Die Schuld liegt eindeutig bei dem Oberbefehl unseres Flottenkommandos.«

»Die Schuld liegt bei mir«, antwortete der Lord. »Hätte ich nicht unsere Schutzflotte hinter den Uylanern hergeschickt, dann wäre unser Träger dem Angriff nicht schutzlos ausgeliefert gewesen.«

Ohne eine Antwort von seinen Offizieren abzuwarten, zog Lord Zydran'Hutron seinen Laser aus dem Holster. Er setzte ihn sich auf die Brust.

»Warten sie«, schrie der 1. Offizier.
Doch der Lord drückte ab. Ein tiefes Loch klaffte in seiner Brust. Blut spritzte heraus. Dann sackte er zusammen und lag regungslos in seinem Kommandosessel.

Entsetzt blickten die Offiziere den 1.Offizier an.
»Der Kampf ist für unseren Kommandeur beendet«, sagte Commander Lidro'Ortrun betroffen. »Der Regent kann

ihn nicht mehr belangen. Vielleicht ist es besser so. Wir alle wissen sehr genau, Zadra-Scharun, der Regent des Wissens und der Erleuchtung, duldet kein Versagen.«

Flotte der Uylaner

Doronger Furgun Marey blickte seit geraumer Zeit auf die Anzeigen. Langsam wurde er unruhig.

»Haben wir neue Ortungszeichen?«, fragte er. »Unsere Flotte sollte lediglich den Verband der Mächtigen fortlocken. Größere Kampfhandlungen waren nicht befohlen worden.«

»Vielleicht sind sie in einen Hinterhalt gesprungen?«, entgegnete der 1. Offizier Bruksill. »Die Flotte der Adramelech kann Verstärkung gerufen haben?«

»Ich glaube nicht, dass in dieser kurzen Zeit reagiert werden konnte«, antwortete der Flottenführer. »Das Imperium der Mächtigen verfügt über eine Ausdehnung von 30.000 Lichtjahren. Gedulden wir uns noch eine kurze Zeit.«

»Ich orte zwei Verzerrungen des Hyperraumgefüges«, meldete der Ortungs-Offizier. »Vermutlich handelt es sich um Eintritte in den Hyperraum. Der Abstand zwischen beiden Ereignissen beträgt exakt 30 Sekunden.«

Der Doronger atmete erleichtert aus.
»Sie kommen«, lächelte er. »Alle Schiffe sollen sich bereitmachen. »Sofort nach dem Eintritt der Feindschiffe ist mit dem Beschuss zu beginnen.«

»Alle Gruppen sind bereit«, tönte es aus den Lautsprechern.

Die Stimme des 1. Offiziers war zu hören.
»Unsere Schiffe wissen, worauf es ankommt«, ergänzte er. »Wir geben den Adramelech keine Zeit, ihre blaue Energie freizusetzen.«

»Gut«, antwortete der Doronger. »Wir werden jetzt zu dem Träger springen und ihn aus dem Weltraum sprengen.«

Noch bevor die Flotte der Adramelech eingetroffen war, sprang der große Verband von 125.000 Schiffen unter der Führung von Doronger Furgun Marey in den Hyperraum.

Kurze Zeit später materialisieren die Schiffe der Uylaner. Es vergingen nur wenige Sekunden, dann folgte ihnen die Schutzflotte der Mächtigen.

Offizier Bruksill ließ alle Schiffe auf einen Angriffskurs gehen. Die starken Verbände der Uylaner kesselten die Flotte der Adramelech ein. Eine dramatische Raumschlacht begann.

Das Schiff des 1. Offiziers stand etwas hinter der Flotte und beobachte die Situation. Er nickte zufrieden.

Die zahlreichen Abschüsse roter Punkte auf dem Bildschirm bestätigten, dass die Adramelech nicht vorbereitet waren. Jedes Schiff wurde von einem uylanischen Geschwader angegriffen, welches mindestens 15 Schiffe umfasste. Die Kontrollanzeigen der Schutzschirme auf den Schiffen der Mächtigen schlugen ruckartig an ihre Belastungsgrenze hoch. Die nachfolgenden Einschläge ließen die schützenden Energiefelder zusammenbrechen. Jetzt standen nur noch die ungeschützten Bordwände den Energiestrahlen entgegen. In immer schneller werden Rhythmen, explodierten die Schiffe der Adramelech. Diese hatten dem massiven Beschuss der Breitseiten von jeweils 15 angreifenden uylanischen Schiffen nichts entgegenzusetzen. Obwohl die eigenen Geschütze im Dauerfeuer Lasersalven auf die Angreifer feuerten, konnte das an der Situation nichts mehr ändern. Die aufblühenden Lichtpilze auf dem Bildschirm seines

Schiffes zeigten dem 1. Offizier die untergehende Flotte der Adramelech an.

Erleichtert registrierte er, dass die Schiffe der Adramelech keinen Fluchtversuch unternahmen. Erbittert versuchten sie sich aus der Falle zu befreien. Doch alle Schiffe waren fest von Geschwader-Gruppen der Uylaner eingekesselt. Wie im Rausch schossen die hasserfüllten Feinde ihre starken Laserkanonen ab und durchbohrten die Bordwände der ungeschützten Adramelech-Schiffe. Wieder explodierten Hunderte von Kreuzern unter den einschlagenden Strahlen. Die stolze Schutzflotte der Mächtigen schmolz in Sekunden zusammen. Wrackteile drifteten durchs All. Die Schiffe der Uylaner, die ihr Angriffsziel bereits zerstört hatten, vereinigten sich mit anderen Gruppen.

Der Druck auf die verbliebenen kämpfenden Schiffe der Mächtigen wurde erdrückend. Schiffsverstrebungen ächzten unter dem Dauerbeschuss. Die Schiffe der Adramelech stemmten sich gegen ihre Zerstörung und versuchten ihr Bestes. Doch die Überzahl war niederschmetternd. Ganze Schiffsstaffeln explodierten in grellen Explosionen. Wie Hornissen stießen 370.000 Schiffe der Uylaner zu. Der Kampf ging in die Endphase. Immer mehr Schiffe der Mächtigen wurden zerstört. Die konzentrierte Uylaner-Flotte formierte sich zu einer letzten Angriffswelle. Sie schossen die Lasersalven ihrer Waffentürme auf die 70 verbliebenen Feind-Schiffe. In großen grellen Explosionen vergingen die Zerstörer fast gleichzeitig und übergaben ihre Wrackteile an den kalten Weltraum.

Das Laserfeuer ebbte ab.
Zufrieden blickte der Offizier Bruksill auf den Monitor. Kein feindlicher Impuls wurde mehr angezeigt.

»Wir haben sie«, meldete er. »Senden sie einen Hyperfunkspruch an die Flotte. »Das Feuer ist einzustellen. Wir haben gewonnen. «

Freudenschreie wurden auf der Brücke hörbar. Die Crew unter dem Befehl des Offiziers Bruksill schrie ihre Freude heraus.

»Die Flotte soll sich formieren und nach verletzten Uylanern suchen«, befahl der 1. Offizier. »Rettungskapseln der Adramelech beachten wir nicht. Wir lassen sie unbehelligt zurück. «

»Sollten nicht alle Feinde getötet werden? «, fragte ein Offizier des Schiffes.

»Wollen sie auf wehrlose Rettungskapseln schießen lassen?«, erkundigte sich der 1. Offizier.» Solange ich den Befehl habe, wird das nicht passieren. «

Gescholten ging der 1. Offizier des Schiffes wieder seinen Aufgaben nach.

Offizier Bruksill lehnte sich in seinem Kommandosessel zurück.

»Ob dieser Plan noch ein zweites Mal gelingt, das ist fraglich«, dachte er.»Sicherlich werden die Adramelech bei anderen Trägern ihre Schutzflotte nicht mehr hinter unseren Schiffen herschicken. Sie werden aus dieser Misere lernen. «

Wie ein Schwert der Verdammnis brach die Flotte des Doronger Furgun Marey in den Normalraum des Sektors von Flottenträger 7 der Mächtigen ein.

»Status«, fragte der Doronger.»Was haben wir hier? «

»Der Raum ist weitgehend ungeschützt«, antwortete der Ortungs-Offizier.»Ich registriere 50 Schiffe und den Flottenträger. «

»Auf Angriffskurs einschwenken«, antwortete der Doronger. »Ein Verband von 5.000 unserer Schiffe greift die Kriegsschiffe der Mächtigen an. Weitere 500 Schiffe zerlegen den Träger. Alle anderen Schiffe bilden eine Sicherheitszone. Nur für den Fall, dass eine Flotte zur Unterstützung des Trägers eintrifft.«

»Ihre Befehle wurden weitergegeben«, erwiderte der Funk-Offizier.

Die Flotte beschleunigte und flog auf den Träger zu.
»Ein Schiff auf dem Träger aktiviert seine Antriebe und flüchtet«, meldete der Funk-Offizier.

»Es ist bedeutungslos«, antwortete der Doronger. »Der große Träger ist unser Ziel.

Die Crew des Flaggschiffes sah, wie das Schiff der 1.000 Meter-Klasse abhob und Fahrt aufnahm. Es flog eine Schleife und wählte einen Kurs, der entgegengesetzt der einfliegenden Flotte der Uylaner lag. Die uylanischen Schiffe waren in Schussreichweite gekommen. In breiter Formation feuerten die Schiffe ihre Laserlanzen auf den Träger. Dieser richtete seine Waffentürme aus und erwiderte den Beschuss. Aus 120 Waffentürmen fauchte den uylanischen Schiffen schweres Abwehrfeuer entgegen. Doch die Schiffe der Uylaner rückten näher. Im

Dauermodus schossen sie ihre Lasergeschütze auf das Schutzfeld des langen Trägers ab. Seine schweren Kanonen rotierten und feuerten im Sekundenmodus auf die anfliegenden Einheiten. Ein Blitzgewitter tobte.

Einige der vordersten Schiffe der Uylaner, vergingen in grellen Explosionen. Doch auch der Schutzschirm des Trägers, hielt dem Dauerbeschuss der in Überzahl agierenden uylanischen Schiffe, nicht lange stand. An mehreren Stellen klafften bereits Strukturlöcher. Diese nutzten die Schiffe der Uylaner, um weitere Lasersalven auf die ungeschützte Bordwand zu schießen. Die gewaltigen Einschläge rissen Stücke aus der Außenhülle heraus. Die heißen Strahlen durchschlugen die inneren Abteilungen und drangen bis zu den Reaktoren des Schiffes vor. Immer mehr Strahlen fraßen sich in den Träger.

Ein Teil der Abwehrtürme war bereits ausgefallen. Überall auf dem Trägerschiff entstanden Detonationen, Feuerherde brachen aus. Explosionen aus dem inneren Schiff sprengten Teile der Bordwand in den Weltraum. Eine neue Welle von Angriffsschiffen schleuste Raketen aus, die mit voller Wucht auf den Träger einschlugen und explodierten. Am Hinterschiff explodierten die Antriebe. Der ausgebrochene Atombrand hüllte Teile des Schiffes ein und zerstörte mehrere Decks. Der Brand breitete sich aus und griff nach weiteren Teilen des Vorderschiffes. Er dehnte sich unaufhaltsam aus, bis er die Kommandobrücke erreicht hatte. Dann explodierte der Träger in einer grellen, gigantischen Explosion.

Der Bildschirm des uylanischen Kommandoschiffes erhellte sich und baute sich neu auf. Nachdem er sich aktiviert hatte, konnten nur noch glühende Wrackteile erkannt werden, die durch das Weltall drifteten. Der stolze Flottenträger der Adramelech existierte nicht mehr.

Die 49 Schiffe des Flottenträgers 7 kamen nicht mehr dazu, in den Kampf einzugreifen. Exakt 5.000 uylanische Schiffe stürzten sich auf sie und überzogen sie mit massiven Laserstrahlen. Innerhalb von Sekunden kollabierten die Schutzschirme. Die Lasersalven durchschlugen die Bordwände und drangen in das Innere der Schiffe ein. Der wütende Beschuss der Uylaner verstärkte sich noch, als sie erkannten, dass die Schiffe der Adramelech schutzlos waren. Im Sekundenrhythmus explodierten die Schiffe des Trägers in hellen Feuerpilzen. Sie mussten die ganze Wut der uylanischen Flotte über sich ergehen lassen.

»Der Träger und die 49 Begleitschiffe wurden vernichtet«, meldete der Ortungs-Offizier. »Lediglich 1 Schiff der

Adramelech konnte unbeschadet entkommen. Es beobachtet uns. Wollen sie Schiffe zur Verfolgung hinterherschicken?«

»Das ist nicht nötig«, antwortete der Doronger. « Die Besatzung darf ihrem Regenten mitteilen, dass wir zu ihm kommen werden. Vielleicht erkennt er, dass seine letzte Amtszeit angebrochen ist. Rücksprung zu unserer Flotte einleiten. «

»Ihr Befehl wurde an die Flotte weitergeleitet«, bestätigte der Funk-Offizier.

Der große Schiffs-Verband der Uylaner drehte ab und sprang in den Hyperraum.

Kurze Zeit später materialisierte sie wieder in dem Sektor, in der die restliche Flotte auf ihre Rückkehr wartete. Zufrieden blickte Doronger Furgun Marey auf seinen Monitor. Auch in diesem Sektor musste eine Raumschlacht getobt haben. Unzählige Wrackteile drifteten durchs All. Sie wurden von unterschiedlichen Rettungskapseln begleitet, die automatische Notsignale aussandten. Einige von ihnen kollidierten mit abgesprengten Aufbauten der vernichteten Adramelech-Schiffe.

»Bruksill hat eine gute Arbeit gemacht«, dachte er. »Kein Schiff der Schutzflotte hat überlebt. «

»Eingehender Hyperfunkspruch«, teilte Crygin mit. »Bruksill bittet um Landegenehmigung. «

Der Doronger nickte.
»Erteilen sie die Landegenehmigung«, antwortete er. »Unser 1. Offizier hat seine Aufgabe vorbildlich gemeistert. «

Der Funk-Offizier gab die Befehle seines Vorgesetzten weiter.

Der Gleiter des 1. Offiziers flog in die Hangar-Bucht des Flaggschiffes ein. Kurze Zeit später betrat Bruksill die Brücke. Die Offiziere applaudierten und beglückwünschten ihn.

Doronger Furgun Marey trat auf ihn zu und klopfte ihm auf die Schulter.

»Gute Arbeit«, sagte er. »Ich bin begeistert. «
»Die Adramelech wurden von uns überrascht«, antwortete der 1. Offizier. »Ihnen gelang es nicht mehr, ihre blaue Energie freizusetzen. Unsere Strategie ist erfolgversprechend. «

Der Doronger setzte sich in seinen Kommandosessel.

»Wir verlassen diesen Sektor«, befahl er. »Wir führen zwei Mal drei irrationale Hyperraumsprünge durch. Wir nähern uns dem nördlichen Teil ihres Imperiums. Es kann sein, dass hier in diesem Sektor bald eine große Unterstützungs-Flotte der Adramelech eintrifft. Bis dahin möchte ich unsere Spuren verwischt haben. «

»Ihre Befehle wurden der Flotte übermittelt«, antwortete der Funk-Offizier. »Sie ist bereit. «

»Danke«, antwortete der Doronger. »Steuermann bringen sie uns zu den neuen Koordinaten. «

Die große Armada der Uylaner wechselte in den Hyperraum und entwand sich den Blicken möglicher Beobachter.

Flotte der Adramelech

Admiral Jordin'Rorxon war mit seiner Patrouillen-Flotte zurückgekehrt. Der Admiral war der militärische Oberkommandierende des Adramelech Imperiums. Ihm unterstand ein starker Schiffsverband von 175.380

Zerstörern, die sich auf der Suche nach den uylanischen Schiffen befanden.

»Wieder ist eine Suche ergebnislos verlaufen«, dachte der Admiral. »Wo können sich die Uylaner nur verstecken?«

Der Admiral war sich bewusst, dass seine Schiffe unmöglich das ganze Hoheitsgebiet des Imperiums absuchen konnten.

»Wir suchen die Stecknadel im Heuhaufen«, fluchte er. »Es uns lediglich möglich Stichproben in einigen der unzähligen Sektoren des Imperiums zu nehmen. Ein kurzer Anflug in das Gebiet, Ortungszeichen registrieren und den Umkreis scannen. Mehr lässt unsere Zeit nicht zu.«

Er wusste, dass der Regent Ergebnisse erwartete. Doch diese konnte er noch nicht liefern.

Missmutig betrat er die Brücke des F8. Flotten-Trägers. Er blickte sich um und sah, dass alle Offiziere pflichtgemäß ihren Aufgaben nachkamen.

»Haben wir Informationen von Prinz Dadra'Katyn erhalten?«, fragte er.

Der Funk-Offizier blickte ihn an.
»Er befindet sich auf dem Rückflug«, teilte er mit. »Seine Suche war ebenfalls erfolglos.«

Der Admiral ließ sich in seinen Sessel fallen.
»Irgendwelche anderen Meldungen?«, erkundigte er sich.

Die Offiziere schüttelten ihren Kopf.
»Doch, ich habe eine«, bestätigte der Stellvertreter des Funk-Offiziers. »In der Mittagszeit hat sich ein Lord Zydran'Hutron gemeldet. Er wollte unbedingt mit ihnen sprechen. Ich habe ihm mitgeteilt, dass sie auf Patrouille sind und ich sie nicht erreichen kann.«

»Das ist der Befehlshaber des 7. Flottenträgers«, erklärte der Admiral. »Was wollte er?«

Der Stellvertreter wurde sichtbar unruhig. Erst jetzt bemerkte er, dass er den Hyperkomm-Funkspruch falsch interpretiert hatte.

»Nachdem sich die Hyperfunk-Verbindung aufgebaut hatte, stellte sich der Lord als Zydran'Hutron vor«, erklärte der Stellvertreter der Hyperfunk-Abteilung. »Er teilte mir in grober Art mit, dass er der befehlshabende Offizier des Träger-Verbandes 7 wäre. Er verlangte sofort

Admiral Jordin'Rorxon zu sprechen. Mir war der Lord als befehlsgebender Offizier nicht bekannt. Ich wurde skeptisch, blieb aber höflich zu dem Lord. Ich teilte ihm mit, dass sie und Prinz Dadra'Katyn persönlich eine Außenmission befehligen. Ich erinnerte ihn daran, dass sie nach den Schiffen der Uylaner suchen.«

»Das machen wir alle«, antwortete der Lord. »Wann werden sie zurückerwartet?«, fragte er.

»Frühestens in einer Stunde«, antwortete ich. »Soll ich eine Nachricht für den Admiral notieren?«

»Versuchen sie ihn über einen geheimen Hyperfunkkanal zu erreichen«, bat der Lord. »Wir haben einen Ortungs-Kontakt zu einem uylanischen Spähschiff verzeichnet. Möglicherweise brauchen wir schnelle Unterstützung.«

»Wurde die ID des Schiffes bestätigt?«, fragte ich kurz nach.

»Nein«, erwiderte der Lord. »Unsere Hypertronic-KI konnte die Bauweise nicht richtig zuordnen. Es kann auch eines unserer eigenen Schiffe gewesen sein.«

»Ich kann unmöglich auf einen Verdacht hin, den Großteil unserer Schutzflotte zu ihnen entsenden«, antwortete ich. »Es liegen klare Richtlinien vor. Gerne werde ich den Admiral von ihrer Meldung informieren. Er muss selbst entscheiden, ob wir Flotten-Verbände zu ihnen entsenden.«

»Die Zeit drängt«, antwortete der Lord. »Wir rechnen mit einem Angriff der Uylaner.«

»Die Uylaner sind nicht auffindbar«, antwortete ich. »Warum sollten sie in ihren Sektor fliegen?«

»Unser Sektor ist so gut, wie jeder andere«, fluchte der Lord. »Was macht sie eigentlich so sicher?«

»Ich habe detaillierte Anweisungen«, wiederholte ich meine Befehle. »Der Flotten-Träger 8 und die Leitstelle steht unter einem besonderen Schutz. Nur von hier aus lassen sich unsere Flottenverbände koordinieren. Sehen sie zu, dass sie sich bis zu der Rückkehr des Kommandostabes selbst schützen.«

»Was bleibt uns anderes übrig?«, antwortete der Lord. »Informieren sie unverzüglich den Admiral über unseren Hyperfunkspruch.«

»Das werde ich natürlich«, betonte ich nochmals und unterbrach die Verbindung.

»Danke für die kurze Information«, antwortete der Admiral. »Leider ich habe keinen Funkspruch über die geheime Frequenz erhalten? «

»Ich hielt es nicht für notwendig, sie auf ihrer Mission zu stören«, antwortete der Offizier der Funkabteilung.

»Sie hielten es nicht für notwendig mich über eine wichtige Mitteilung eines hochrangigen Kollegen zu informieren? «, schrie der Admiral. » Habe ich es nur mit unzulänglich geschulten Offizieren zu tun? «

Der Admiral tobte.
»Sie sind ihres Amtes enthoben«, entschied er verbissen. »Nach meiner Rückkehr entscheide ich über ihren Verbleib in der Flotte. «

Der blickte seinen 1. Offizier an.
Commander Aidro'Lutin wusste instinktiv, wenn der Admiral einen Befehl für ihn hatte.

»Bereiten sie den Notstart für meine Flotte vor«, befahl er. »Ich fliege zur Träger-Station 7. Sobald Prinz Dadra'Katyn zurück ist, soll er uns unverzüglich folgen. «

»Ich darf sie nicht begleiten?«, erkundigte sich Aidro'Lutin.

»Dieses Mal nicht«, lächelte der Admiral. »Bringen sie die Leitstelle auf Vordermann. Mir scheint hier einiges im Argen zu liegen.«

Mit diesen Worten sprang der Admiral auf und lief aus der Brücke des Flottenträgers.

Wenige Minuten später beschleunigten die 175.380 Zerstörer, die dem persönlichen Kommando von Admiral Jordin'Rorxon zugeteilt waren. Ihr Ziel war der Raumsektor des 8. Schiffsträgers. Dort wurde ein Kontakt mit einem Spähschiff der Uylaner aufgezeichnet.

Nach sechs Sprüngen tauchte die Flotte des Admirals in den Normalraum des Sektors des Trägerschiffes 8 ein.

»Achtung«, meldete der Ortungs-Offizier. »Wir kollidieren mit zahlreichen Wrackteilen.«

»Schutzschirme hochfahren, auf maximale Leistung schalten«, befahl der Admiral. »Den zentralen Bildschirm aktivieren. Bitte auf Außenansicht stellen.«

Der Bildschirm flammte auf und vermittelte das Chaos. Raumschiffs-Trümmer unterschiedlicher Größe kreisten in dem leeren Raum. Abgesprengte Geschütztürme, unzählige Aufbauten, Metallplatten und Einrichtungsgegenstände schwebten im leeren Raum.

»Haben wir Ortungszeichen?«, fragte der Admiral. »Sind Hinweise auf das Trägerschiff 7 zu registrieren?«

Der Ortungs-Offizier erhielt neue Daten.
»Es handelt sich ausschließlich um Raumschiffs-Trümmer«, meldete er. »Hier hat erst vor kurzer Zeit eine Raumschlacht stattgefunden. Wir registrieren auch Trümmerreste des 7. Flottenträgers hierunter.

Der Admiral schlug mit seiner Faust verärgert auf die Armlehne seines Stuhls.

»Das sollte vermieden werden«, fluchte er. »Warum wurde auf den Kontakt von Lord Zydran'Hutron nicht reagiert.«

Ich habe 123.700 funktionsfähige Rettungskapseln ausgemacht«, meldete der Ortungs-Offizier. »Zahlreiche Besatzungsmitglieder konnten sich retten.«

»Sofort die Bergungsschiffe entsenden«, befahl der Admiral. »Die Überlebenden haben zunächst Vorrang. «

»Eingehender Hyperfunkspruch«, meldete Funk-Offizier-Mudra'Kytrin. »Er kommt von einem Schiff des Trägers. «

»Legen sie auf die Lautsprecher«, antwortete der Admiral.

Er griff nach seinem Communicator.
»Hier spricht Admiral Jordin'Rorxon«, sprach er in das Gerät. »Mit wem spreche ich? «

»Sie sprechen mit Commander Lidro'Ortrun«, schallte es aus den Lautsprechern. »Ich war der 1. Offizier des Flottenträgers 7«.

»Schön ihre Stimme zu hören«, antwortete der Admiral. »Schließen sie zu meinem Flaggschiff auf. Ich bin gespannt auf ihren Bericht. Was ist mit Lord Zydran'Hutron? «

»Unser Befehlshaber hat den Angriff der Adramelech leider nicht überlebt«, antwortete der 1. Offizier. »Wir bedauern seinen Verlust sehr. Er war ein ehrenvoller Vorgesetzter. «

»Das kann ich bestätigen«, erwiderte der Admiral. »Wir kannten uns eine lange Zeit. Kommen sie zu mir auf mein Flaggschiff und erstatten sie mir persönlich Bericht. Ich erwarte sie.«

Der Admiral trennte die Verbindung.
»Nach Hyperraumwellen suchen«, befahl der Admiral.

»Von hier aus ist vor kurzem eine große Flotte zu neuen Koordinaten gesprungen. Versuchen die den Zielort zu ermitteln.«

»Ich kann nichts versprechen«, antwortete der Ortungs-Offizier. »Die Wellen bauen sich schnell ab.«

Admiral Jordin'Rorxon stützte sich mit beiden Händen auf die Rückenlehne seines Sessels. Sein Gesicht hatte sich zu einer Grimasse verzogen. Er wollte den Schmerz über den Verlust von Lord Zydran'Hutron hinausschreien, doch kein Ton kam über seine Lippen.

Commodore Duito'Myfron trat an seine Seite.
»Sie kannten den Befehlshaber des Flottenträgers gut?«, erkundigte er sich.

Der Admiral nickte.

»Wir waren auf der gleichen Akademie«, antwortete er. »Eigentlich kannten wir uns seit der Ausbildung.«

»Solche Verluste sind nur schmerzvoll zu ertragen«, erwiderte der Commodore. »Zumal auch noch von einem unserer Hilfsvölker verursacht. Ich habe immer versucht, unsere Regentschaft vor diesem Moment zu warnen. Doch leider wird die Meinung eines unteren Offiziers nicht ernst genommen. Die Ursache allen Übels ist der Regent. Er treibt uns immer weiter in den Untergang.«

»Ich glaube, ich verstehe sie nicht richtig?«, antwortete der Admiral.» Was wollen sie mir sagen?«

»Entschuldigen sie, Admiral«, antwortete Duito'Myfron. »Es ist nur ein Gefühl von mir. Leider werden die meisten zur Realität. Das habe ich im Laufe der Zeit erkannt.«

»Drucksen sie nicht herum«, sagte der Admiral. »Worauf wollen sie hinaus?«

Commodore Duito'Myfron blickte seinen Vorgesetzten an.

»Das will ich ihnen sagen«, antwortete er. »Durch die ungehemmte Züchtung von unkontrollierbarer Rassen in unseren Laboren, erzeugen wir langfristig gesehen

Hilfsvölker, die sich irgendwann gegen uns stellen können. Keine Species möchte genmanipuliert und unterjocht werden. Heute sind es die Uylaner. Morgen sind es die Treutranten, die Worgass und die Daraner. Können sie sich vorstellen, gegen welche Flottenstärke wir dann kämpfen müssten? Versuchen sie einmal hierüber nachzudenken. Wenn es so weit kommt, dann ist der Untergang unseres Imperiums nur noch eine Frage der Zeit.«

»Gehen sie wieder an ihre Arbeit«, befahl der Admiral. »Wenn ich nochmals solche Aussagen von ihnen höre, beenden sie ihr Leben in einer Arrestzelle.«

Entsetzt drehte sich der Commodore ab und schritt davon. Der Admiral blickte ihm entgeistert nach. Er wusste selbst, dass der Regent das Problem allen Übels war, doch er vermied es, seine Gedanken anderen Offizieren mitzuteilen. Niemand konnte den Regenten von seinem Thron stoßen. Es wurde ihm nachgesagt, dass er über geheime Kräfte verfügte. Admiral Jordin'Rorxon wollte nicht der Erste sein, der sich mit dem Regenten anlegte.

»Der Regent kann nur durch eine starke Widerstandsgruppe zum Umdenken gezwungen werden«, dachte er. »Hochrangige Offiziere in

Schlüsselpositionen müssen beteiligt werden. Ansonsten hat ein solches Vorhaben keinen Erfolg.«

Ein Hinweis des Funk-Offiziers riss ihn aus seinen Gedanken.

»Commander Lidro'Ortrun ist eingetroffen«, teilte er mit. »Er wartet am Eingang unserer Leitstelle.«

Der Admiral stand auf und eilte auf den Schott zu. Er suchte mit seinen Augen einen Offizier.

»Commodore Duito'Myfron«, sagte er. »Sie begleiten mich.«

Erstaunt hob der Angesprochene seinen Kopf.
»Sie haben richtig gehört«, wiederholte der Admiral. »Beeilen sie sich bitte.«

Gemeinsam schritten die Offiziere durch das Schott der Brücke. Außerhalb wartete Commander Lidro'Ortrun. Er wurde von zwei Sicherheits-Soldaten eskortiert.

Der Admiral begrüßte ihn und stellte seinen Begleiter vor.

»Das ist Commodore Duito'Myfron«, erklärte er. »Er wird an unserem Gespräch teilnehmen und es in schriftlicher Form festhalten.«

Der Commander nickte.
»Folgen sie uns bitte in ein Besprechungszimmer«, sagte der Admiral. »Dort können wir uns in Ruhe unterhalten.«

Er blickte die Sicherheits-Soldaten an.
»Vielen Dank für ihre Begleitung«, sagte er. »Wir kommen jetzt allein zurecht.«

Die Soldaten salutierten und zogen sich zurück. Admiral Jordin'Rorxon führte seinen Gast den Korridor entlang, bis er rechts in einen weiteren Gang abbog. An einer Türe blieb er stehen. Er öffnete sich und führte die Gruppe in ein kleines Zimmer. Langsam schloss er die Türe. Seine Augen musterten den Commander durchdringend.

»Wir sind unter uns«, sagte er. »Sagen sie uns jetzt bitte die Wahrheit über den Angriff der Uylaner.«

Commander Lidro'Ortrun blickte den Admiral fragend an.

»Sie kannten den Lord recht gut?«, ergänzte Admiral Jordin'Rorxon seine Frage. »Er war zurückhaltend in seinen Entscheidungen. Oftmals hat er überreagiert und die Situationen falsch eingeschätzt. War das in diesem Fall auch so?«

Der Commander nickte.
»Ich hatte ihn darauf hingewiesen, dass durch eine Verfolgung der Flotte der Uylaner durch unsere Zerstörer. der Flottenträger ungeschützt sein würde. Er hatte jedoch nur die Vernichtung der uylanische Flotte im Sinn.«

»Erzählen sie von vorne an«, bat der Admiral. »Nur so können wir uns ein Bild machen.«

Der Commander nickte.
»Ich fange am Anfang an«, bestätigte der Commander. »Vielleicht ist ihnen bekannt, dass ich über ein fotografisches Gedächtnis verfüge. Daher ist es mir möglich, ihnen den genauen Wortlaut der Befehle des Lords wiederzugeben.«

Der Admiral nickte.
»Ich habe davon gehört«, bestätigte er.

»Eine ganze Zeit war es ruhig in unserem Sektor«, erklärte der Commander. »Unsere ausgesandten Spähschiffe fanden keinen Hinweis auf die Flotte der Uylaner. Doch dann überschlugen sich die Ereignisse. Der Ortungs-

Offizier unseres Flottenträgers blickte intensiv auf seine Ortungs-Monitore.

Ich habe einen Fremdkontakt, meldete er plötzlich.
Lord Zydran'Hutron blickte ihn an.
Wurde der Kontakt bestätigt, fragte er.

Unsere Hypertronic-KI wertet noch aus, antwortete der Ortungs-Offizier. Es scheint sich um ein einzelnes Schiff zu handeln.

Ist es ein uylanisches Schiff, erkundigte sich der Lord nach. Der Ortungs-Offizier war sich nicht sicher und zuckte mit seinen Schultern.

Es sieht eher aus, wie eines von unseren, antwortete er. Die Bauart ist identisch.

Das kann alles bedeuten, erwiderte der Lord. Behalten sie es im Auge. Wir brauchen eine ID-Bestätigung unserer Hypertronic-KI.

Sie kann das Schiff nicht zuordnen, antwortete der Ortungs-Offizier. Es weist deutliche Merkmale unserer eigenen Schiffsbaureihen auf. Lediglich geringfügige Veränderungen sind erkennbar.

Was macht es, erkundigte sich der Lord. Stellt es eine Gefahr dar.

Nein, antwortete unser Ortungs-Spezialist. Es durchfliegt die äußeren Bereiche unseres Sektors. Es meidet einen Kontakt zu unserer Flotte.

Legen sie das Ortungszeichen auf den Hauptschirm, befahl Lord Zydran'Hutron.

Unser Bildschirm erhellte sich und zeigte einen roten blinkenden Punkt an, der sich an den äußeren Routen des Sektors entlang zog, berichtete der Commander.»Dann plötzlich war der rote Punkt verschwunden.

Wo ist es hin, fragte der Lord.
Die Gefahr ist vorüber, antwortete der Ortungs-Offizier. Das Schiff scheint wieder in den Hyperraum gesprungen zu sein. «

»Das war eindeutig ein Spähschiff der Uylaner«, bemerkte Admiral Jordin'Rorxon. »Lord Zydran'Hutron hätte es erkennen müssen. «

»Ich stimme ihnen zu«, antwortete der Commander. »Sicherlich hatte er seine Befürchtungen. Aus diesem

Grunde nahm er auch Kontakt zu der Leitstelle ihres Flottenträgers auf. Er wollte sie informieren.«

»Das wurde mir mitgeteilt«, antwortete der Admiral. »Leider war ich noch auf einer Patrouille unterwegs.«

»Ich schlug dem Lord vor eine erhöhte Alarmbereitschaft auszurufen«, teilte der Commander mit.

Halten sie das für notwendig, erkundigte sich der Lord. Wir haben keinerlei Hinweise auf den Verbleib der Flotte der Uylaner erhalten. Unzählige Schiffsverbände sind auf der Suche nach ihnen.

Sie sind gerissen, antwortete ich. Wo kann sich eine so große Flotte verstecken?

Prinz Dadra'Katyn und Admiral Jordin'Rorxon leiten persönlich die Suche, antwortete mein Vorgesetzter. Sie werden sicherlich den Spuren der Schiffe folgen.

Das wird nicht so einfach sein, erwiderte ich. Die Wellen der Hyperraumverzerrung verflüchtigen sich nach kurzer Zeit. Sie werden im Dunkeln tappen.

Befehlen sie die erhöhte Alarmbereitschaft, bestätigte der Lord. Wir werden vorbereitet sein.«

Der Commander blickte den Admiral an.

»Reden sie weiter«, forderte Admiral Jordin'Rorxon ihn auf.

»Der Lord ließ eine Hyperfunk-Verbindung zu ihrem Träger 8 herstellen«, teilte der Commander mit.

»Ich bin Lord Zydran'Hutron, der Oberkommandierende Offizier des Träger-Verbandes 7, sprach er in den Communicator. Ich möchte sofort Admiral Jordin'Rorxon sprechen.

Tut mir leid, antwortete die Gegenstelle. Der Admiral und Prinz Dadra'Katyn leiten persönlich eine Außen-Mission. Sie suchen nach den Schiffen der Uylaner.

Das machen wir alle, antwortete der Lord. Wann werden sie zurückerwartet?

Frühestens in einer Stunde, erwiderte die Leitstelle des Trägers 8. Soll ich eine Nachricht für den Admiral notieren?

Versuchen sie ihn über einen geheimen Hyperkomm-Funkkanal zu erreichen, bat der Lord. Wir haben einen

Ortungs-Kontakt zu einem uylanischen Spähschiff verzeichnet.

Wurde die ID des Schiffes bestätigt?«, fragte die Leitstelle.

Nein, erwiderte der Lord. Unsere Hypertronic-KI konnte die Bauweise nicht richtig zuordnen. Es kann auch eines unserer eigenen Schiffe gewesen sein.

Ich kann unmöglich auf einen Verdacht hin, den Großteil unserer Schutzflotte zu ihnen entsenden, antwortete der Offizier der Leitstelle. Es liegen klare Richtlinien vor. Ich werde gerne den Admiral von ihrer Meldung informieren. Er muss selbst entscheiden, ob wir Flotten-Verbände zu ihnen entsenden.

Die Zeit drängt, antwortete der Lord. Wir rechnen mit einem Angriff der Uylaner.

Die Uylaner sind nicht auffindbar, teilte die Leitstelle von Träger 8 mit. »Warum sollten sie in ihren Sektor fliegen?

Unser Sektor ist so gut, wie jeder andere«, fluchte der Lord. Was macht sie so sicher?

Ich habe detaillierte Anweisungen, antwortete die Leitstelle. Träger 8 und die Leitstelle stehen unter einem besonderen Schutz. Nur von hier aus lassen sich unsere Flottenverbände koordinieren. Sehen sie zu, dass sie sich bis zu der Rückkehr des Kommandostabes selbst schützen.

Was bleibt uns anderes übrig, antwortete der Lord. Informieren sie den Admiral über unseren Hyperkomm-Funkspruch.

Das werde ich natürlich, betonte die Leitstelle und unterbrach die Verbindung.«

Der Admiral nickte.
»Ich habe diesen stellvertretenden Offizier bereits seines Amtes enthoben«, antwortete er. »Sein Fehler ist nicht mehr gutzumachen. Ich bedaure aufrichtig, dass in der Bewertung dieser Meldung so viel falsch gelaufen ist.«

»Bis hierhin hatten wir die Situation noch im Griff«, bemerkte der Commander. »Der nachfolgende Punkt gab den Ausschlag für unsere Niederlage.«

Er blickte die Zuhörer an.
»Darf ich fortfahren?«, fragte er.

»Ich bitte darum«, antwortete der Admiral. »Wir hören zu.«

Commander Lidro'Ortrun lehnte sich in seinem Stuhl zurück.

»Ich empfahl unsere Leitstelle auf das Schiff 1 des Trägers zu verlegen«, erklärte der Commander. »Falls das Unvorhergesehene eintreffen sollte, hätten wir noch eine Chance der Vernichtung zu entgehen.

Wer hat die 120 Geschütztürme des Trägers bedient, fragte Commodore Duito'Myfron nach.

Es gab genügend Freiwillige, die diese Aufgabe erledigen wollten, erwiderte der Commander. Der Lord bot ihnen an, uns auf das Schiff des Trägers zu folgen, falls die Übermacht zu mächtig würde. Wir haben alle Kanoniere an Bord. Keiner kam zu Schaden.«

»Fahren sie fort«, entschied der Admiral.

»Greller Alarm heulte durch unser Schiff«, erklärte der Commander.« Lord Zydran'Hutron blickte entsetzt auf. Was haben wir?«, fragte er.

Ich registriere starke Verzerrungen im Hyperraum, meldete unser Ortungs-Offizier Satro'Firgon. Das Gravitationsgefüge bricht zusammen. Es wird eine starke Flotte in unseren Sektor springen.

Wir blickten auf den Bildschirm. Vier starke Schiffs-Verbände wurden sichtbar. Mit aktivierten Waffen flogen sie auf unsere eigenen Schiffs-Verbände zu.

Viele Schiffe sind das?, erkundigte sich der Lord.

Ich blickte auf den Ausgabebildschirm der Schiffs-Hypertronic.

Es werden exakt 20.000 uylanische Schiffe angezeigt, meldete ich. Die Flotte ist kleiner, als von uns vermutet.

Sofort Abwehrmaßnahmen einleiten, befahl der Lord. Unsere Schutzflotte soll sich ihnen stellen.

Sie sind bereits auf einen Abfangkurs eingeschwenkt, bestätigte ich.

Die ausgebrochene Raumschlacht im Sektor unseres Flottenträgers 7 wurde durch unzählige Ortungssignale auf dem Bildschirm angezeigt. Die gegnerischen Gruppen schenkten sich nichts.

Die blaue Energie einsetzen, tobte der Lord. Die Schiffe der Uylaner müssen vernichtet werden.

Sobald unsere Schiffe die blaue Energie freisetzen, springen ihre Schiffs-Gruppen in den Hyperraum, antwortete ich. Die Schiffe der Uylaner stellen sich nicht einem fairen Kampf.

Wir versuchen es mit Langstreckenwaffen, entschied der Lord. Schicken wir ihnen unsere Raketen.

Der Befehl wurde an die Schiffe weitergeleitet, meldete der Funk-Offizier.

Auf dem Bildschirm registrierten wir, wie weitere uylanische Schiffe vernichtet wurden. Ein grimmiges Lächeln erschien auf dem Gesicht des Lord. Er schien förmlich besessen zu sein, die Schiffe der Uylaner zu vernichten.«

»So kannte ich ihn«, antwortete der Admiral. »Ein Soldat, auf dem man sich verlassen konnte.«

»Vermutlich kam er deshalb mit seiner Fehleinschätzung nicht zurecht«, antwortete der Commander. »Aber lassen sie mich weitererzählen. «

»Ich bitte darum«, erwiderte der Admiral.

»Erstaunt sahen wir, wie die uylanischen Schiffe vor dem Einschlag weiterer Raketen in den Hyperraum sprangen«, teilte der Commander mit. »Sie hatten offensichtlich dazugelernt. Sie waren nicht mehr so dumm, wie man uns weismachen will.«

Commander Lidro'Ortrun ließ eine kurze Pause vergehen, dann sprach er weiter.

»Unsere Raketen erreichen ihr Ziel nicht mehr«, meldete ich dem Lord. Die Schiffe der Uylaner springen in den Hyperraum, um sich an anderen Koordinaten wieder neuen Zielen zuzuwenden.

Wie hoch sind unsere Verluste, fragte der Lord.

Ich ließ mir die Zahlen von unserer Schiffs-KI geben, erklärte der Commander. Das Ergebnis war ernüchternd. Derzeit vermissten wir 320 Schiffe, auf uylanischer Seite waren es 390 Einheiten. Ich informierte meinen Vorgesetzten.

Unsere Vorgehensweise bringt nur einen mäßigen Erfolg, bemerkte der Lord.

Die Uylaner verfügen über Schiffe aus unseren Werften, erinnerte ich. Sie besitzen die gleichen Waffen und Schutzschirme, wie unsere Schiffe. Wenn wir nicht die blaue Energie freisetzen können, werden wir hier noch ewig kämpfen.

Das Ergebnis ist ebenfalls ungewiss, antwortete der Lord. Die einzige Hilfe wäre eine rasche Verstärkung. Dann könnten sich mehrere Schiffe einem Feindschiff nähern und seinen Schutzschirm aufreißen.«

»An diesem Dilemma trägt der Regent die Schuld«, antwortete der Admiral. »Die Uylaner hätten niemals unsere alten Schiffe übernehmen dürfen.«

Commander Lidro'Ortrun nickte.
»Das sehe ich genauso«, antwortete er. »Die Uylaner wollten die Schiffe der Reinigungskriege verschrotten. Wir haben ihnen gutgläubig vertraut. Vielleicht hatten sie damals schon andere Absichten?«

»Erzählen sie weiter«, forderte der Admiral den Commander auf. »Was passierte dann?«

»Die Katastrophe nahm seinen Lauf, als 600 Schiffe der Uylaner, ohne Rücksicht auf die eigenen Verluste, unter einem Verband von 300 unserer Schiffe materialisierten«, erklärte er. »Mit der Präzision von kampferprobten gnadenlosen Wesen, feuerten sie im Salventakt ihre Geschütztürme auf unsere überraschten Schiffe ab. Es blieb kaum Zeit zum Reagieren, als bereits erste Schiffe unseres Verbandes explodierten. Die gigantischen Glutbälle erfassten weitere Schiffe und rissen sie mit in den Untergang. Ein heilloses Durcheinander brach aus. Nur die Uylaner schienen noch Angriffsziele zu erkennen. Damit nicht genug. Obwohl ihre Abwehrtürme pausenlos Lasersalven verschossen, schleusten sie zusätzlich noch Wellen von Raketen aus.

Die einschlagenden Geschosse gaben den Schirmfeldern unserer Schiffe den Rest. Sie verfärbten sich tiefrot. Die Uylaner ließen nicht von ihrem Dauerbeschuss ab. In unsortierter Reihenfolge explodierten jetzt weitere Schiffe unseres Verbandes in grellen Feuerbällen. Zahlreiche Aufbauten der Schiffe wurden abgeschmolzen, abgebrochene Hinterschiffe verglühten in dem kalten Weltraum. Den Schiffen gelang es nicht, ihre blaue Energie einzusetzen. In diesem Gebiet wirbelten glühende Wrackteile durch den Weltraum. Immer wieder suchten sich die Schiffe der Uylaner neue Ziele.

Unser Verband aus 300 Schiffen schrumpfte in sich zusammen. Andere Einheiten konnten nicht zu Hilfe eilen, weil sie von den restlichen Verbänden der Uylaner in Schach gehalten wurden.«

Wieder ließ der Commander eine kurze Pause vergehen und atmete durch. Man konnte ihm ansehen, wie schwer die Raumschlacht noch an ihm nagte.

»Wir haben einen Krisenpunkt im östlichen Sektor des Gebietes«, teilte ich dem Lord mit. » Ein Verband von 300 Schiffen wurde von den Uylanern vollständig vernichtet.

Lord Zydran'Hutron schlug erbost mit seiner Faust auf die Armlehne seines Sessel.

Verdammte Schweinerei, schrie er. Warum sind die Schiffe nicht in den Hyperraum gesprungen? Diese Taktik wenden die Uylaner doch auch an?

Der Befehlshaber des Verbandes wurde überrascht, antwortete ich. Es gelang unserer Flotte nicht mehr, die blaue Energie freizusetzen.«

Verstärkt diesen Bereich, tobte der Lord. Die Schiffe der Uylaner dürfen nicht durchbrechen.

Ich bestätigte den Befehl und leitete ihn an die restliche Flotte weiter.

Wir brauchen eine neue Strategie, sprach ich den Lord an. Unsere Verluste sind nicht hinnehmbar. Derzeit verbuchen wir 980 eigene Abschüsse, die des Gegners sind lediglich auf 450 gestiegen. Was schlagen sie vor?

Starten sie alle Kreuzer der Träger zur Unterstützung, befahl der Lord. Wir bilden Gruppen zu fünf Schiffen. Diese Gruppen werden durch ein gezieltes Dauerfeuer jeweils nur ein uylanisches Schiff ausschalten. Nach der Vernichtung wenden sie sich einem neuen Ziel zu. Hiermit können wir nicht alle uylanischen Verbände in Schach halten, erklärte ich ihm. Einige Schiffe können sich neuen Zielen zuwenden?

Das Risiko müssen wir eingehen, antwortete der Lord. Unsere Abschussquote muss erhöht werden.

Ich gebe ihre Befehle sofort weiter, bestätigte ich. Ich drehte mich um und eilte zur Funkkonsole. Persönlich gab ich seinen Befehl an unsere Flotte durch. «

»Hat die neue Strategie gefruchtet? «, fragte der Admiral.

»Wir sahen auf unserem Bildschirm, wie die Schiffe unseres Trägers abhoben, ihre Antriebe zündeten und in das Kampfgeschehen flogen «, erklärte der Commander. »Nur unser Kommandoschiff verblieb noch auf dem Flottenträger. Der Verteidigungsring unserer Schutzflotte driftete immer weiter von dem Träger fort.

Die Crew unserer Leitstelle sah die Explosionen auf dem zentralen Bildschirm unseres Schiffes. Sie alle stammten von untergehenden Raumschiffen. Ich bemerkte plötzlich, wie unser Ortungs-Offizier irritiert auf seine Monitore blickte.

Eine starke Verzerrung im Raumzeitgefüge wird angezeigt, sagte er. Eine Flotte wird in einem Abstand von 8.000 Metern materialisieren.

Auf einen Angriff vorbereiten«, warnte ich unsere Offiziere. Alle Waffentürme in Bereitschaft.

Es dauerte nur Sekunden, dann brach die angekündigte Flotte in den Normalraum ein. Ohne zu zögern, aktivierten 300 uylanische Schiffe die Lasertürme. Der Flotten-Träger und das Schiff unseres Kommandostabes wurden förmlich mit einem Laser-Blitzgewitter überzogen. Ich erkannte, wie die feindlichen Schiffe erneut Raketen ausschleusten.

Auf Raketeneinschlag vorbereiten, schrie ich der Brückencrew zu. Diese leiteten zusätzlich Energie in die Schutzschirme.«

Der Admiral nickte.
»Mehr hätten sie nicht machen können«, erklärte er. »Sprechen sie bitte weiter.«

»Zahlreiche Wellen von Raketen rasten auf den Träger und unser Schiff zu«, teilte der Commander mit. »Es war offensichtlich, was das vorrangige Ziel der Uylaner war.

Sofort die Schutzflotte zurückrufen, kreischte der Lord.

Unser Funk-Offizier überschlug sich, um den Befehl weiterzugeben. Die einschlagenden Lasersalven ließen den Schutzschirm unseres Trägers bereits rot aufleuchten. Erste Strukturlücken wurden registriert. Die nachfolgenden Laserschüsse rissen Stücke der Bordwand heraus. Zahlreiche Explosionen entstanden auf den unterschiedlichen Etagen des Trägers. Dann war unsere Hilfe zur Stelle. Ein Verband von 500 unserer Schiffe raste auf die Angreifer zu und nahm ihre Schiffe unter Feuer. Ein Blitzgewitter von Laserstrahlen prasselte auf die Angreifer ein. Die Schiffe der Uylaner registrierten die Unterstützung und drehten ab. Sie beschleunigten und flogen mit maximalen Werten zu ihrer Armada zurück.«

Der Commander stockte in seinen Erzählungen und blickte den Admiral an.

»Das war knapp«, bemerkte dieser.

Der Commander nickte.
»Das gleiche hat auch Lord Zydran'Hutron gesagt«, lächelte er. » Die Uylaner hatten es auf unseren Träger abgesehen. «

Der Admiral nickte zustimmend.
»Die Raumschlacht tobte verbittert«, ergänzte der Commander. »Wir Offiziere in der Leitstelle sahen, dass sich beide kämpfenden Seiten nichts schenkten. Wieder wurden zwei flackernde Lichterscheinungen auf dem Bildschirm unseres Schiffes angezeigt, die den Untergang von uylanischen Schiffen meldeten. Plötzlich brach die Flotte der Uylaner den Kampf ab. Die Schiffe wendeten und sprangen in den Hyperraum.

Wir haben sie, freute sich der Lord. Sie geben auf. Wir dürfen sie nicht entkommen lassen. Alle Schiffe unserer Schutztruppe verfolgen sie und löschen sie aus, sobald sie wieder in den Normalraum fallen.

Sollten wir nicht auf Verstärkung warten, fragte ich nach. Wir haben dann nur noch die 49 Schiffe unseres Trägers zur Verteidigung in diesem Sektor?

Diese Chance bekommen wir nicht ein zweites Mal, antwortete der Lord. Wir werden die Flotte der Uylaner auslöschen. Die Wellen der Hyperraum-Verzerrung sind frisch und können von uns gut verfolgt werden.

Ich nickte und gab den Befehl an die Schutzflotte durch. Letztendlich war der Lord mein Vorgesetzter. Auf dem Bildschirm sahen wir, wie die Schiffe unserer Schutzflotte beschleunigten und entmaterialisierten.

Status? , fragte der Lord. Welche Schäden sind auf dem Träger entstanden?

Die Sektoren 4, 19, 27 und 35 mussten abgeschottet werden, meldete ich. Hier wurden zahlreiche Einschläge in die Bordwand registriert. Die Reparaturteams sind auf dem Weg, die Schäden zu beheben.

Gut, antwortete der Lord. Das sind keine großen Probleme. Bis zu dem Eintreffen der Flotte von Admiral Jordin'Rorxon werden wir die Probleme gelöst haben.

Unser Ortungs-Offizier beugte sich tief über seine Instrumente. Lord Zydran'Hutron hatte seinen irritierten Blick mitbekommen.

Was ist, fragte er. Reden sie endlich.

Es wird erneut eine starke Verzerrung im Hyperraum angezeigt, antwortete der Ortungs-Offizier sichtlich nervös. Vermutlich kommt unsere Flotte zurück.«

So schnell, fragte der Lord erstaunt. Sie kann unmöglich bereits alle Schiffe der Uylaner gestellt haben?

»Die Offiziere des Kommando-Schiffes wussten, was das bedeuten konnte, erklärte der Commander. Schlagartig war es still geworden in der Befehlsstelle unseres Schiffes. Alle Anwesenden hielten den Atem an. Dann kam die Gewissheit. Unzählige rote Lichtzeichen füllten den Monitor unseres Schiffes aus.

Eine große Feindflotte ist im Anflug, meldete der Ortungs-Offizier. Unsere KI hat 125.000 uylanische Schiffe ausgemacht. Sie fliegen auf einem Kollisionskurs zu unserem Träger.

Fassungslos starrte der Lord auf den Monitor«.

Sie haben uns in eine Falle gelockt, fluchte der Lord. Diese Tiere lassen uns wie Dummköpfe aussehen. Sofort einen Notstart durchführen. Ansonsten gehen wir mit unter.

Was ist mit den Technikern auf dem Träger?, fragte ich ihn.

Holen sie diese an Bord, entschied der Lord. Sie sollen sich beeilen. Die Zeit läuft uns davon. Anschließend sofort auf einen Fluchtkurs gehen.

Die Antriebe unseres Schiffes zündeten. Schwerfällig hob unser Schiff der 1.000 Meter-Klasse ab und nahm Fahrt auf. Unser Steuermann flog eine Schleife und setzte einen Kurs entgegengesetzt der einfliegenden Flotte der Uylaner. In ausreichender Entfernung sahen wir, wie die Schiffe der Uylaner mit dem Beschuss des Trägers begannen. Die 120 Waffentürme des langen Trägers feuerten im Sekundenmodus auf die anfliegenden Schiffe. Erste Schiffe der Uylaner vergingen in grellen Explosionen.

Doch auch der Schutzschirm des Trägers hielt dem Dauerbeschuss nicht lange stand. An mehreren Stellen klafften bereits Strukturlöcher. Diese nutzten die Schiffe der Uylaner, um ihre Lasersalven auf die ungeschützte Bordwand zu schießen. Die gewaltigen Einschläge rissen

Stücke aus der Bordwand heraus. Die heißen Strahlen durchschlugen die inneren Abteilungen und drangen bis zu den Reaktoren des Schiffes vor. Immer mehr Strahlen fraßen sich durch den Träger. Ein Teil der Abwehrtürme war bereits ausgefallen. Überall auf dem Trägerschiff entstanden Detonationen, Feuerherde brachen aus. Explosionen aus dem inneren Schiff sprengten Teile der Bordwand in den Weltraum.

Eine neue Welle von Angriffsschiffen schleusten Raketen aus, die mit voller Wucht auf den Träger schlugen und explodierten. Am Hinterschiff explodierten die Antriebe. Der einsetzende Atombrand hüllte bereits große Teile des Schiffes ein. Die automatischen Löschvorrichtungen konnten nichts mehr ausrichten. Der Brand breitete sich weiter aus und griff nach dem Mittelschiff. Weitere Explosionen folgten, die große Löcher in die Bordwand sprengten. Der Atombrand dehnte sich immer weiter aus, bis er die Kommandobrücke erreicht hatte. Dann explodierte der Träger in einer grellen, gigantischen Explosion. Der Bildschirm unseres Schiffes erhellte sich und fiel für eine kurze Zeit aus. Nachdem er sich neu aufgebaut hatte, konnten wir nur noch glühende Wrackteile orten, die durch das Weltall drifteten.«

»Was ist mit den Schiffen des Trägers passiert?«, fragte der Admiral.» Konnten sie sich in Sicherheit bringen?«

Commander Lidro'Ortrun blickte ihn an.

»Die 49 Schiffe unseres Flottenträgers kamen nicht mehr dazu, in den Kampf einzugreifen«, teilte er mit hasserfülltem Gesicht mit. »Mehr als 5.000 uylanische Schiffe stürzten sich auf sie und überzogen sie mit einem massiven Laserfeuer. Innerhalb von Sekunden kollabierten ihre Schutzschirme. Die Lasersalven durchschlugen die Bordwände und drangen in das Innere der Schiffe ein. Der wütende Beschuss der Uylaner verstärkte sich noch, als sie erkannten, dass die Schiffe der Adramelech schutzlos waren. Im Sekundenrhythmus explodierten die Schiffe unseres Trägers in hellen Feuerpilzen. Sie mussten die ganze Wut der uylanischen Flotte über sich ergehen lassen.

Alle Trägerschiffe wurden vernichtet, meldete unser Ortungs-Offizier. Die Flotte der Uylaner dreht ab und springt in den Hyperraum. Sie haben kein Interesse an uns. Leider haben sie ihr Ziel erreicht, bemerkte der Lord. Der Regent wird sicherlich nicht erfreut sein.

Wäre die Flotte von Admiral Jordin'Rorxon rechtzeitig erschienen, dann müssten wir jetzt nicht vor den Trümmern unseres Trägers stehen, versuchte ich den Lord zu beruhigen. Die Schuld liegt bei unserer Kommandoebene.

Die Schuld liegt bei mir, antwortete der Lord. Hätte ich nicht die Schutzflotte hinter den Uylanern hergeschickt, dann wäre unser Träger dem Angriff nicht schutzlos ausgeliefert gewesen.

Lord Zydran'Hutron zog seinen Laserstrahler aus dem Holster. Er setzte ihn sich auf die Brust.

Warten sie, schrie ich ihn an.
Doch der Lord drückte ab. Ein tiefes Loch klaffte in seiner Brust. Dann sackte er zusammen und lag regungslos in seinem Kommandosessel. Entsetzt blickten mich die Offiziere der Brücke an. Eine bedrückende Stille war auf unserer Brücke zu vernehmen. Der Kampf ist für unseren Kommandeur beendet, sagte ich betroffen. Der Regent kann ihn nicht mehr belangen. Vielleicht ist es so besser. Wir alle wissen sehr genau, Zadra-Scharun, der Regent des Wissens und der Erleuchtung duldet kein Versagen. «

»Er hat also den Suizid vorgezogen«, antwortete der Admiral. »Ich bedauere seinen Verlust sehr. Es hätte nicht so weit kommen müssen. Sein Hass auf die Uylaner hat ihn die Situation falsch interpretieren lassen. «

Er blickte Commodore Duito'Myfron.
»Wie sehen sie den Angriff der Uylaner? «, fragte er.

»Ich bin genauso erstaunt wie sie«, antwortete dieser. »Der Regent hat uns mit falschen Informationen versorgt. Die Uylaner sind nicht so dumm, wie sie dargestellt werden. Wir sollten ihn hiernach befragen.«

»Glauben sie tatsächlich, das bringt etwas?«, antwortete der Admiral.» Falls er tatsächlich über geheime Informationen verfügt, wird er uns diese nicht mitteilen.«

Der Admiral blickte Commander Lidro'Ortrun an.
»Sie bleiben noch auf meinem Flaggschiff«, befahl er. »Senden sie ihr Schiff zu unserem Kommandoträger 8 zurück. Dort wird das Schiff einem Geschwader zugeordnet.«

Die Offiziere standen auf und verließen den Besprechungsraum.

Auf der Brücke informierte der Commander sein Schiff. Das Schiff aktivierte seine Triebwerke und sprang in den Hyperraum.

»Eingehender Funkspruch von Prinz Dadra'Katyn«, meldete der Funk-Offizier des Schiffes. »Er wird zu unserer Unterstützung in wenigen Minuten eintreffen.«

»Gut«, antwortete der Admiral. »Übermitteln sie unserer Flotte die neuen Koordinaten der uylanischen Sprungdaten. Wir brechen nach der Ankunft der Flotte von Prinz Dadra'Katyn unverzüglich auf.«

Commodore Duito'Myfron beeilte sich, den Befehl an die wartende Flotte durchzugeben.

»Unsere Schiffe sind in Bereitschaft«, antwortete er. »Ihre Befehle wurden bestätigt.«

Der Admiral blickte auf den großen Bildschirm. Aufreißenergien wurden sichtbar. Die Flotte des Oberbefehlshabers des Geheimdienstes der Adramelech brach in den Normalraum ein.

Admiral Jordin'Rorxon griff nach seinem Communicator. Der Funk-Offizier hatte bereits eine Verbindung zu dem Flaggschiff des Prinzen aufgebaut.

»Hier spricht Admiral Jordin'Rorxon«, sprach er in das Gerät. »Ich rufe Prinz Dadra'Katyn.«

Nach einem kurzen Knistern meldete sich die Gegenstelle. »Hier ist Prinz Dadra'Katyn«, schallte es aus den Lautsprechern. »Ich bin entsetzt. Wo ist der Flottenträger 7 geblieben?«

»Er wurde zerstört«, antwortete der Admiral. »Die Uylaner haben mit List und Tücke den ganzen Sektor aufgerieben. Wir sprechen später hierüber. Ich übermittele ihnen jetzt unsere ausgewerteten Sprungkoordinaten. Vielleicht erwischen wir die Flotte der Uylaner noch. Die Schutzflotte von Träger 7 ist ihnen auf den Fersen.«

Der Admiral vernahm eine kurze Pause in der Verbindung. »Eine Flotte von 25.000 unserer Schiffe gegen eine Übermacht von 490.000 Schiffen«, hörte er den Prinz antworten.» Hoffentlich geht das gut?«

»Deswegen sollten wir sofort starten«, erwiderte der Admiral. »Lord Zydran'Hutron ist gefallen. Er hat den Angriff der Uylaner falsch eingeschätzt.«

»Ich verstehe«, antwortete der Prinz. »Senden sie uns die Sprungkoordinaten. Unsere Schiffe machen sich bereit.«

Der Admiral gab seinem Funk-Offizier ein Zeichen. Dieser übermittelte in Lichtgeschwindigkeit die neuen Koordinaten an die Flotte des Geheimdienstes.

»Die Flotte ist sprungbereit«, meldete Funk-Offizier Mudra'Kytrin.

»Den Sprung durchführen«, befahl der Admiral.

Fast synchron verließ die große Flotte den tragischen Sektor. Nur kurze Zeit später brach sie an den programmierten Koordinaten wieder in den Normalraum ein.

Die beiden Groß-Flotten verfügten insgesamt über 350.760 Schiffe. Die Ortungstaster schlugen massiv aus, als die Schiffe in den neuen Sektor materialisierten.

Auf den Monitoren der Schiffe wurden unzählige Raumschiffs-Wrackteile angezeigt, die sich bedrohlich der Flotte näherten.

»Ausweichmanöver durchführen«, befahl der Admiral. »Die Schutzschirme auf Maximum hochfahren.

Der Steuermann riss die Sticks der Steuerung hart nach links. Das Flaggschiff drehte ab und konnte soeben noch an den Trümmern eines halben Hinterschiffes vorbeisteuern.

»Zeichnen wir Ortungsimpulse von uylanischen Schiffen auf? «, fragte der Admiral.

»Keine«, antwortete der Ortungs-Offizier. »Der Raum ist übersät von Trümmern unserer Schutzflotte. Es ist eindeutig. Unsere Hypertronic-KI konnte die zerfetzten Raumschiffsteile identifizieren. Es sind nur wenige Trümmer von Feindschiffen zu registrieren.«

»Wir sind zu spät«, fluchte der Admiral. »Die Uylaner sind geflohen. Können wir Hyperraumwellen empfangen?«

»Nicht mehr«, erwiderte der Ortungs-Offizier. »Die Flotte muss schon seit geraumer Zeit diesen Sektor verlassen haben. Ich orte unzählige Signale von Rettungskapseln.« »Deswegen haben die Uylaner sie nicht zerstört«, antwortete Admiral Jordin'Rorxon. »Sie wissen, dass wir die Kapseln nicht zurücklassen. Die Aufnahme kostet Zeit. So verwischen sie ihre Spuren.«

»Ich schicke die Bergungsschiffe los«, sagte Commodore Duito'Myfron. »Sie werden sich um die Überlebenden kümmern.

Der Admiral nickte in Gedanken.
»Bitten sie Prinz Dadra'Katyn auf mein Schiff«, sagte er zu dem Funk-Offizier. »Wir müssen den Angriff der Uylaner analysieren. Wie ist ihre weitere Route? Wohin wollen sie als Nächstes? Wir brauchen dringend neue Informationen.«

»Ihr Wunsch wurde dem Flaggschiff des Prinzen übermittelt«, teilte der Funk-Offizier mit. »Er wird in Kürze eintreffen.«

Admiral Jordin'Rorxon nahm die Mitteilung des Funk-Offiziers nur verschwommen auf. Seine Gedanken waren bereits auf den Spuren der uylanischen Flotte.

»Welche Strategie verfolgen sie«, dachte er. »Wie lauten die Koordinaten ihrer nächsten Angriffsziele?«

Er verfluchte den Regenten, der aus Kostengründen Wachstationen in allen Sektoren des Imperiums abgelehnt hatte.

»Ein Imperium, in dem Durchmesser von 30.000 Lichtjahren, bedarf einer besonderen Kontrolle«, dachte der Admiral. »Wir haben uns zu lange auf unseren Erfolgen ausgeruht. Heute bekommen wir die Quittung hierfür.«

Er nahm sich vor, den Regenten bei nächster Gelegenheit auf diese Notwendigkeit erneut anzusprechen.

Flotte der Uylaner

Weit entfernt von den Ereignissen, materialisierte die große Flotte der Uylaner in einem kleinen Sternensystem. Doronger Furgun Marey blickte auf den zentralen Bildschirm.

»Was haben wir hier?«, erkundigte er sich.
»Ein unbedeutendes System der Gruppe F«, antwortete der Ortungs-Offizier. »Eine kleine Sonne wird von 7 Planeten umrundet. Der vierte von ihnen scheint eine Atmosphäre zu tragen. Das System ist unbewohnt. Ich erhalte lediglich einige Signale, die auf eine automatische Kontroll-Station der Adramelech hinweisen. Sie scheint eine Abbau- und Schürfeinrichtung zu betreiben. «

»Was kann hier abgebaut werden?«, erkundigte sich der Doronger.» Sind die Mineralien für uns wertvoll und von uns verwendbar? «

Der Ortungs-Offizier schüttelte seinen Kopf.
»Ich registriere lediglich metallische Komponenten«, antwortete er.»Hier ist nichts von Bedeutung, dass wir nicht selbst besitzen. «

»Schade«, antwortete Furgun Marey.»Eine Förderstation ihrer blauen Energie wäre mir lieber gewesen. Diesen Nachschub werden wir ihnen zudrehen. «

»Auf keinem der restlichen Planeten sind Aktivitäten zu registrieren«, teilte der Ortungs-Offizier Turgan mit. «

»Ist die Temperatur des vierten Planeten für eine Ausreifung unseres Nachwuchses geeignet? «, fragte der Oberbefehlshaber der Flotte.

Der Ortungs-Offizier aktivierte weitere Taster und Scanner. Schnell wurde das Ergebnis sichtbar.

»Mehr als ausreichend«, antwortete er. »Sie werden auf dem Planeten gut gedeihen. «

Der Doronger dachte kurz nach.
»Wir bleiben noch eine kurze Zeit in diesem System«, lächelte er.

Der 1. Offizier war an seine Seite getreten.
»Ihre Anweisungen bitte, Doronger? «, fragte er.

»Befehlen sie 250 Schiffen, die Hypertronic-Station des Planeten auszulöschen«, befahl er. » Sämtliche Anlagen der Adramelech werden dem Erdboden gleich gemacht. Hier entsteht eine neue Kolonie der Uylaner. «

Offizier Bruksill bestätigte die Befehle, wandte sich ab und gab sie an ein Geschwader der Flotte weiter.

»Anflug auf den vierten Planeten des Systems«, befahl der Doronger. »Räumen wir den Müll der Adramelech beiseite.«

Die Flotte beschleunigte und flog auf das kleine Sternensystem zu.

Planet des Adramelech Imperiums

Die Hypertronic-KI der Adramelech auf dem vierten Planeten hatte bereits die Annäherung der Fremdflotte registriert. Ihre ID-Nummer lautete A-1134. Noch hatte sie sich abwartend verhalten. Lediglich die Arbeiten ihrer Schürf-Roboter ließ sie einstellen und rief die schweren Maschinen in ihre Basis zurück. Sie wollte so wenig Aufmerksamkeit verursachen, wie möglich. Obwohl sie anfangs die fremde Flotte nicht identifizieren konnte, war sie von dem Imperium über das Eindringen der Uylaner informiert worden.

Die Führung der Mächtigen hatte Daten übermittelt, welche die Schiffe der Uylaner identifizieren konnte. Sie hatte ihre Ortungsdaten mit den übermittelten Informationen von Drame'leur verglichen. Die Daten waren eindeutig. Die Flotte der Uylaner war in ihrem Sternen-System materialisiert. Sie komprimierte ihre Bildaufzeichnungen und übergab die Informationen an die Speicher von 15 Drohnen. Diese wollte sie an die Standorte der Flottenträger senden. Die Koordinaten waren ihr mitgeteilt worden, wie auch vielen anderen Stationen in dem großen Imperium der Adramelech. Sie wusste bereits seit geraumer Zeit, dass in der ganzen Spiralgalaxie Adramalon nach der Flotte der Uylaner gesucht wurde.

Leider verfügte sie über keine Abwehrwaffen. Ihr System lag nicht an der äußeren Grenze des Imperiums. Entsprechend war eine Verteidigung nicht Inhalt ihrer Programmierung. Kleinere KI-Stationen des Imperiums wurden nicht mit aufwendigen Abwehreinrichtungen ausgestattet. Bisher hatte es keine der minderen Rassen gewagt, Einrichtungen der Mächtigen zu überfallen.

Sie aktivierte ihren automatischen Hyperfunk-Peilstrahl, der auf die Heimatwelt Drame'leur gerichtet war. Dieser musste zahlreiche Relais-Stationen erreichen und von dort weitergeleitet werden. Gleichzeitig gab sie ihren Informations-Drohnen die Startfreigabe. Noch waren die Schiffe der Uylaner weit genug entfernt. Ihre Drohnen würden in die entgegengesetzte Richtung fliegen, beschleunigen und dann in den Hyperraum springen, bevor die Schiffe der Uylaner sie eingeholt hatten. Die KI konnte nicht errechnen, ob alle ihre Drohnen ihr programmiertes Ziel erreichen würden.

Ein breites Metallschott öffnete sich in dem Boden vor der Anlage der Hypertronic-KI. Fünfzehn 2 Meter große Drohnen zischten aus der Abschussvorrichtung dem Himmel entgegen. Die KI registrierte die erfolgreiche Ausschleusung ihrer Nachrichten-Drohnen und verschloss die Abschussrampe wieder. Dann aktivierte sie die Schutzschirme ihrer Anlagen. Ihre Arbeit war getan. Sie reduzierte alle unwichtigen Energie-Verbraucher und leitete die freiwerdende Energie in die Schirmfelder.

Flotte der Uylaner

»Die Hypertronic-KI des Planeten erwacht zum Leben«, meldete Crygin, der Funk-Offizier des Schiffes. »Ich registriere einen intensiven Hyperfunk-Peilstrahl, der in die Galaxie geschickt wird.«

»Können wir seinen Bestimmungsort ermitteln?«, fragte der Doronger.

Der Funk-Offizier schüttelte seinen Kopf.
»Leider nicht«, erwiderte er. »Er ist sehr stark gebündelt. Vermutlich ist er für eine weite Strecke konfiguriert.«

»Unsere Störsender zuschalten«, befahl der Oberbefehlshaber. »Unser Standort darf den Adramelech nicht bekannt werden. Ansonsten tauchen sie mit allen ihren Flottenverbänden hier auf.«

»Ihr Befehl wurde an die Flotte übermittelt«, teilte der 1. Offizier mit. »Der größte Teil unserer Flotte hat ihre Sender aktiviert und sendet auf der gleichen Frequenz zerhackte Datenkolonnen. Ich hoffe, dass der Hyperfunkspruch an seinem Zielort nicht mehr dechiffriert werden kann.«

»Ich registriere den Start von 15 unbekannten Objekten, von dem Boden des vierten Planeten aus«, rief Turgan, der Ortungs-Offizier. »Es scheinen Drohnen zu sein, die einen Gegenkurs zu unserer Flotte eingeschlagen haben.«

»Das sind Informations-Drohnen«, erklärte der Doronger. »Die KI will ihre Zentrale informieren.«

Er blickte auf den Bildschirm seines Schiffes.
»Sie sind noch nicht sehr schnell«, bemerkte er. »Ich befehle den Start einer Staffel Kampf-Jets«, sagte er. »Die Drohnen müssen abgefangen werden.«

Der 1. Offizier rief den roten Alarm aus. Aus dem Hangar des Schiffes flogen 12 Jets der Alarmstaffel, die für solche Aufgaben ausgebildet waren. Außerhalb des Flaggschiffes beschleunigten die wendigen Jets und erhöhten ihre

Geschwindigkeit. Noch hatten die Drohnen nicht ihre Endgeschwindigkeit erreicht. Ihre Technik war veraltet und nicht modifiziert worden. Erst wenn sie die Lichtgeschwindigkeit erreicht hatten, konnten sie in den Hyperraum wechseln.

Die Kampf-Jets der Uylaner rückten immer näher an die Drohnen heran. Ihr Abstand betrug nur noch knapp 100.000 Kilometer. Mit jeder Sekunde holten die Jets auf.

Die Hypertronic-KI des vierten Planeten errechnete emotionslos, dass nicht alle ihre Drohnen erfolgreich in den Hyperraum wechseln konnten. Immer wieder analysierte sie den Abstand ihrer Drohnen zu den Verfolgern.

»Die Kampf-Jets müssen über neue Antriebe verfügen«, dachte sie. »Wieso wird ehemaligen Dienern unserer Herren eine solche Technik zugänglich gemacht?«

Erneut scannte sie den Abstand zwischen den Parteien.
Dann waren die Kampf-Jets in eine Schussreichweite gekommen. Erste Laserstrahlen verpufften wirkungslos im All, hinter den hakenschlagenden Drohnen. Die KI hatte die Sensoren der Drohnen freigeschaltet. Sie konnten die Lasersalven erfassen und selbständig eine Richtungsänderung durchführen. Die Kampf-Jets

feuerten im Dauerfeuer aus beiden Lasergeschützen, die rechts und links unter ihren Tragflächen angebracht waren.

Die Hypertronic-KI registriert, wie sich die Anzahl der Lasersalven drastisch erhöhte.

»Die Wahrscheinlichkeit eines Zufallstreffers wird immer größer«, erkannte die KI.

Sie sandte einen Impuls, dass sich die Gruppe der Drohnen trennen sollte. Jede musste ab jetzt ihren Verfolger allein abhängen.

»Zwölf uylanische Kampf-Jets verfolgen 15 meiner Drohnen«, registrierte die Hypertronic-KI. »Drei Drohnen sollten zumindest den Sprung in den Hyperraum schaffen.«

Wie in einer kleinen Explosion drifteten die Drohnen auseinander. Jede von ihnen schlug eine neue Flugbahn ein. Den uylanischen Kampf-Jets blieb nichts anderes übrig, als sich ebenfalls aufzuteilen. Der plötzlichen Irritation der Piloten folgte ein schnelles Handeln. Sie hatten sich über ihren Flottenfunk kurzgeschlossen den Drohnen zu folgen. Ihre starken Antriebe holten immer weiter auf. Lasersalven hüllten den Flug der Drohnen ein.

Dann kreuzte eine Drohne das Fadenkreuz des Kampf-Jets. Sofort wurde eine Lenkrakete ausgeschleust, die sicher ins Ziel traf. Die Drohne explodierte in einem Feuerball. Sofort dreht der Pilot ab und suchte sich ein neues Ziel, dass noch nicht von einem Kampf-Jet verfolgt wurde. Doch diese Drohnen waren bereits weit entfernt. Mit Höchstwerten donnerte der Jet hinter dem neuen ausgemachten Ziel hinterher.

Flotte der Uylaner

Die elf weiteren Kampf-Jets des Geschwaders hatten ebenfalls ihre Ziele eingeholt. Ihr automatisches Dauerfeuer legte einen Laserteppich um die Drohnen. Ihnen gelang es nicht mehr, einen Ausweichkurs zu finden. Die ausgeschleusten Raketen fanden schließlich ihr Ziel. Nach und nach wurden die Drohnen von den erfahrenen Kampf-Jet-Piloten erfasst und ausgeschaltet. Die Verfolgung der letzten drei Drohnen war jetzt die höchste Priorität der Piloten. Doch diese hatten jedoch bereits die erforderliche Geschwindigkeit erreicht. Kurz bevor die Jets in eine Schussreichweite kamen, entmaterialisierten sie in den Hyperraum. Enttäuscht brachen die Kampf-Piloten ihren Verfolgungsflug ab. Sie drehten ab und meldeten das Entkommen von den restlichen drei Drohnen dem Flaggschiff ihrer Armada.

Doronger Furgun Marey war nicht erfreut, als er die Nachricht erhielt. Er saß in seinem Kommandosessel und dachte nach.

»Die Drohnen werden in Kürze die Flotte der Adramelech auf unsere Spur bringen«, sagte er.

Der 1. Offizier nickte.
»Wollen sie hier abbrechen und weiterfliegen? «, erkundigte er sich.

»Das werden wir wohl oder übel müssen«, antwortete der Flottenführer. »Vorher belegen wir die Boden-Stationen noch mit einem Bombenteppich. Nichts soll von den Anlagen auf dem Boden für die Mächtigen noch verwertbar bleiben. Kümmern sie sich bitte hierum. Lassen sie nach den Bomben 50 Kapseln mit der gereiften Brut unseres Nachwuchses ausschleusen. Die Kapseln sollen sich über den ganzen Planeten verteilen. Ich hoffe sehr, dass einige unserer genmanipulierten Nachkommen überleben und sich zu gegebener Zeit auf dieser Welt ausbreiten werden. «

»Ich kümmere mich darum«, antwortete der 1. Offizier.

Doronger Furgun Marey lehnte sich in seinem Sessel zurück. Er beobachtete, wie die Flotte 4.000 Bomben ausschleuste und sie auf den Kurs zu dem vierten Planeten brachte. Die zahlreichen Wellen von Bomben tauchten in die Atmosphäre des Planeten ein. Die Stationen der Adramelech wurden förmlich mit einem Hagel von Explosivgeschossen eingedeckt. Die Schutzschirme der Bodenanlagen konnten nur eine kurze Zeit die massive Sprengkraft ableiten. Immer mehr Bomben folgten und ließen die Schirmfelder kollabieren.

Die nachfolgende Welle von Sprengkörpern nutzte die Löcher in den Schirmen und schlug auf den Stationen auf. Erste große Metallstücke wurden aus den Anlagen gesprengt. Die abregnenden Bomben drangen tief in die Anlagen vor. Dann zerrissen große Explosionen die Anlagen und wirbelten Trümmer und Staub auf. Zahlreiche große Feuerwände und Rauchsäulen stiegen in die Atmosphäre auf. Die Stationen der Adramelech auf diesem Planeten hatten aufgehört zu existieren.

»Alle Brutkapseln sind unversehrt gelandet«, meldete der 1. Offizier. »Sie sind jetzt sich selbst überlassen. «

»Gut gemacht«, lächelte der Doronger. »Hier sind wir fertig. Unsere Flotte soll sich bereitmachen für den nächsten Sprung. Führen sie diesen bitte wieder in das innere System von Adramalon hinein. Ich bin mir sicher, dass weitere Flottenträger auf unsere Ankunft warten. «

Der Doronger und sein 1. Offizier lachten selbstsicher auf.

Unterstützung für Redartan

Die ehemalige Kolonie der Menschheit, auf dem vierten Planeten des Sol-Systems, vergrößerte sich rasend schnell. Das seinerzeit von Major Travis vorgeschlagene Grabensystem Valles Marineris hatte sich als Glücksgriff erwiesen. Der weitläufige Canyon auf Natrid erstreckte sich längs des Äquators im Osten der vulkanischen Tharsis-Region. Dieser einzigartige Graben konnte mit einer Länge von 4.000 Kilometern, einer Breite von 700 Kilometern und einer Tiefe von 7 Kilometern aufwarten. Seinen Namen erhielt das Graben-System zu Ehren der Sonde Mariner 9, die 1971 auf der Erde gestartet und auf deren fotografischen Aufnahmen erstmals der Canyon entdeckt wurde. Doch das war lange her. Seit der ersten Besiedlung der Mars-Kolonie im Jahre 2079 wuchs die Kolonie rapide.

Nicht nur der natürliche Schutz der Gesteinshänge erwies sich als besonders günstig, auch der direkte Zugang zu der natradischen Stadt Tattarr war besonders einfach. Die alte natradische Stadt lag 80 Kilometer unter der Oberfläche des Planeten. Sie war das Herz des ehemaligen kaiserlichen Imperiums und bot den letzten Überlebenden der Natrader einen sicheren Schutz vor dem Angriff der exoiden Feinde. Nach der Evakuierung der letzten Natrader durch die Flotte von Admiral Tarin verfiel die große Stadt in einen Dornröschenschlaf.

Lediglich der Weitsicht des letzten großen Strategen der Natrader war es zu verdanken, dass sie die technischen Hinterlassenschaften des ausgewanderten Nachbarvolkes nutzen durfte. Exakt nach 100.000 Jahren der Evakuierung und der errechneten Verfallzeit der Radioaktivität auf Natrid, erwachte die große Hypertronic-KI des kaiserlichen Imperiums wieder aus ihrer Deaktivierung. Ihre erste Aufgabe war es, das letzte Programm ihrer Herren auszuführen.

Admiral Tarins Befehl sah vor, prädestinierte Nachkommen für die natradischen Hinterlassenschaften zu suchen. Nach einem ersten Eklat und der vollständigen Vernichtung der Kolonie des asiatischen Bundes, gelang es Major Travis das Rätsel zu lösen. Dank der nachgewiesenen Reste des ursprünglichen Natridgen in seinem Körper, wurde er von der imperialen Hypertronic-KI als direkter Nachkomme akzeptiert. Gegen den Protest einiger Splittergruppen natradischer Nachkommen setzte der Kunstklon Noel, ein mobiler Arm der großen Hypertronic-KI, den Major als erbfolgeberechtigten Oberbefehlshaber der Natrid-Hinterlassenschaften ein.

Ferner erhob er Major Travis ins Gefüge der Kaiserkaste mit Rang 1, gleichzusetzen mit der Befehlsgewalt eines natradischen Kaisers. Hiermit war die letzte Programmierung der Hypertronic-KI erfüllt. Sie löschte alle alten Programmierungen und stellte sich selbst unter die Befehlsgewalt ihres auserkorenen Majors. Die Zielsetzung lautete, das ehemalige natradische Imperium in seinen alten Grenzen wiederzubeleben.

Immer mehr Industrie-Giganten bauten Filialen und Zweigstellen auf dem Gebiet der EWK-Kolonie auf Natrid. Nicht allen Interessenten konnte ein Platz in der unterirdischen Stadt Tattarr angeboten werden. Diese war auf eine Fläche von 600 Kilometer Ausdehnung beschränkt. Linksseitig, am Anfang des Graben-Systems Valles Marineris, lag der Pyramidenbau des ISD-Hauptquartiers. Sein vorgelagerter Raumflughafen diente den Einsatzstaffeln der Prinz-Flotte als Stützpunkt. Sie wurden von dem ISD für Einsätze in Krisenherden genutzt. Die großzügige Anlage war in einem ausreichenden Abstand zu der EWK-Kolonie errichtet worden.

Die Kolonie wuchs in dem gleichen Verhältnis, wie auch die alte Natridstadt Tattarr. Die Hauptstadt des neuen Imperiums entwickelte sich zu einem ständig wachsenden Moloch. Aus diesem Grunde hatte General Poison befohlen, Behörden, Firmen und Zulieferanten, die nicht unter eine Sicherheitsstufe 1 fielen, aus der unterirdischen Stadt auszulagern. Entsprechend dieser Entscheidung wuchs die EWK-Kolonie weiter an. Doch auch in dem Graben-System Valles Marineris wurde langsam der Platz knapp. Doch durch die zunehmende Bebauung veränderte sich die Lebenszone der Kolonie immer weiter. Derzeit lebten 7,8 Millionen Menschen in diesem künstlichen Gebiet.

Der größte Teil von ihnen waren EWK-Bedienstete, Führungs-Offiziere, Wissenschaftler, Techniker, medizinisches Personal, Service-Fachpersonal, Facharbeiter, oder auch die nachgezogenen Familien und Angehörige der Raumschiffs-Besatzungen. Sie stellten mittlerweile das größte Kontingent der hier lebenden Menschen-Gruppe dar. Hinzu kam immer mehr Firmenpersonal der irdischen Industriezweige, die sich ein Stück von dem Kuchen des Bedarfs der EWK abschneiden wollten. Sie alle mussten vor ihrer genehmigten Ansiedlung eine intensive Kontrolle und Prüfung über sich ergehen lassen.

Der Graben war vollständig mit einem Super-Kreuzfeld-Schutzschirm ausgestattet. Dieser mehrschichtige Schirm war das Beste, das die technische Abteilung der EWK derzeit hervorbringen konnte. Das künstliche Klima unter dem Super-Kreuzfeld-Schutzschirm hatte die Bodenregion verändert. Künstliche Regenfälle und Bewässerungen hatten den trockenen Boden in eine blühende Oase verwandelt. Bäume, Sträucher und Pflanzen wurden in akribischer Kleinarbeit, unter der

Leitung eines Heers von Gartenbau-Architekten, in völliger Symbiose mit den Bauten der Kolonie, integriert. Zahlreiche Grünflächen, kleine Seen und Wasserstraßen vervollständigten das Bild.

Die Kunstsonnen leuchteten jeden Tag in einem andern Licht. Die Atmosphäre unter dem Schirm wurde kontinuierlich gereinigt und mit geringen Duftstoffen angereichert. So entstand der Eindruck, in einer intakten Welt zu leben. Doch viele der Einwohner dieser neuen Welt registrierten nicht das große Flottenaufkommen, dass die EWK oberhalb des mächtigen Distributions-Zentrums von Titan zusammenzog. General Poison hatte 30.000 Schiffe der Kaiser-Klasse und 8.000 modifizierte Naada-Angriffskreuzer zusammengezogen. Weitere 12.000 neue Schiffe wurden von Noel aus den Werftproduktionen beigesteuert. Die große Unterstützungsflotte wartete auf ihren Einsatz in dem System von Redartan.

Der von Marin und Gareck vergrößerte Rahmen des Wurmlochgenerators, konnte zwischenzeitlich an eine eiligst gebaute Kontrollstation im Orbit von Titan befestigt werden. Diese steuerte den Energiezufluss des Tores. Vor wenigen Tagen waren 56 Lord-Schiffe durch das Tor geflogen, die mit vorgefertigten Teilen für drei Duplikationsanlagen beladen waren. Major Travis hatte

Kanzler Tarn-Lim diese besonderen Produktionsanlagen zugesagt, um den Bestand an Kriegsschiffen der redartanischen Flotte schnellsten zu erhöhen. Die Republik Redartan hatte zu diesem Zweck neu erbaute Hallen zur Verfügung gestellt, in denen die Anlagen aufgebaut werden sollten. Zahlreiche Techniker des neuen Imperiums und der redartanischen Republik arbeiteten Hand in Hand, um das Projekt schnell zu realisieren. Sie wurden von unzähligen Arbeits-Robotern von Tarid und Natrid unterstützt.

Kanzler Tarn-Lim, Major Travis Commander Brenzby und Heinze standen auf dem Balkon der Pyramide, welcher vormals zu dem Domizil des ehemaligen redartanischen Kaisers gehörte. Tart 1 und Tart 2 begleiteten ihren Schutzbefohlenen. Sie hatten sich in dem Rücken des Majors positioniert. Der Kanzler und der Major blickten über die Stadt auf den vorgelagerten Raumflughafen, auf den immer noch die 56 Lord-Schiffe entladen wurden.

Wie kleine Ameisen zog sich ein Herr von Arbeits-Robotern von den Schiffen in die großen Fertigungshallen. Sie alle schoben Materialien und technische Gerätschaften auf Anti-Grav-Trägern in die Hallen. Auf den großen Raumbasen der Fluchtwelt hoben in kürzester Zeit reparierte, instandgesetzte und gewartete Schiffe ab, welche die ständig wachsende Raumflotte im System der Redartaner verstärkten.

»Wir sind ihnen für ihre Unterstützung sehr dankbar«, betonte Kanzler Tarn-Lim. »Nach dem Sturz des Kaisers hätte ich es nicht für möglich gehalten, so kurzfristig Freunde zu finden, die unsere junge Republik unterstützen würden.«

Major Travis lächelte.
»Wir haben alle den gleichen Ursprung«, erwiderte er. »Das Sol-System, für Außenstehende ein unbedeutendes System im Orion-Arm der Milchstraße, hat bereits viele Species hervorgebracht.«

Gespannt blickte Admiral Tarn-Lim auf die Aktivitäten bei den drei neuen Raumschiffshallen. Die Kolonne der Arbeitsroboter entluden pausenlos Gerätschaften aus den Raumschiffen. Die Teile waren für die geplanten Raumschiffs-Duplikatoren gedacht.

»Dank ihrer Unterstützung werden wir hoffentlich bald Hinweise auf das Zentral-System der Mächtigen finden«, betonte der Kanzler. »Wir müssen den Adramelech begreiflich machen, dass wir auch ein Anrecht auf diesen Teil ihres Herrschaftsbereiches haben. Niemand kann eine ganze Galaxie für sich selbst beanspruchen.«

Major Travis nickte.

»Es heißt, dass die Adramelech eine sehr alte Rasse sind«, erwiderte er. »Nach den Aussagen unserer Freunde stammen sie noch aus der Zeit, in der das Universum kaum Species hervorgebracht hatte. Vermutlich datieren ihre Ansprüche ebenfalls noch aus dieser Zeit. Sie wollen nicht teilen. Die ganze Adramalon-Spiralgalaxie sehen sie als ihr Hoheitsgebiet an. Wir wissen, dass die Mächtigen immer wieder zu Reinigungskriegen aufgerufen haben. Sie haben nachwachsende Species suggestive ausgerottet. Hiermit muss endlich Schluss sein. So ein Verhalten ist nicht hinnehmbar. Es darf nicht sein, dass eine alte Rasse, die sich auch noch als die Mächtigen betitelt, über fremde Species herfallen und diese auslöschen. «

Major Travis blickte den Admiral an.

»Konnte ihr Gast ihnen weitere Informationen geben?«, erkundigte er sich.

»Er bemüht sich auf weitere Informationen zuzugreifen, die tief in seinem Geist verankert sind", antwortete der Admiral. Seltsamerweise wird der Zugriff hierauf auf irgendeine Art und Weise blockiert. Der Commander unterstützt unseren Gefangenen mit seiner neuen Begabung. Ich habe einige Tage nicht mit ihnen gesprochen. Die Arbeit der Verwaltung erdrückt mich förmlich. Ich schlage vor, wir besuchen unseren Gast. Möglicherweise kann er uns tatsächlich neue Informationen geben.«

»Möglicherweise kann Heinze den Commander mit seinen Fähigkeiten unterstützen«, sagte Major Travis. »Er sollte mit seinen Psi-Kräften tief in den Geist des Adramelech eindringen können.«

»Ein Versuch kann nicht schaden«, erwiderte der Kanzler. »Gehen wir zu ihnen und versuchen unser Glück.«

Major Travis war einverstanden.
»Gehen wir«, antwortete er. »Ich bin gespannt auf das Ergebnis.«

Die kleine Gruppe drehte sich um und schritt in das Sitzungszimmer der Verwaltungs-Pyramide der Republik Redartan zurück. Zwei Sicherheits-Offiziere öffneten die große Türe des Saales. Admiral Tarn-Lim, Major Travis, Commander Brenzby, Heinze und die beiden Tart-Roboter traten auf den langen Korridor hinaus.

»Wir müssen nach rechts«, bemerkte der Kanzler.

Nach kurzer Zeit hatte sie die Hochsicherheitszone der Pyramide erreicht. Vier Soldaten standen Wache an der Türe.

»Wir möchten unseren Gast befragen«, sagte der Kanzler.
»Öffnen sie uns bitte den Sicherheitsbereich.«

Einer der Wachen nickte.
Er drehte sich um und gab einen Code in das Türschloss ein. Ein leichtes Knacken zeigte die Entriegelung an. Der Soldat öffnete die Türe und ließ die Besucher eintreten. Zehn Türen waren in dem Korridor zu sehen. Vor der Fünften standen nochmals 2 schwer bewaffnete Soldaten. Sie waren bereits informiert, dass der Kanzler den Adramelech befragen wollte.

»Gab es Irgendwelche Probleme?«, erkundigte sich Admiral Tarn-Lim.

Ein Soldat schüttelte seinen Kopf.
»Alles ist ruhig«, erwiderte er. »Der Gefangene kooperiert.«Er hat keine Probleme gemacht.«

Er gab den Sicherheitscode in das Türschloss ein und öffnete die schwere Metalltüre.

Tart 1 und Tart 2 traten vor und schritten in den Raum. Commander Niras-Tok und Adra'Metun der Jüngere saßen an einem Tisch und unterhielten sich. Sie blickten irritiert auf, als die Tart-Roboter eintraten.

»Wir bekommen Besuch«, bemerkte der Commander. Der Adramelech nickte zurückhaltend.

Tart 1 teilte den Wartenden mit, dass alles in Ordnung war und gestattete ihnen einzutreten. Hierauf hatten Kanzler Tarn-Lim und Major Travis gewartet. Sie schritten in den großen Raum, der für besondere Gefangene ausgelegt war. Dem Adramelech fehlte es an nichts. Major Travis schätzte die Größe des Raumes auf 96 Quadratmeter. Neben einem Wohnbereich waren eine technische Anlage für die Erzeugung von Nahrung und ein Feuchtbereich für die Körperpflege integriert. Kanzler Tarn-Lim und Major Travis begrüßten die Anwesenden.

»Dürfen wir ihnen noch einige Fragen stellen? «, erkundigte sich der Kanzler.» Wie sie wissen, werden wir in Kürze Suchflotten starten, die mit dem Heimatsystem ihrer Rasse Kontakt aufnehmen. «

»Ich rate ihnen dringend hiervon ab«, erwiderte Adra'Metun. »Zadra-Scharun, unser Regent des Wissens und der Erleuchtung, verhandelt nicht mit minderwertigen Rassen. Entschuldigen sie meine Wortwahl, doch er ist nicht wie ich. Für ihn gibt es keine wertvollen Species im Universum, die in ihrer Entwicklung über den Adramelech stehen.«

Der Kanzler blickte den Major an.
»Was würden sie uns empfehlen?«, fragte er.

»Setzen sie getarnte Spähgeschwader ein«, entgegnete der Adramelech. »Wenn sie das Zentral-System unserer Rasse gefunden haben, dann fallen sie mit allen ihren Schiffen dort ein, oder mit einer großen Flotte, dass dem Regenten nichts anderes übrigbleibt, als sie anzuhören. Hierin sehe ich die einzige Möglichkeit.«

»Über wie viele Schiffe verfügt ihr Imperium«, fragte Major Travis.

»Über sehr viele«, erwiderte Adra'Metun. »Der Regent hat allen seinen gezüchteten Hilfsvölkern große Flotten überlassen, die sie für ihre Raubzüge nutzen können.«

»Können sie uns detaillierte Zahlen nennen«, bohrte der Major nach.

Der Adramelech schüttelte mit seinem Kopf.

»Wie ich schon sagte, war ich ein Zögling des weisen Mentors Adra'Sussor«, erklärte er. »Erst wenn meine Ausbildung abgeschlossen ist, erhalte ich Zugriff auf diese geheimen Staatsinformationen. Leider kann ich ihnen die Anzahl der Schiffe unseres Imperiums nicht nennen.«

Können sie uns irgendetwas Neues berichten?«, fragte der Kanzler.

Commander Niras-Tok und der Adramelech sahen sich an. »Wir haben unseren Geist verschmolzen«, sagte der Commander. »Unser Gast war hiermit einverstanden. Er sieht ein, dass er uns auf irgendeine Weise behilflich sein muss.«

»Konnten sie etwas aus seinem Gedächtnis filtern?«, erkundigte sich der Kanzler. »Wir brauchen die Koordinaten des Zentral-Systems der Adramelech.«

»Ich habe mit Adra'Metun versucht, tief in sein inneres Gedankengut vorzustoßen«, antwortete Niras-Tok. »Es gibt etwas, dass anscheinend für seine Nutzung blockiert wurde. Wir konnten nur die Oberfläche dieser Daten erkunden. Es gelang uns nicht, tief in seine Erinnerungen einzutauchen. Vermutlich handelt es sich um eine Sicherung des Regenten.«

»Was haben sie gefunden?«, fragte Major Travis.

Der Commander blickte ihn an.
»Interessante Daten«, antwortete Niras-Tok. »Das System der Mächtigen liegt an einer instabilen Zone zum Zwischenraum. In der Nähe zu ihrem System liegt eine Anomalie, ein schwarzes Loch liegen, zumindest aber eine Verwerfung zum Zwischenraum. Von dort beziehen sie ihre Energie, die sie für den Betrieb ihrer Zeitwellentürme benötigen. «

»Ich verstehe nicht«, erwiderte der Kanzler. »Welche Aufgabe haben diese Zeitwellentürme? «

Adra'Metun lächelte ihn an.
»Die Zeitwellentürme werden eingesetzt, wenn eine drohende Gefahr den Heimatplaneten unserer Rasse zu zerstören droht«, antwortete der Adramelech. »Das ist die letzte Waffe unseres Regenten, die er im Fall eines Angriffes auf unsere Welt einsetzen kann. Hiermit kann er ein globales Zeitfeld erzeugen und unseren Planeten in die Zukunft, oder in die Vergangenheit versetzen. «

»Dies würde bedeuten, dass ein Angriff auf den Planeten ihrer Rasse nutzlos wäre, dass er sich rechtzeitig in eine andere Zeitdimension absetzen würde? «, fragte Major Travis.

»So kann man es erklären«, antwortete der Gefangene. »Ich habe keine Erinnerung hieran, ob es jemals praktiziert wurde. Alle Kolonien und alle Außenposten unserer Rasse müssten evakuiert werden. Das ist ein immenser Aufwand. «

»Falls keine Zeit mehr zur Verfügung stehen würde, um die Planeten und Kolonien zu evakuieren, wäre das Imperium der Mächtigen nicht mehr existent«, antwortete der Kanzler. »Verstehe ich das richtig, dass sich lediglich ihr Regierungsplanet in eine andere Zeitepoche begeben kann? «

»Richtig«, antwortete der Adramelech. »Die Turmreaktoren für die Erzeugung des Zeitfeldes wurden nur auf unserem zentralen Planeten errichtet. Der Aufbau eines solchen Feldes ist sehr aufwendig. Nach einem ausgeklügelten wissenschaftlichen Schema, mussten zahlreiche dieser Turmreaktoren an unterschiedlichen Stellen unseres Zentralplaneten aufgebaut werden. Nur so ist es möglich, ein lückenloses und stabiles Zeitfeld zu erzeugen. Ich gebe zu bedenken, dass ein solch schwerer Angriff auf das Hoheitsgebiet unserer Rasse von dem Regenten noch niemals abgewehrt werden musste. «

»Kann man die Flucht des Regenten verhindern? «, erkundigte sich Major Travis. » Falls wir bis zu der

Heimatwelt ihrer Rasse vordringen, sind ab diesem Punkt Verhandlungen mit ihrer Führung notwendig. Es darf nicht passieren, dass sich unsere Leute auf ihrem Planeten befinden, die dann möglicherweise mit in eine andere Zeitzone versetzt werden, weil ihr Regent seine Zeitfeldtürme aktiviert.«

»Falls das gelingen sollten, empfehle ich die Verhandlungen auf neutralen Boden abzuhalten«, antwortete Adra'Metun. »Unserem Regenten kann man nicht trauen. Er verachtet andersartiges Leben, speziell humanoide Lebensformen.«

»Wissen sie, woher dieser immense Hass kommt«, erkundigte sich Heinze.

Der Adramelech schaute ihn an.
»Das entzieht sich meiner Kenntnis«, antwortete er. »Der Regent verseucht mit seiner Ideologie unsere ganze Rasse. Viele meiner Gefährten hinterfragten kritisch seine Vorgehensweise. Sie wurden festgenommen und nicht mehr gesehen. Vermutlich schmoren sie in einer der vielen Arrestzellen unseres Herrschers.«

Heinze schüttelte seinen Kopf.
»Ich entnehme ihren Gedanken, dass sie noch mehr entdeckt haben«, offenbarte er. »Kann ich sie bei dem

Versuch unterstützen, einen Kontakt zu ihrer Rasse herzustellen.«

Adra'Metun wirkte irritiert.
»Auch das können sie feststellen?«, fragte er erstaunt. »Über was für ein geistiges Potenzial müssen sie verfügen?«

»Darüber bin ich mir selbst noch nicht ganz klar«, erwiderte Heinze wahrheitsgemäß. »Sie konnten neue Hinweise auf einige Flottenmanöver ihrer Rasse registrieren? «

»Es waren nur Splitter, die zu mir gedrungen sind«, antwortete der Mächtige. »Hinter diesen dicken Mauern kann ich nur Bruchstücke empfangen. Ich müsste mich ins Freie begeben und dort einen Versuch unternehmen, um meine Species zu orten. Dort sollte es mir gelingen, mehr von den Aktivitäten meiner Rasse zu empfangen. «

»Wie ist es ihnen möglich, über so weitere Entfernungen die Empfindungen ihrer Rasse zu empfangen«, erkundigte sich Major Travis.

Adra'Metun schüttelte seinen Kopf.
»Sie wissen, dass ich noch in der Ausbildung eines großen Mentors war, als ich von ihnen gerettet wurde«,

antwortete er. »Hierüber habe ich noch keine Informationen. Es kann nur sein, dass auch wir auf den Befehl unseres Regenten genmanipuliert wurden. So wie ich sie empfangen kann, können sie auch mich orten. Es ist möglich, falls es mir gelingt Kontakt zu ihnen aufzunehmen, dass sie feststellen können, wo ich mich aufhalte. Wollen wir dieses Risiko eingehen? «

Der Kanzler blickte seine Gäste an.
»Ich gehe davon aus, dass die Führung ihres Regenten bereits informiert ist, dass sie unser Gast sind«, antwortete er. »Sie haben ihrer Rasse in einem Funkspruch mitgeteilt, dass wir sie gerettet haben. Ferner haben sie ihnen unsere Vergeltung angekündigt. Ich vermute einmal, ihr Regent ist derzeit nicht gut auf sie zu sprechen. «

Es schien so, als ob der Adramelech lächelte. Seine Stacheln am Kopf hatten sich vor Erregung aufgerichtet.

»Hiermit können sie Recht haben«, antwortete er. »Man wird wohl meinen Mentor, nach seiner Auferstehung mit der Aufgabe betrauen, mich auszuschalten. Dass er noch nicht mit einer Flotte in ihrem Imperium aufgetaucht ist, kann nur den Grund haben, dass der Regent im Moment mit wichtigeren Aufgaben beschäftigt ist. «

»Was könnte für ihn wichtiger sein, als seine gehassten Feinde aus seinem Imperium zu verjagen?«, erkundigte sich der Kanzler.

»Das kann ich ihnen sagen«, erwiderte Adra'Metun. »Ich vermute, dass der Regent seine Flottenverbände derzeit gegen andere Rassen kämpfen lässt. Diese werden als gefährlicher eingestuft als ihre humanoide Zivilisation.«

»Das bedeutet, dass der Zeitpunkt günstig wäre, um das Zentralsystem ihrer Species zu lokalisieren?«, sagte Major Travis. » Die Flotten ihres Regenten werden ihr Interesse möglicherweise auf die Eindringlinge gerichtet haben? Einzelne getarnte Suchschiffe werden sie nicht suchen?«

»Täuschen sie sich nicht«, antwortete Adra'Metun. »Durch den Einfall einer fremden Rasse in unser Hoheitsgebiet, werden in der Regel alle verfügbaren Flottenverbände zusammengerufen. Wenn das nicht reicht, dann können als Verstärkung die Flottenverbände unserer Hilfsvölker angefordert werden. Es ist möglich, dass in jedem Sektor unseres Imperiums Geschwader patrouillieren?«

»Das Risiko werden wir eingehen müssen«, antwortete Kanzler Tarn-Lim. »Anders werden wir das Zentralsystem ihres Imperiums nicht finden können.«

»Nehmen sie mich mit«, sagte Adra'Metun. »Ich kann ihnen bei der Suche eine große Hilfe sein.«

Er blickte Major Travis und Commander Brenzby nachdenklich an.

»Wie sollte diese Hilfe aussehen?«, erkundigte sich der Major.

»Mit der Hilfe von Commander Niras-Tok und meinen Fähigkeiten können wir eine massive Flottenpräsenz orten«, antwortete der Adramelech. »Ich vermute, dass durch den Einfall einer fremden Rasse in unser Imperium starke Schutzflotten in unserem Zentralsystem zusammengezogen wurden. Auf diesem Wege sollte es uns gelingen, die Koordinaten der Welt unseres Regenten auszumachen.«

»Falls das gelingen sollte, erleichtert uns das die Suche ungemein«, bemerkte Major Travis. »Unser Freund Heinze kann sicherlich ihre Bemühungen noch verstärken. Gehen wir nach draußen und probieren wir es aus. Falls die Kräfte von Heinze mit ihren gebündelt werden können, wäre das ein großer Vorteil.«

»Folgen sie mir«, sagte Admiral Tarn-Lim. »Wir probieren das sofort aus.«

Er drehte sich um und schritt aus den Gemächern von Adra'Metun. Das Team von Natrid folgte ihm. Außerhalb informierte er die Sicherheitssoldaten über sein Vorhaben. Er bat sie, ihn zu begleiten und ein Auge auf den Adramelech zu haben.

Nach kurzer Zeit schritten sie aus der großen Pforte der Pyramiden-Verwaltung des redartanischen Planeten. Der große Platz vor dem Gebäude war für ein breites Publikum ausgelegt.

Kanzler Tarn-Lim blickte Commander Niras-Tok an. »Versuchen sie ihr Glück, ob sie von hier aus mehr in Erfahrung bringen können«, entgegnete er. »Alle neuen Informationen sind wichtig für uns.«

»Kannst du die Bemühungen von Commander Niras-Tok und Adra'Metun verstärken«, fragte Marc den Ro.

Diese nickte bereitwillig.

»Ich kann es zumindest versuchen«, antwortete er. »Ob es mir gelingt, das kann ich noch nicht sagen.«

»Es reicht mir, wenn du es versuchst«, lächelte Major ihn an. »Mehr können wir von hier aus nicht machen.«

Heinze trat auf Commander Niras-Tok und Adra'Metun zu. Diese blickten ihn fragend an.

»Nehmen wir uns an den Händen und versuchen wir unseren Geist zu bündeln«, sagte Heinze. »Dann senden wir diesen in den Weltraum. Öffnen wir unsere Sinne. Vielleicht gelingt es uns so, zu ihren Flotten vorzustoßen?«

»Wann weiß ich, dass der Zeitpunkt gekommen ist und unser Geist sich verbunden hat?«, fragte der Adramelech.

»Du wirst es spüren«, erwiderte der Ro. »In der Regel bemerkt man, wenn eine Veränderung stattfindet. Ich habe das auch noch nicht praktiziert. Versuchen wir es einfach.«

Bereitwillig hielt ihm Commander Niras-Tok seine linke Hand hin. Mit seiner Rechten hatte er die Hand des Adramelech umfasst. Heinze ergriff sie und hielt seine rechte Hand ebenfalls Adra'Metun hin. Unsicher ergriff der Adramelech sie. Die drei unterschiedlichen Wesen legten ihre Köpfe in den Nacken und schlossen ihre Augen. Heinze entfesselte seinen Geist und suchte nach den Wellen seiner Partner. Der Geist der drei Wesen bündelte sich zu einer starken Präsenz. Dann schoss er in den Weltraum und überbrückte große Entfernungen auf der Suche nach der Aura der Mächtigen.

Major Travis, Commander Brenzby, Kanzler Tarn-Lim und die Soldaten beobachteten die drei Versuchsobjekte kritisch. Marc erkannte, wie Heinze seine ganze mentale Kraft einsetzte, um die Bemühungen von Commander Niras-Tok und Adra'Metun zu verstärken. Der Ro schien vor Anspannung zu zittern. Auf der Stirn von Commander Niras-Tok traten Schweißperlen aus. Auch der Körper des Adramelech bebte unter den Augen der Beobachter. Der Mund des Mächtigen formte tonlose Wörter. Er schien etwas gefunden zu haben. Major Travis vermied es Heinze anzusprechen. Er wusste, dass sein Freund seine ganze Kraft beanspruchte, um einen Kontakt zu den Mächtigen herzustellen.

Drei Minuten waren vergangen, als die drei Mutanten erschöpft aus ihrer geistigen Starre erwachten und zu Boden fielen. Commander Brenzby konnte Heinze auffangen, um einen Sturz zu verhindern. Auch Kanzler

Tarn-Lim hatte blitzschnell nach Niras-Tok gegriffen und seinen Sturz abgefangen. Lediglich der Adramelech fiel schwer auf den Steinboden des großen Platzes. Etwas unbeholfen schüttelte er sich und stand wieder auf. Das Beben seines Körpers klang langsam ab. Tief atmete er durch.

Heinze nickte Major Travis zu. Sein Vorgesetzter erkannte, dass der Versuch funktioniert hatte.

»So tief bin ich noch nie in das Imperium meiner Rasse vorgedrungen«, sagte Adra'Metun begeistert. »Ich wusste nicht, dass so etwas möglich ist.«

»Konnten sie neue Informationen erhalten?«, fragte der Kanzler ungeduldig. Haben sie etwas für uns?«

»Wir haben etwas finden können«, bestätigte Heinze. »Die Ehre gebührt ihrem Gast. Er war für die Filterung der Informationen verantwortlich. Ich habe seinen Geist geprüft. Er will ihnen und seinem Volk helfen, die schlimme Macht des Regenten der Adramelech zu beenden. Er glaubt intensiv an die Freiheit für sein Volk.«

»Das haben wir gerade hinter uns«, lächelte der Kanzler.« Scheinbar ist der Wunsch nach Selbstbestimmung auch bei anderen Species stark gewachsen.

«

Er blickte Adra'Metun an.

»Was können sie uns mitteilen?«, erkundigte er sich.

Commander Niras-Tok und Adra'Metun hielten sich noch an den Händen. Ihre Atmung hatte sich wieder normalisiert.

Der Adramelech richtete sich auf.

»Es sind unzählige Flotten im Imperium unterwegs«, teilte Adra'Metun mit. »Ich konnte unterschiedliche Gedanken auffangen. Die Uylaner sind ein altes Hilfsvolk unserer Rasse. Sie rebellieren und stellen sich gegen Befehle des Regenten. Dieses Volk ist nicht länger bereit, unserem Regenten zu dienen. Sie sind mit einer Flotte von knapp 500.000 Schiffen in unser Hoheitsgebiet eingedrungen. Irgendwie haben sie es geschafft ein Sicherheitsportal zu öffnen. Das ist nur mit einem geheimen Code möglich, den nur Abgesandte des Regenten besitzen, oder Angehörige der obersten Vollkommenheit. Das sind die Glaubenshüter unserer Rasse.

Die große Flotte der Uylaner hat bereits einige äußere Planeten und Kolonien angegriffen und diese zum Teil stark verwüstet. Man vermutet, dass sie einen Angriff auf das Heimatsystem unserer Rasse planen. Der Regent hat in vielen Sektoren unseres Imperiums Flottenträger stationiert, die durch 25.000 Kriegsschiffe bewacht werden. Spähschiffe werden ausgesandt, die sich auf die Suche nach der uylanischen Flotte machen. Unser militärisches Oberkommando tappt förmlich im Dunkeln. Noch haben sie die Eindringlinge nicht orten können. Den Uylanern gelingt es immer wieder, ihre Spuren zu verwischen.«

»Wer sind die Uylaner?«, fragte Major Travis.» Eignen sie sich als Verbündete für uns? «

Adra'Metun lachte kurz auf.
»Hiervon rate ich dringend ab«, antwortete er.»Sie wurden von unserem Regenten als kriegerisches Dienstvolk im Reagenzglas erschaffen. Viele ihrer kriegerischen Gelüste wurden ihnen von unseren Wissenschaftler künstlich eingepflanzt. Die Uylaner leben von dem Kampf gegen andere Völker. Dafür wurden sie erschaffen. Sie wurden immer wieder für die Reinigungskriege des Regenten eingesetzt. Jetzt haben wir sie eine lange Zeit nicht mehr benötigt. Sie wurden unbeobachtet sich selbst überlassen.

Nach meiner Erkenntnis sind 150.000 Jahre vergangen, als wir sie das letzte Mal eingesetzt haben. In dieser langen Zeit muss etwas passiert sein. Die Uylaner scheinen sich von der Genmanipulation des Regenten befreit zu haben. Sie fordern Rache, für die lange Zeit der Manipulation durch unseren Regenten.«

»Wie stark müssen wir die Schiffe der Uylaner einschätzen?«, erkundigte sich Kanzler Tarn-Lim.

»Das ist ja auch ein Beispiel für die Nachlässigkeit unserer Rasse«, erklärte der Adramelech. »Ihnen wurden Schiffe für die Reinigungskriege zur Verfügung gestellt. Ferner erhielten sie den Auftrag, alle beschädigten Schiffe unserer Flotte, die in den Reinigungskriegen Treffer erhielten, zu entsorgen. Scheinbar haben die Uylaner diese Schiffe wieder repariert und ihren Flotten einverleibt. Ansonsten könnten sie eine so große Flotte niemals zusammenstellen. Sie besitzen unsere eigenen Schiffsbauten. Lediglich die Komprimierungstechnik der blauen Energie ist auf diesen Schiffen noch nicht enthalten. Ansonsten verfügen sie über die gleiche Waffentechnik, wie unsere eigenen Kriegsschiffe.«

»Was konnten sie noch herausfinden?«, fragte Major Travis.

Adra'Metun nickte ihm zu.
»Es herrscht große Aufregung in dem Imperium der Mächtigen«, antwortete er. » Den Uylanern ist es

gelungen unseren 7. Flottenträger und seine 25.000 Begleitschiffe in eine Falle zu locken. Sämtliche Schiffe wurden von den Uylanern vernichtet. Man befürchtet, dass der Regent außer sich sein wird. Die Suche nach der Flotte des Hilfsvolkes wurde nochmals intensiviert.«

»Das bedeutet, dass wir uns nur mit getarnten Flotten auf die Suche nach dem Heimat-System der Mächtigen aufmachen können«, erwiderte Major Travis. »Alles andere, würde unsere Schiffe einer Gefahr aussetzen.«

Der Communicator des Majors summte. Er öffnete die Verbindung. Ein Stabsoffizier von General Poison war in der Leitung.

»Hier spricht Commander Frings«, tönte es aus der Verbindung. »General Poison lässt ihnen ausrichten, dass die benötigte Flotte zusammengezogen wurde. Verfügen sie bitte hierüber.«

»Danke«, antwortete der Major. »Wir kommen in Kürze nach Titan und übernehmen die Schiffe.«

Centros, Planet der Lantraner

Die hohe Empore hatte sich versammelt, um über den Wunsch von Aritron zu beratschlagen. Der Rat der zwölf

Weisen hatte die Exekutive des Planeten einberufen, um die Notwendigkeit der von Aritron geplanten Flottenbewegung zu besprechen.

Aritron, Thoran, Tyran und Brontan standen in ihrer Galauniform vor dem Rat.

»Aritron«, begann der Sprecher des Rates mit tiefer Stimme. »Mein Name ist Odian. Sie wissen, dass ich als Sprecher des Rates fungiere. Diese Empore schätzt ihre Weisheit und ihr Amt, sowie die hiermit verbundene Führung unseres Planeten. Nie gab es bisher für uns einen Anlass, ihre Entscheidungen zu hinterfragen. Viele Jahrtausende richteten sich ihre Entscheidungen nach den Vorgaben der Ältestenversammlung. Unsere Zivilisation wurde keiner Gefahr ausgesetzt und konnte sich weiterentwickeln. Unsere jahrelange Zurückgezogenheit hat uns geistig wachsen lassen. Diese schöpferische Pause hat unserer Rasse neue Erkenntnisse gebracht. Wir erkennen also, dass dieser Schritt der einzig richtige Weg für unsere alte Zivilisation war.«

Der Rat der Empore blickte die Offiziere der Exekutive an. »Wir haben ihnen und Heran zugesagt, dass wir wieder verstärkt die Belange der Milchstraße lenken werden«, ergänzte der Sprecher des Rates. »Doch diese Schritte sollten nur langsam vonstattengehen, ohne dass sie die ganze Sterneninsel erschüttern. Mit Erschrecken stellen wir fest, seit sie Heran als Kontaktperson zu den natradischen Nachkommen eingesetzt haben und dass sich die Ereignisse überschlagen. Sagen sie uns offen, ist das im Sinne der Erbauer des Universums?«

Aritron hatte eine starre Haltung angenommen. Mit einem eisernen Blick musterte er die Mitglieder der hohen Empore.

»Ich kenne die Erbauer des Universums nicht«, antwortete er trocken. »Diese Informationen werden von der Hohen-Empore verwaltet. Ob es sie überhaupt gibt, entzieht sich unseren Kenntnissen.«

»Sie wissen nur allzu gut, dass es sensible Informationen gibt, die nur den Ältesten von ausgesuchten Rassen zugänglich gemacht werden«, antwortete Odian. »Zweifeln sie diese Tatsache nicht an. Das wird bereits seit Anbeginn der Zeit so praktiziert.«

Der Sprecher stand auf.
»Wir haben sie vor diesem Rat gebeten, damit sie ihre Bitte nach 500 Kriegsschiffe der neuen Evolutionsklasse begründen«, fuhr er fort. »Seit vielen Zyklen wurde eine so große Flotte von uns nicht mehr in einen Kampfeinsatz geschickt. Was bezwecken sie mit dieser Flotte?«

»Unsere Handlungen bewegen sich synchron mit den Wünschen der Hohen-Empore«, antwortete Aritron. »Während unserer langen Abwesenheit wurden viele, der unter unseren Schutz stehenden humanoiden Rassen, hinterhältig und brutal ausgerottet. Wir wurden unseren Aufgaben nicht gerecht. Sie erklärten uns, dass sie die Zurückgezogenheit unserer Rasse als sehr gut betrachten. Wir von der Exekutive sehen das anders. Durch unsere befohlene Zurückgezogenheit wurde unser ausgestreuter Samen und viele der sich entwickelten humanoiden Species vernichtet.

Das geschah durch unsere Schuld, weil wir den nachwachsenden Rassen den zugesagten Schutz verweigerten. Wären wir wachsamer gewesen, würden wir heute unsere Sterneninsel nicht in seinem so desolaten Zustand vorfinden. Ich gehe noch weiter. Es scheinen Rassen zu existieren, die alle humanoiden Species vernichten wollen. Wodurch dieser Hass entstanden ist, konnte von uns noch nicht ermittelt werden. Es ist jedoch eine Tatsache, dass sich während unserer Zurückgezogenheit die bösen Mächte des Universums weiter ausgebreitet haben. Jetzt ist an der Zeit, dieser Entwicklung Einhalt zu gebieten.«

»Sie sprechen sie von dem großen Krieg gegen die Natrader?«, fragte der Sprecher der Hohen-Empore.

Aritron nickte.
»Die Vernichtung von Natrid ist nur ein Beispiel, für den Einfall des Bösen in unser Hoheitsgebiet«, erwiderte Aritron. »Auch dieses Dilemma ist auf die Entscheidung der hohen Empore zurückzuführen.«

»Dieses Gremium steht dem Einsatz einer so großen Kriegsflotte skeptisch gegenüber«, antwortete Odian, der Sprecher des weisen Rates. »Wir halten es für zu früh, unser Personal und unsere Schiffe einzusetzen. Durch unsere lange Zurückgezogenheit fehlt uns die Kampfpraxis.«

»Waren sie es nicht kürzlich, die uns auf einen Sachverhalt aufmerksam gemacht haben?«, fragte Thoran.

Der Rat der zwölf Weisen blickte ihn irritiert an.
»Wir wissen nicht, wovon sie sprechen?«, antwortete der Vorsitzende. »Werden sie bitte deutlicher.«

»Es ist doch immer das Gleiche mit dem Hohen-Rat«, ergänzte Thoran. »Wenn es ernst wird, will keiner von ihnen etwas von den Problemen wissen, noch weniger die

Verantwortung für militärische Maßnahmen übernehmen.«

Der Vorsitzende blickte ihn ernst an.
»Wir erkennen in ihnen die gleichen negativen Eigenschaften, wie in Heran«, antwortete Odian. »Emotionen haben hier in diesem Rat nichts zu suchen. Mäßigen sie ihre Worte.«

Aritron gab Thoran ein Zeichen zu verstummen.
»In diesem Fall muss ich die Partei für unseren Oberbefehlshaber der lantranischen Raumstreitkräfte ergreifen«, teilte er dem Rat mit. »Wie sie wissen, ist Brontan mir unterstellt und aussagepflichtig. Wir wissen, dass er in ihrem Auftrag sein allwissendes Energie-Rad mit dem Akteur-System aktiviert und auf das Sol-System gerichtet hat. Es gelang ihm an neue Informationen zu gelangen. Den Terranern ist es gelungen, ein Portal in die Adramalon-Galaxie zu öffnen. Für alle Anwesenden, die es noch nicht wissen, möchte ich es kurz erklären. Scheinbar sind nicht alle hier im Raum befindlichen Personen von dem Rat unterrichtet worden.«

Er blickte die Hohe-Empore an. Man konnte erkennen, wie es in dem Gesicht des Vorsitzenden arbeitete. Ihm schien die Offenbarung sichtlich unangenehm zu sein.

Aritron fuhr in seinen Ausführungen fort.

»Adramalon ist eine große Spiralgalaxie im Sternbild des Drachen«, erklärte er. »Sie liegt rund 12 Millionen Lichtjahre von Natrid entfernt und hat einen Durchmesser von etwa 30.000 Lichtjahren. Adramalon ist die Heimat der Adramelech. Sie sind auch als die Mächtigen des dunklen Imperiums bekannt. Der Zusatz ist nicht korrekt. In ihrer Galaxie herrscht ein blaues Licht vor, welches vermutlich durch die zahlreichen Förderplaneten der blauen Energie aus dem Zwischenraum verursacht wird. Diese Species duldet keine humanoiden Zivilisationen, wie wir eine sind.

Sie führen fast jede 150.000 Jahre ihre bekannten Reinigungskriege durch und fallen über alle neuen Rassen her, die ihnen im Wege stehen. Meine Recherchen auf Natrid ergaben, dass der ehemalige natradische Kaiser an ein Artefakt einer unbekannten Rasse gelangt ist. Durch diesen Wurmloch-Generator ist er in den letzten Kriegstagen auf eine Fluchtwelt in die Adramalon-Galaxie geflüchtet. Es wurden von ihm nur ausgewählte Natrader mitgenommen. Mit ihnen wollte er ein neues, stärkeres Imperium erbauen als das alte von Natrid. Ich habe den Standort prüfen lassen. Erstaunlicherweise konnten unsere Wissenschaftler diesen nicht exakt identifizieren. Erst als sie den Faktor Zeit berücksichtigten, konnte die Position des Planeten lokalisiert werden.

Jetzt wurde uns klar, dass dieses Artefakt eines der seltenen Wurmloch-Generatoren war, welche auch die Raumzeit manipulieren konnte. Dieser Fluchtplanet liegt von Natrid aus gemessen 12 Millionen Lichtjahre entfernt in dem Hoheitsgebiet des Adramelech. Aber von unserer heutigen Zeitrechnung aus gesehen, exakt 300.000 Jahre in der Vergangenheit.«

Einige der Ratsmitglieder durchbohrten ihren Sprecher mit Blicken.

»Wann wolltest du uns die Berichte zugänglich machen?«, fragte Nottan, ein Mitglied des Rates.

Odian blickte ihn an.
»Sofort nach meiner Entscheidungsfindung«, antwortete er. »Das mache ich hiermit. Der Durchgang muss geschlossen werden. Er birgt zu viele Gefahren. Der Zeitstrom könnte manipuliert werden.«

»Zu spät«, erwiderte Aritron. »Das Neue-Imperium hat ihn bereits in Betrieb genommen.«

»Das gefällt uns nicht «, antwortete der Sprecher des Rates. »Wir sehen in dem Artefakt eine massive Bedrohung unserer Realzeit.«

»Das lässt sich nicht mehr ändern«, antwortete Thoran. »Es handelt sich hierbei um eine innere Angelegenheit des Neuen-Imperiums. Bei einer ersten Öffnung des Durchganges wurde eine blühende Welt auf dem Planeten entdeckt. Die geflüchteten Natrader haben sich in den vielen Jahrtausenden ein neues Imperium aufgebaut. Sie besitzen eine stattliche Armada von Raumschiffen in unterschiedlichen Größenkategorien. Ihre größten Zerstörer wurden von mir einer 5.000 Meter-Klasse zugerechnet.«

Die Mitglieder des Rates blickten sich irritiert an.
»Dieser seltene Wurmloch-Generator wurde in den Gemächern des letzten Kaisers von Natrid, auf der Atlantis-Großbasis entdeckt«, fuhr Thoran fort. »Nach dem vermuteten Tod des Kaisers während des großen Krieges, wurden seine Gemächer verschlossen und versiegelt. Erst dem Gildor Barenseigs gelang es dieses Artefakt zu finden. Erste Versuche mit einem gelenkten Spähpanzer ergaben, dass die Gegenseite des Durchganges in der Höhle eines Berges installiert war. Bei der Erkundung stieß man auf eine Stasis-Kammer, die kurz vor dem Versagen war. In ihr lag Lorin, die Anführerin des ehemaligen natradischen Amazonen-Heeres.

Sie konnte gerettet und ihre Lebensfunktionen wieder hergestellt werden. Anschließende Gespräche ergaben, dass sie an den letzten Kriegstagen von Kaiser Quoltrin-Saar-Arel mit einer unlösbaren Aufgabe betraut worden war. Sie sollte die Besatzungen, der auf Tarid abgestürzten Rigo-Schiffe bekämpfen und eliminieren. Bei dieser Aktion verlor sie ihr ganzes Heer. Sie konnte sich verletzt in die Atlantis-Basis retten. Der Kaiser hatte ihr zugesagt, dass sie und ihre Amazonen ihm auf die neue Welt folgen konnten. Schwer verletzt erreichte sie den Durchgang und sprang hinein. Auf der anderen Seite wartete jedoch niemand, um sie medizinisch zu versorgen. Da erkannte sie, dass der Kaiser sie und ihre Getreuen bereits abgeschrieben hatte. Schwer verletzt erreichte sie eine Stasis-Kammer und legte sich hinein. Erst jetzt nach 100.000 Jahren wurde sie glücklicherweise von dem neuen Imperium gerettet.«

Thoran blickte Aritron an. Dieser hatte gespannt zugehört.«

»Danke, Thoran«, sagte er.»Diese Informationen sind für unseren Rat neu. Ich fahre mit den Erläuterungen fort.«

Der Vorsitzende des Rates nickte.
»Neue Informationen wurden ausgewertet, die von einer getarnten Drohne aufgenommen wurden«, erklärte der

oberste Administrator. »Die Stadt auf dem Planeten gleicht einer Großstadt. Eine mit Abwehrgeschützen gesicherte Pyramide wurde sichtbar. Auf ihnen wehten die Fahnen des letzten Kaisers Quoltrin-Saar-Arel. Er schien noch zu leben und hatte die langen Jahre überdauert. Zahlreiche Raumschiffe starteten und flogen in den Orbit des Planeten. Erst da erkannten die Beobachter des neuen Imperiums, dass die Welt der geflüchteten Natrader angegriffen wurde. Eine Flotte der Adramelech war in das System gesprungen und versuchte mit ihrer blauen Energie die gegnerischen Flotten-Verbände zu vernichten. Es gelang der Heimat-Verteidigung nur unter schweren Verlusten, die Adramelech zu eliminieren. Das Neue-Imperium hatte genug gesehen. Der Durchgang wurde geschlossen. General Poison ordnete an, ihn unverzüglich zu verlegen. Er durfte nicht länger auf der Atlantis-Basis und auf Tarid eingesetzt werden.«

Nach einer kurzen Pause fuhr Aritron fort.
»Die legendären natradischen Genies Marin und Gareck leiteten den Ausbau«, ergänzte er. »Der Durchgang und die Steuerungs-Einheit wurde auf den Mond Europa gebracht. Auf dem Jupitermond wird derzeit eine neue Groß-Basis nach dem Vorbild von Atlantis gebaut. In einer der neuen Werft-Hallen wurde ein variabler Rahmen nach dem Vorbild des kaiserlichen Durchganges produziert, der

größeren Raumschiffe den Durchflug ermöglichen sollte. Die Sensoren und die Steuerelemente und die Energieleiter des originalen Wurmloch-Generators wurden übertragen. Bei dem ersten Testversuch konnte der künstliche Durchgang erfolgreich initiiert werden. Die natradischen Genies hatten gut gearbeitet. Das seltene Artefakt verrichtete seinen Dienst an einem neuen gesicherten Ort.

Die gerettete Amazone Lorin nutzte diese Gelegenheit, um zu flüchten. Sie wollte Kaiser Quoltrin-Saar-Arel zur Rechenschaft ziehen. Das Neue-Imperium reagierte sofort. Ein Spür- und Fangtrupp wurde ihr hinterhergeschickt. Die Soldaten erkannten, dass sich die Amazone mit Widerstandsgruppen verbündet hatte. Ihr Plan sah vor, den natradischen Kaiser abzusetzen. Major Travis kam rechtzeitig von einer Mission zurück, bei dem Heran ihn unterstützt hatte. Den evakuierten Worgass wurde ein kleines Sternensystem als Heimat übergeben. Auch hier mussten zuerst noch Probleme aus der Welt geschafft werden, doch hierzu später mehr.

Major Travis stellte eine Kampf-Truppe zusammen, die getarnt zu dem Fluchtplaneten übersetzte. Es gelang ihm, Kontakt zu den Widerständler aufzunehmen und sich mit dem abgesetzten Befehlshaber des redartanischen Flotten-Oberkommandos zu verständigen. «

»Wer sind plötzlich die Redartaner?«, fragte ein Mitglied des Rates.

»Entschuldigung«, antwortete Aritron. »Ich vergaß ihnen mitzuteilen, dass sich die geflüchteten Natrader umbenannt haben. Auf ihrer neuen Welt nennen sie sich Redartaner, bezogen auf das Sternen-System Redartan. Jedenfalls wurden erst jetzt viele degenerierte Vorgehensweisen von Kaiser Quoltrin-Saar-Arel bekannt. Er führte sich auf, wie ein unangetasteter Alleinherrscher. Die Lage spitzte sich zu, als er befahl, auf Demonstranten zu feuern, um diese aus dem Weg zu räumen. Ab diesem Zeitpunkt war der Kaiser nicht mehr zu halten. Man einigte sich darauf, ihn seines Amtes zu entheben. Major Travis sagte dem Widerstand seine Unterstützung zu. Heran war ebenfalls wieder dabei.«

»Das ist nicht verwunderlich«, bemerkte Odian. »Er sollte doch in ihrem Auftrag den Kontakt zu Major Travis halten. Letztens waren sie sehr froh, dass er sich gut mit ihm verstand.
«
Aritron antwortete nicht auf die Bemerkung des Sprechers der Hohen-Empore.

»Jedenfalls gelang es der Widerstandsgruppe in den Pyramiden-Palast des Kaisers einzudringen«, fuhr er mit seinem Bericht fort. »Die Kampftruppen des Neuen-Imperiums schalteten die kaiserlichen Garden aus und ergriffen den Kaiser, der kurz vor seinem Tod durch die Amazone stand. Das konnte im letzten Moment verhindert werden. Beide wurden festgenommen und nach Natrid geschafft. Zwei herbeigerufene Worgass unterstützten die Gruppe. Einer von ihnen nahm die Gestalt des Kaisers an.

Vor dem redartanischen Volk verkündete das Duplikat seinen Rücktritt und rief die neue Republik Redartan aus. Er stellte den Admiral des Flotten-Oberkommandos als neuen Kanzler vor. Dann verabschiedete er sich und wurde nicht mehr gesehen. Der Plan funktionierte perfekt. Der Kaiser hatte abgedankt, die neue Republik wurde installiert. Der Kanzler bot Major Travis an, den Brückenkopf im Berg Gonral als ständiges Konsulat auszubauen. Ferner bat er den Major um Unterstützung im Kampf gegen die Mächtigen. Er sagte dem Neuen-Imperium zu, dass Marin und Gareck das eine Gegenstelle des zeitgesteuerten Wurmloch-Generators in dem großen Weiterleitungs-Bahnhof der Redartaner installieren durften. Hiermit würde der Einflug von großen Kampf-Schiffen in das System wesentlich einfach möglich sein.«

Aritron blickte seine Zuhörer an.

»Das ist alles, mit kurzen Worten ausgedrückt«, lächelte er. »Sie sehen also, wer mit dem Neuen Imperium zusammenarbeitet, dem wird es nicht langweilig. Das alles erinnert mich an unsere früheren Aktivitäten.«

»Das war eine andere Zeit«, erinnerte der Vorsitzende. »Trotzdem wird aus ihren Erläuterungen nicht ersichtlich, wofür sie eine Kriegsflotte von 500 Evolutions-Schiffen benötigen. Das ist der eigentliche Punkt, der hier besprochen werden sollte.«

»Es geht um die Adramelech«, antwortete Aritron. »Der Fluchtplanet der Redartaner liegt genau in ihrem Imperium. Bekanntlich sind sie auch unsere Feinde. Ich darf sie daran erinnern, dass ihre Vernichtungsfeldzüge uns bereits lange ein Dorn im Auge sind. Ferner haben wir noch eine Rechnung mit ihnen offen. In den früheren Jahren unserer Existenz haben sie einige Forschungsschiffe von uns angegriffen und vernichtet. Wir konnten keine Überlebenden mehr retten. Ich gehe davon aus, dass sie ihre blaue Energie eingesetzt haben. Jedenfalls sind sie durch die Redartaner wieder aktiv geworden.

Warum sie den Fluchtplaneten erst jetzt gefunden haben, entzieht sich unserer Kenntnis. Wir haben Informationen, dass die Adramelech sich gezüchteten und genmanipulierten Kunst-Geschöpfen bedienen. Ihre besondere Liebe zu Geschöpfen aus dem Reagenzglas lässt auch den Schluss zu, dass sie ihre Hände auch im Spiel gehabt hatten, als es um den Angriff der Rigo-Sauroiden auf Natrid ging. Leider mussten wir uns zu dieser Zeit, auf ihre Anordnung hin, aus der aktiven Beobachtung der Milchstraße zurückziehen. Wie wir heute wissen, war das ein kolossaler Fehler. Wir dachten damals die Natrader wären selbst in der Lage die Milchstraße, also ihr Hoheitsgebiet zu schützen. Aus diesem Grunde versäumten wir es, einen Rigo-Sauroiden in die Hände zu bekommen, um seine Abstammung zu ermitteln.«

»Die Geschichte ist uns allen bekannt«, betonte Odian. »Wir geben ihnen Recht, dass in der Vergangenheit Fehler gemacht wurden. Das lässt sich heute leider nicht mehr gutmachen.«

»Völlig richtig«, antwortete Aritron. »Doch wir sollten es nicht auf ein zweites Mal ankommen lassen.«

»Worauf wollen sie hinaus?«, fragte der Ratssprecher. »Was hat das mit dem Neuen-Imperium und der Milchstraße zu tun?«

»Das will ich ihnen sagen«, erwiderte Aritron. »Die Redartaner sind nur eine von vielen Splittergruppen verstreuter Natrader im Weltall. Die Terraner haben versprochen, nach den Natradern zu suchen. Neben den Santaranern haben sie jetzt die Redartaner gefunden. Sie werden den Kontakt zu ihnen aufrechterhalten. Vermutlich wird ein Warenaustausch stattfinden, möglicherweise auch eine militärische Unterstützung vereinbart werden. Alles wird auf wunderbare Weise miteinander vernetzt. Durch das zeitgesteuerte Wurmloch-Portal sind sie mit der Adramelech-Galaxie verbunden. Es ist für uns nicht möglich, unsere Blicke nur auf die Milchstraße zu richten. Das Übel muss an der Wurzel bekämpft werden.«

Aritron blickte den Rat intensiv an.
»Wir sind in den Besitz von Informationen gelangt, dass eine große Flotte der Uylaner in die Spiralgalaxie Adramalon eingedrungen ist«, erklärte er. »Scheinbar ist sie auf dem Weg zu dem Zentralsystem der Mächtigen. Uns ist bekannt, dass ihr Imperium durch ein Wurmloch-Zeittor gesichert ist. Es ist nur mit einem geheimen Code zu öffnen. Jeder Eindringling, der einen falschen Code

eingibt, wird in eine nicht definierbare Zeit abgestrahlt. Alle Rettungsversuche verliefen bislang erfolglos. Hinweise, wohin die Adramelech ihre Eindringlinge abstrahlen, konnte nicht ermittelt werden.

Von daher konnten wir die Adramelech bisher nicht für ihre Taten zur Rechenschaft ziehen. Wir verfügen nicht über die Technologie der Zeitfelder. Der Flotte der Uylaner gelang es jedoch, problemlos in das Imperium der Adramelech vorzudringen. Sie müssen über den richtigen Code verfügen. Die große Flotte verschwand spurlos von unseren Sensoren, als sie in die Galaxie Adramalon eindrang. Dem hohen Rat ist sicherlich bekannt, dass Brontan mit seinem Spiralrad nicht in die Zeit sehen kann. Wir können jetzt nur mutmaßen, was es mit dieser großen Schiffs-Armada auf sich hat. «

»Welche Rückschlüsse ziehen sie aus ihren Erkenntnissen? «, fragte der Ratsvorsitzende Odian.

Aritron zuckte mit seinen Schultern.
»Können sie sich das nicht selbst beantworten? «, erkundigte er sich. » Die Mächtigen haben das redartanische Imperium entdeckt. Sie hassen alle humanoiden Lebensformen. Warum sie das tun, ist uns nicht bekannt. Sie haben eines ihrer Hilfsvölker als Verstärkung angefordert. Vermutlich werden sie die

Uylaner als erste Welle in den Kampf gegen die geflüchteten Natrader befehlen. Die Kriegsflotten der Mächtigen werden vermutlich hiernach den Rest erledigen. Wir haben festgestellt, dass die Uylaner mit älteren Schiffen der Adramelech ausgerüstet sind. Falls diese Schiffe mit einem Eindämmungsfeld der blauen Energie ausgestattet sind, dann wird es für die Redartaner leider nur ein kurzer Kampf werden.«

»Sie teilten uns mit, dass Major Travis den Redartanern bereits Unterstützung zugesagt hat«, bemerkte das Ratsmitglied Ivaldan.» Vermutlich wird er mit einer großen Flotte des Neuen-Imperiums das redartanische System stützen. Warum müssen wir denn noch aktiv werden?«

»Auf diese Frage habe ich gewartet«, konterte Aritron. »Sie nennen sich die Hohe-Empore. Ein Rat von weisen Lantranern, die den Anspruch erheben, die Milchstraße als ihr Hoheitsgebiet anzusehen. Leider tragen sie nichts dazu bei, dass nachwachsende Rassen wieder mit Stolz und Anerkennung über uns Lantraner sprechen. Nach ihrer Auffassung darf die Schmutzarbeit von anderen Rassen erledigt werden. Die Exekutive rät ihnen eindringlich, von ihrer alten Denkweise abzulassen. Nur wer aktiv mitarbeitet, kann seine Sterneninsel vor fremden Eindringlingen verteidigen und seine Saat schützen. Anders wird es in der Zukunft nicht mehr gehen. Die Terraner sind nicht so dumm, wie von ihnen vermutet. Sie helfen gerne, erwarten aber auch eine Beteiligung unsererseits.«

Die Mitglieder des Rates senkten betroffen ihren Kopf. Lediglich der Vorsitzende musterte Aritron mit einem versteinerten Blick.

»Wir von der Exekutive halten den Moment für gekommen, die Mächtigen in ihre Schranken zu weisen«, sagte Aritron. »Lassen sie uns handeln, bevor es zu spät ist. Falls die Adramelech erkennen, wer die Redartaner unterstützt, dann kann es durchaus sein, dass sie erneut versuchen werden in die Milchstraße einzufallen. Ob ihre zeitgesteuerten Wurmloch-Tore in der Lage sind die Milchstraße zu erreichen, das halten wir nicht für ausgeschlossen. Es wurde von unseren Wissenschaftler bewiesen, dass sie aus ihrer relativen Vergangenheit in unsere Realzeit wechseln können.

Vor vielen Jahrtausenden konnten wir sie zurückschlagen. Seitdem waren sie von der Bildfläche verschwunden. Jetzt wissen wir auch warum. In dieser langen Zeit konnten sie die Flotte massiv verstärken. Aktuell fehlen uns neue Daten über ihre Flottenstärke. Verstehen sie die Tragweite unseres Eingreifens. Wir wollen mithelfen die

Adramelech zu schwächen, ihnen die Technik der Zeitmanipulation nehmen, um so zu verhindern, dass sie möglicherweise die Vergangenheit der Rassen der Milchstraße manipulieren können.«

»Sie möchten ein Zeitparadoxon verhindern?«, fragte der Vorsitzende.

»Ja«, antwortete Aritron. »Aber es gibt weitere Gründe die Terraner und das Neue-Imperium zu unterstützen. Unsere Vision ist es, sie als führende Macht in der Milchstraße aufzubauen. Sie haben das Geschick und die Ressourcen, um hierfür irgendwann die Schutzmacht für alle Völker zu werden. Wenn das gelungen ist, dann können wir uns zurückziehen, beobachten, gegebenenfalls nur noch unterstützend eingreifen. Das kommt unserer abnehmenden Population zugute.«

»Wir Lantraner haben verlernt, uns um den Nachwuchs zu kümmern«, bestätigte der Vorsitzende. »Leider ist ein kein erfreuliches Thema.«

Er blickte seine Kollegen an.
»Sie haben den Führer unseres Volkes gehört«, sagte er. »Es gibt eine Notwendigkeit zu handeln. Bei ihrer Zustimmung erheben sie sich bitte von ihren Plätzen. Falls

sie die Eingabe ablehnen sollten, bleiben sie auf ihren Plätzen sitzen.«

Der Ratsvorsitzende und acht weitere Ratsmitglieder erhoben sich. Lediglich drei von ihnen, lehnten die Eingabe von Aritron ab. Sie blieben auf ihren Stühlen sitzen. Ihr Gesicht war unter ihren Kapuzen verborgen.

Thoran, Tyran und Brontan applaudierten. Der Antrag von Aritron wurde angenommen. Die hohe Empore hatte ihre offizielle Zustimmung für den Einsatz von 500 lantranischen Kriegsschiffen erteilt.

Aritron lächelte und verbeugte sich vor dem Rat.
»Ich danke dem Rat aufrichtig für seine weise Entscheidung«, sagte er. » Sie werden sehen, dass unser Einsatz die einzig richtige Antwort auf die Machenschaften der Adramelech sein wird.«

Der Vorsitzende des Rates nickte.
»Gehen sie vorsichtig mit den Schiffen und dem Personal um«, empfahl er. »Sie wissen, wir sind nur noch wenige Lantraner.«

»Trotzdem leben wir noch«, antwortete Aritron. »Das zeigen wir jetzt auch den Rassen in der Milchstraße.«

»Wann brechen sie auf?«, erkundigte sich ein Ratsmitglied.

»Sofort«, antwortete Thoran. »Die Flotte wartet bereits. Wir haben mit ihrer einsichtigen Entscheidung gerechnet.«

»Dann wussten sie mehr als der Rat selbst«, antwortete der Sprecher der Weisen. »Fliegen sie und helfen sie ihren Terranern. Erweisen sie sich als würdig in ihrer zukünftigen Aufgabe.«

Der Rat hatte sich aufgelöst. Die Offiziere der Exekutive waren gegangen. Sie hatten wichtige Aufgaben zu erledigen. Aritron hatte zeitweise die Führung des Planeten Centros an einen Stellvertreter übergeben. Er ließ es sich nicht nehmen, mit der großen Flotte der Lantraner zu fliegen.

»Seine Aufgabe ist die Führung unseres Planeten«, dachte Dragan verbissen.

Er war das älteste Mitglied der Hohen-Empore. Seine Warnungen waren nicht mehr gefragt. Angeblich war eine neue Zeit angebrochen.

»Warum dreht sich alles nur noch um das Neue-Imperium? «, fragte er sich. » Sollen sie doch selbstständig zur Führungsmacht aufsteigen. Wir bringen uns immer wieder in neue Gefahren. Jetzt legen wir uns mit den Adramelech an. Das ist eine instabile und unberechenbare Species. Diese Rasse hat als einzige Species die Verhandlungen über die Aufteilung der Sterneninseln im Konzil der Ältesten boykottiert. Wir Lantraner haben an den Verhandlungen teilgenommen und wurden von den vielen alten Rassen unterstützt und gefördert. Uns wurde der Schutz der Milchstraße zugesprochen. Den Adramelech wurde die Adramalon-Spiralgalaxie, ohne ihr Einverständnis, zugeteilt. Ob sie sich hierüber gefreut haben, das wurde nicht dokumentiert.

Jedenfalls dachten die Mitglieder der ersten Rassen, dass diese Galaxie sehr weit entfernt von den anderen Sterneninseln lag. Sie alle wussten damals bereits, was die Adramelech im Sinne führten. Doch niemand wollte hieran etwas ändern. Jetzt taucht ihr Name wieder auf und wirft dunkle Schatten auf das Universum. Viele der ältesten Rassen sind aufgestiegen und nicht mehr in diesem Teil des Universums beheimatet. Sie haben den Ort ihres Ursprungs verlassen und sich zu Energiewesen weiterentwickelt. Wer von ihnen ist noch da? «

Dragan wusste es nicht. Verzweifelt überlegte er, welche Rasse er um Unterstützung bitten konnte. Doch es fielen ihm keine alten Species mehr ein.

»Die Aller-Ersten sind in eine andere Dimension verschwunden«, überlegte er. »Die Kon-Ra-Tak leben in unterschiedlichen Ebenen. Sie zu suchen, würde eine Ewigkeit dauern. Von den Sorganis fehlt jede Spur. Sie wurden vermutlich von ihren technischen Experimenten ausgelöscht.«

Er verfluchte die alten Rassen, die alle nach dem nächsten Schritt der Evolution suchten.

»Sie alle haben ihre vereinbarte Aufsichtspflicht vernachlässigt«, schimpfte Dragan. » Nur den Erbauer des Universums ist es gegeben, allein durch ihren Geist alle Sterneninseln zu reinigen. Sie sind die Überwesen, denen alles zu verdanken ist. Sie sind allmächtig. Ihnen ist es gegeben, die alten Rassen wieder an ihren Ursprung zurückzurufen. Doch werden sie auf das Flehen eines alten Lantraners hören? Falls mir keine Kontaktaufnahme gelingen sollte, vielleicht kann ich mich auch mit den Adramelech einigen, dass sie nicht in die Milchstraße einfallen. Ich könnte ihnen unsere Technik anbieten und ihnen die gehassten Nachkommen der Natrader als Angriffsziel anbieten.«

Er lehnte sich in seinem Stuhl zurück und grinste verschwörerisch.

»Hiermit hätten wir unser Problem gelöst«, dachte er. »Unsere Rasse könnte sich wieder ihren täglichen Aufgaben und Spielen widmen. Ein Schutz der Milchstraße wäre nicht mehr notwendig. Die Adramelech würden diese Sterneninsel säubern. Unsere anschließende Aussaat eines neuen modifizierten Samens, wird die Milchstraße intelligenter machen, als sie es bisher war. Sie wird die mächtigste Sterneninsel im ganzen Universum werden. Andere Galaxien werden vor ihr erzittern.

Er stand auf und lachte laut auf. Sein Lachen wurde immer intensiver und lauter. Keiner der anderen Ratsmitglieder hörte es.

Das hysterische Lachen des Ratsmitgliedes versiegte schlagartig. Die schweren Antriebe der 500 Evolutions-Raumschiffe hatten gezündet. Er schritt auf das große Fenster des Versammlungssaales zu. Von aus besaß er einen guten Ausblick auf den zentralen Raumflughafen von Centros. Dragan lächelte immer noch, die die Schiffe in geplanter Reihenfolge von dem Landefeld abhoben und in den Himmel beschleunigten.

»Der Plan hat sich geändert«, dachte er. »Alles wird einen neuen Anfang nehmen. Nichts wird mehr so sein, wie es jetzt ist. Alle eure Bemühungen werden im Sande verlaufen. Wartet es nur ab. Die Zeit wird kommen.«

Dann drehte er sich um und verschwand durch eine Seitentüre. Dragan, das älteste Mitglied des Rates, verfolgte seinen eigenen Plan. Die Entscheidung der Hohen-Empore, als wichtiges Organ des Planeten Centros, ignorierte er vollständig. Er war sich sicher, das Richtige zu tun.

Drame'leur, imperiale Zentralwelt der Adramelech

Der Festakt im großen Anhörungssaal des Plastes des Regenten näherte sich seinem Ende. Alle hohen Stabsoffiziere der Flotte und des Geheimdienstes waren eingeladen. Die religiösen Abgesandten der obersten Vollkommenheit standen in einer Gruppe zusammen und hatten sich von den dekorierten Offizieren der militärischen Einheiten abgesondert. Sie waren nicht immer einer Meinung mit den Anordnungen ihres Regenten. Die Schar der persönlichen Berater des Regenten hatten sich kreisrund hinter ihm aufgebaut. Sie kannten den Ablauf der Zeremonie. Sie war seit Jahrtausenden eingespielt und bedurfte keiner Änderung.

Zadra-Scharun, der Regent des Wissens und der Erleuchtung, saß in seinem Thron. Die Kapuze der reich verzierten Kutte war tief in sein Gesicht gerutscht. Die Anwesenden konnten sein Gesicht nicht erkennen. Er schien dem Treiben der Tänzerinnen entspannt zuzuschauen. Als die Musik verstummte und sich die leicht bekleideten Tänzerinnen zurückzogen, nickte Lord Pidra'Borxon dem Regenten zu.

»Ihre Ansprache, Regent«, sagte er. »Es ist Zeit für die Erneuerung.«

Zadra-Scharun stand aus seinem Thron auf. Sein Zepter-Stab schlug dreimal auf den schweren Steinboden auf. Die dumpfen Schläge trugen sich über den Boden fort und wurden lauter. Schlagartig verstummten die Gespräche der Anwesenden. Sie blickten den Regenten an.

»Alle wichtigen Personen unseres Imperiums haben sich heute hier versammelt«, sagte der Regent mit tiefer Stimme. »Es ist nicht, wie auf unseren letzten Zeremonien. Einige unserer Ergebenen sind im Außeneinsatz, um die Grenzen unseres Imperiums zu schützen. Eindringlinge haben es gewagt in unser Imperium einzudringen und uns herauszufordern. Sie glauben Rache nehmen zu können, für die vielen fürchterlichen Dinge, die wir ihnen angetan haben.«

Der Regent lachte laut auf.
Den Anwesenden gefror das Blut in ihren Adern. Das tiefe Lachen war noch intensiver geworden als bei den letzten Festakten.

»Bei den Eindringlingen handelt es sich um die Uylaner«, teilte der Regent mit. »Eine Rasse, die von unseren Wissenschaftlern als Dienstvolk in einem Reagenzglas gezüchtet wurde. Jetzt erdreisten sie sich, gegen ihre Herren in den Krieg zu ziehen. Ich frage unsere wissenschaftliche Kaste, wie es möglich ist, dass sich ein von uns erschaffenes Volk gegen uns wendet? Wurde ihre Genmanipulation nicht als unumkehrbar bezeichnet? Mir scheint es so, dass wir von unseren Wissenschaftlern hinters Licht geführt wurden. Ich bitte den Sprecher der wissenschaftlichen Kaste vorzutreten, um meine Frage zu beantworten.«

Baron Guito-Keytrin trat aus der Menge der Anwesenden nach vorne.

»Ich bin Baron Guito-Keytrin«, stellte er sich vor. »Die wissenschaftliche Kaste hat mich zu ihrem Sprecher ernannt, um ihre Interessen zu vertreten.«

»Sprechern sie Baron«, sagte der Regent ihn in einem tiefen Ton zu. »Ich erwarte ihre Stellungnahme. «

»Die Uylaner wurden auf ihren Befehl hin vor vielen Jahrtausenden erschaffen, als das Universum in seiner Blüte stand«, erklärte der Baron. »Ihre Vorgabe war es, eine genmanipulierte Rasse zu erschaffen, die keine andere Aufgabe haben sollte, als die in unserem Imperium neu entstehenden Rassen auszulöschen. Wir kamen ihrem Wunsch nach. Für diesen Zweck sollten die Uylaner als kriegerisches Hilfsvolk erschaffen werden. Die wissenschaftliche Kaste setzte ihren Wunsch in die Tat um.

Das DNA-Material der Uylaner wurde manipuliert und in ihre Gene ein Kriegsbefehl einprogrammiert. Zusätzlich wurde auf ihren Wunsch hin ein immenser Hass gegen alle humanoide Lebensformen eingepflanzt. Ihr Knochenskelett wurde verstärkt und wir konnten ihnen DNA von monströsen Tieren für den Muskelaufbau einpflanzen. Ihr bewusst klein gehaltenes Gehirn war exzellent für den kompromisslosen Befehlsempfang geeignet. Sie erkennen also, dass ihr Befehl lückenlos von der wissenschaftlichen Kaste umgesetzt wurde. «

»Wieso richten sich denn die Uylaner heute gegen uns?«, erkundigte sich der Regent.» Erklären sie uns das bitte, Baron.«

Der Sprecher der wissenschaftlichen Kaste blickte kurz zu Boden, bevor die auf die Frage antwortete.

»Die Schuld hierfür tragen ausschließlich sie und ihre Berater«, antwortete er störrisch.

Laute Protestrufe wurden unter den Beratern des Regenten laut.

»Das ist eine Unverschämtheit«, rief einer von ihnen.

»Die wissenschaftliche Kaste will alle Schuld von sich weisen«, monierte ein anderer.

Der Regent hob seine Hand.
»Begründen sie ihre Aussage«, sagte er erregt. »Wie konnte es zu diesem Versagen unseres Hilfsvolkes kommen?«

Baron Guito-Keytrin blickte den Regenten mit einem kalten verächtlichen Blick an.

»Darf ich frei sprechen?«, erkundigte er sich.

Der Regent machte mit seiner rechten Hand eine ausschweifende Bewegung.

»Jeder Offizier unseres Imperiums darf bei seiner Anklage frei reden«, erwiderte der Regent. »Doch ihnen wird klar sein, dass jemand für diese Misere die Schuld übernehmen wird.«

»Die langen Jahrtausende eurer Regentschaft scheinen euch schwach werden zu lassen«, schrie der Baron. »Ihr sinnloser Befehl, grundsätzlich nach einem Schuldigen suchen zu lassen, ist unserem Volk schon lange ein Dorn im Auge. Hierdurch stachelt ihr eure Feinde zu immer neuen Taten an. Ihr versteckt euch in eurem Palast und merkt nicht, dass ihr den Rückhalt und die Unterstützung eures Volkes verliert.«

»Das ist eine ungeheure Unterstellung«, tobte der Regent.

Der Baron hob seine Hand.
»Ich bin noch nicht fertig mit meiner Antwort«, erwiderte er schroff. » Fragt nicht nach der Schuld der wissenschaftlichen Kaste, fragt lieber nach dem Warum? Vor vielen unzähligen Jahrtausenden war unser Wissen noch nicht so gefestigt, wie es heute ist. Damals wurden ihre Befehle nach den rückständigen Erkenntnissen der

damaligen Zeit umgesetzt. Über andere verfügte unsere Rasse nicht. Neuere Analysen der wissenschaftlichen Kaste belegen, dass die Uylaner als eine kriegerische Rasse erschaffen wurde. Während den letzten Reinigungskriegen wurden sie mit Aufträgen überschüttet. Die Uylaner haben gut gearbeitet und ihre Befehle umgesetzt. Der wissenschaftlichen Kaste sind keine Beanstandungen durch die Führung unseres Imperiums bekannt geworden.«

Der Regent nickte.
»Es gab keine«, antwortete er sichtbar ruhiger. »Die Uylaner haben ihre Aufgabe erfüllt.«

Der Baron nickte.
»Jetzt aber haben wir sie 150.000 Jahre nicht mehr benötigt«, ergänzte er. »Sie wurden von uns nicht trainiert und mit Aufgaben betreut. Vielmehr haben wir sie unbeobachtet und sich selbst überlassen. Das war ein großer Fehler. In dieser langen Zeit muss etwas passiert sein, dass sie dazu veranlasst hat sich gegen uns zu stellen. Die wissenschaftliche Kaste sieht es als gegeben an, dass sich auch die Uylaner in der langen Zeit weiterentwickelt haben. Sie haben sich eine solide Wissenschaft aufgebaut. Vermutlich ist es ihren Forschern gelungen, das eigene Erbmaterial zu entschlüsseln.

Als sie über dieses Wissen verfügten, war es für sie nicht mehr schwer, das von uns eingepflanzte Gen zu isolieren und zu entfernen. Sie werden ihre Geschichte aufgearbeitet und erkannt haben, dass wir Adramelech sie als Hilfsvolk missbraucht und an vorderster Front verheizt haben. Unzählige Angehörige ihrer Rasse mussten in zahlreichen Kriegen sterben. Ganz uylanische Clans wurden ausgelöscht. Die Angehörigen ihre Rasse werden noch heute von uns als Tiere bezeichnet. Jetzt drehen sie den Spieß um. Ihr Kampfeswille wird nicht gelitten haben. Obwohl sie von unserer Stärke wissen, greifen sie uns an und streben nach Vergeltung. Das lieber Regent, können sie sich und ihre Berater auf ihre Fahne schreiben.«

Der Baron machte eine kleine Pause. Er erkannte die nachdenklichen Gesichter des Regenten und seiner Berater.

»Fanatismus erzeugt Hass und Gewalt«, ergänzte der Baron. »Die Uylaner kennen die Unnachgiebigkeit ihrer Befehle. Sie wissen, dass sie keine Gnade von ihnen erwarten können. Aus diesem Grunde werden sie sich ihnen mit all ihrer Kraft entgegenstellen, um sie vom Thron zu stoßen. Der wissenschaftlichen Kaste ist bekannt, dass sich die Uylaner im Clans organisieren. Die große Population ihrer Rasse wurde ihnen dank der

Möglichkeit einer schnellen Vermehrung in die Wiege gelegt. Sie haben die mutwillige Vernichtung zahlreicher Welten durch die Flotten der Adramelech miterlebt. Das Strahlenbombardement unserer Kriegsflotten hat viele bewohnte Welten in den Untergang geführt. Die Uylaner waren dabei. Sie wissen, was sie erwartet. Aus diesem Grunde werden sie mit allen ihren Möglichkeiten angreifen. Der Gedanke an eine Kapitulation ist ihnen fremd. Sie werden bis zu unserem, oder zu ihrem Ende kämpfen. Ihr Ziel ist es, unsere Rasse vollständig auszulöschen. Wir sind es, die ihnen das alles angetan haben.«

»Erwarten sie von mir eine Kapitulation?«, fluchte der Regent. » Hierauf können sie lange warten. Die Adramelech werden niemals verlieren. Wir sind die Mächtigen des Universums. Besinnen wir uns wieder auf unsere eigenen Möglichkeiten. Niemand kann es mit uns aufnehmen. Wir sind allen anderen Rassen des Universums um Längen voraus. Die Götter haben uns ermächtigt das Universum zu reinigen. Wir werden aus unserer Sterneninsel hinausfliegen und das Weltall säubern. Überall keimen Auswucherungen des Lebens. Mutierte Lebewesen fliegen durch das All und lassen sich auf unbekannten Welten nieder. Das werden wir zukünftig verhindern.«

Die Zuhörer blickten den Regenten entgeistert an. Sie alle waren über seine Pläne nicht informiert. Die Geräuschkulisse nahm zu.

»Beruhigen sie sich«, ermahnte sie Lord Pidra'Borxon. »Derzeit müssen wir uns auf die heutige Situation konzentrieren. «

Der Baron versuchte seine Wut und seine Abscheu vor dem Regenten zu verbergen. Er senkte seinen Kopf und blickte betroffen zu Boden. Nach kurzer Zeit blickte er Zadra-Scharun wieder an.

»Sie sind unser geschätzter Regent«, teilte er mit. »Ihr Befehl ist für uns heilig. Die Oberste Vollkommenheit segnet ihre Befehle. Nie haben wir einen Anlass gesehen, diese Anordnungen zu hinterfragen. Warum haben wir die Uylaner nicht überwacht? Eine Vertretung unseres Imperiums auf ihrem Planeten hätte ausgereicht, um uns mentale Veränderungen an ihrer Rasse mitzuteilen. Wir hätten uns ihre damalige Schwäche zu Nutze machen sollen. Vielleicht wäre ihre Wesensänderung noch zu verhindern gewesen. Doch unsere Flotten haben weiter andere Welten angegriffen und die Verwandlung bei unserem Hilfsvolk nicht bemerkt. «

»Wir werden sie vernichten«, tobte der Regent. »Es bleiben Tiere. Sie werden uns nichts anhaben können.«

»Sie haben bereits äußere Planeten unseres Imperiums angegriffen und konnte eine wichtige Zapfstation der blauen Energie zerstören«, erklärte der Baron. » Ihrer Flotte gelang es, zahlreiche Kriegsschiffe unserer Flotte zu zerstören. Haben sie das nicht mitbekommen? «

»Mäßigen sie Ihre Worte«, schellte ihn Lord Pidra'Borxon. Er gehörte zur Gefolgschaft des Regenten und war ihm treu ergeben.

»Sie sprechen mit Zadra-Scharun, dem Regenten des Wissens und der Erleuchtung und nicht mit den Handlangern von ihrer wissenschaftlichen Kaste.«

Baron Guito-Keytrin verbeugte sich tief.
»Allmächtigkeit und Erleuchtung sei dem Regenten gegeben«, antwortete er. »Verzeihen sie mir meine direkten Worte. Ich wollte nur gewährleisten, dass sie mich verstehen. Noch sind wir kampftauglich. Bitte unterschätzen sie die Uylaner nicht. Die wissenschaftliche Kaste weiß, dass sich diese Geschöpfe schnell weiterentwickeln können. Das betrifft ihre Schläue und ihre Hinterhältigkeit. Den Grundstock hierfür haben wir in ihren Genen verankert. Hüten wir uns vor der List und

Tücke der Uylaner. Sie sind nicht mehr mit der schwerfälligen Rasse zu vergleichen, die wir vor 150.000 Jahren sich selbst überlassen haben. Jetzt sind sie in unser Imperium eingedrungen und holen zu einem Vernichtungsschlag gegen ihre ehemaligen Herren aus. Sie setzen ihre ganze Flotte aus Spiel, aus Rache und Angst vor einer erneuten Beeinflussung durch uns.«

»Es wirkt fast so, als ob sie die Uylaner bewundern?«, fragte der Regent.

Baron Guito-Keytrin schüttelte seinen Kopf.
»Wie sie wissen, gehöre ich der wissenschaftlichen Kaste an«, antwortete er.» Ich bewundere die Uylaner nicht. Es fasziniert mich als Wissenschaftler, wie sie sich weiterentwickelt haben. Wir haben es nie für möglich gehalten, dass dieser Moment eintreten könnte. Die Evolution findet einen Weg. Die Uylaner konnten sich aus unserer Knechtschaft befreien. Wir nennen uns die Mächtigen. Trotz unseres Wissen und unserer fortschrittlichen Technik haben wir nicht erkannt, was auf der Heimatwelt unserer Geschöpfe vor sich ging. Wir Adramelech lieben den Krieg und die Zerstörung. Jetzt haben wir ihn. Die Uylaner bringen ihn direkt vor unsere Haustüre. Das Blutbad, das sie unter ihnen anrichten wollten, werden die Uylaner jetzt an unserem Volk verrichten.«

»Die wissenschaftliche Kaste verfügt über keine Krieger«, antwortete der Regent. »Sie wissen nicht, wie man sich in einem Kampf verhält. Machen sie sich keine Sorgen, ihre Vermutungen werden nicht eintreffen. Noch nie gelang es minderwertigen Rassen, sich unserem Heimatplaneten unbemerkt zu nähern. Ich werde von meinem Thron den Untergang der Uylaner beobachten und als unbesiegbarer Eroberer die Heimatwelt der abtrünnigen Uylaner ausbluten lassen. Propheten wie sie, die auch noch der wissenschaftlichen Kaste angehören, vergiften die Meinung unseres Volkes. «

Baron Guito-Keytrin blickte ihn mit aufgerissenen Augen an. Er war nicht fähig einen Satz zu formulieren. Der Regent lachte erneut schrecklich auf. Dann drückte er auf einen Knopf an seinem Kampfgürtel.

Die schweren Türen zu dem Sitzungssaal wurden aufgerissen. Sechs Leibgardisten des Regenten stürmten mit entsicherten Waffen in den Saal
.
Der Regent blickte sie an.
»Baron Guito-Keytrin wird aller seiner Ämter enthoben«, befahl er. »Unser Imperium benötigt ihn nicht mehr. Er wird für die Verfehlungen der wissenschaftlichen Kaste die Strafe auf sich nehmen. Werft ihn in unsere dunkelste

Zelle und bereitet seine Hinrichtung in unserem Schmerzverstärker vor. Er soll etwas hiervon haben.«

»Das können sie nicht machen«, schrie der Baron. »Sie sind der Abschaum unseres Imperiums. Unser Volk wird das erfahren.«

Einer der Leibgardisten des Regenten war von hinten an den Baron herangetreten und schlug ihm den Kolben seines Lasergewehres auf den Hinterkopf. Schlagartig verstummten seine Worte. Der Baron sackte in sich zusammen und lag regungslos auf dem Boden.

»Entschuldigen sie die Unannehmlichkeiten«, sprach der Soldat den Regenten an. »Der Baron wird von uns abtransportiert. Haben sie weitere Befehle?«

Der Regent schüttelte seinen Kopf, der immer noch unter einer Kapuze verborgen war.

Der Gardist winkte seinen Kollegen. Gemeinsam hoben sie den Baron auf und schleppten ihn aus dem großen Saal.

Die Geräuschkulisse in dem Saal war verschwunden. Die Anwesenden hätten den Fall einer Stecknadel hören können. Erneut erkannten sie, dass der Regent keine

Kritik über seine Befehle zuließ. Selbst Lord Pidra'Borxon, der zu der engeren Gefolgschaft des Regenten gehörte, vermied es weitere Kommentare abzugeben.

»Ist noch jemand von der wissenschaftlichen Kaste hier, der sich erklären möchte?«, fragte der Regent.

Wieder lachte er schallend auf.
Keiner der Anwesenden trat hervor.

»Dann können wir in der Tagesordnung fortfahren«, schmunzelte der Regent.

Er winkte den Posaunenbläsern.

Vier langanhaltende Fanfaren ertönten. Sechs religiöse Vertreter der obersten Vollkommenheit traten vor den Thron des Regenten.

»Bringt Adra'Sussor herein«, befahl der Vorderste von ihnen.

Erneut wurden die schweren Türen aufgerissen. Zwei Mönche begleiteten den angekündigten Mentor in den Saal. Er war in einer weißen Kutte gekleidet. Langsam schritten sie auf die Gruppe der sechs Mitglieder der obersten Vollkommenheit zu. Vor ihnen blieb der Mentor stehen. Der Sprecher der Sechs zog einen goldenen Stab unter seiner Kutte hervor. Ein blaues Energiefeld umgab den Stab. Er drückte ihn Adra'Sussor auf die Stirn.

Die Anwesenden sahen, wie sich der Mentor vor Schmerz krümmte. Sein Körper zitterte von dem Eindringen der blauen Energie in seinen Körper. Nach wenigen Sekunden zog der Sprecher der obersten Vollkommenheit den Stab zurück. Ein braunes Brandzeichen auf der Stirn des Mentors bestätigte den Abschluss des Verfahrens.

Der Sprecher drehte sich zu dem Regenten um.
»Gemäß ihrem Wunsch wurde der Mentor Adra'Sussor wieder hergestellt«, verkündete er. » Sein Körper wurde mit Biomaterial rekonstruiert und verjüngt, alle hinterlegten und gespeicherten Daten in sein Gehirn heruntergeladen. Die Zeremonie ist gelungen. Adra'Sussor steht dem Regenten für weitere Aufgaben zur Verfügung. Das Zeichen auf seiner Stirn weist auf seine erste Auferstehung hin. Alle unseres Volkes werden erkennen, dass er über die besondere Gunst der Auferstehung von Zadra-Scharun, dem Regenten des Wissens und der Erleuchtung, verfügt. «

Der Sprecher der obersten Vollkommenheit verbeugte sich tief vor dem Regenten.

»Allmächtigkeit und Erleuchtung sei dir gegeben«, huldigte die Menge den Regenten.

Dieser hob seine Hände über seinen Kopf.
»Alles kehrt aus dem Ursprung zurück«, sagte er. »Seht und versteht. Der weise und mutige Mentor Adra'Sussor hat nicht gezögert anzugreifen, als er die humanoiden Eindringlinge in unserem Hoheitsgebiet entdeckt hatte. Mit einer unterlegenen Flotte verfolgte er sie zu ihrem Heimatsystem. Er plante sie zu vertreiben, oder sie zu vernichten. Leider hatte sich unser weiser Mentor etwas überschätzt. Trotzdem kann uns allen seine entschlossene Tat ein Beispiel sein. Nur wer mutig zu seinem Regenten steht, wird über das ewige Leben verfügen. Zeigt mir, dass es nicht nur unseren Mentor Adra'Sussor gibt, der über einen solchen Mut in unserer Rasse verfügt.«

Adra'Sussor hob seinen gesenkten Kopf und blickte den Regenten an.

»Ich danke euch«, sprach er mit kräftiger Stimme. »Allmächtigkeit und Erleuchtung sei euch gegeben.«

Er drehte sich zu den Offizieren um.
»Meine Auferstehung wird die Eindringlinge zerschmettern«, sagte er. »Niemand dringt ungestraft in

das Imperium der Mächtigen ein. Hierfür werde ich sorgen.«

Lauter Applaus hallte auf. Die anwesenden Offiziere erkannten, dass der Mentor voller Tatendrang auf neue Befehle seines Regenten wartete.

Der Regent trat auf den Mentor zu.
Er zog einen geweihten Dolch unter seiner Kutte hervor. Das Griffstück war mit dem Zeichen des Imperiums der Adramelech versehen. Dieses hielt er dem Mentor vor sein Gesicht.

»Sind sie bereit das Imperium gegen alle äußeren Einflüsse zu verteidigen?«, fragte er.

»Das bin ich«, erwiderte Adra'Sussor feierlich.
»Unterwerfen sie sich vollständig dem Imperium und seinem Regenten. Schwören sie ihm ewige Treue und wenden sie Schaden von seinen Bewohnern ab?«

»Das werde ich«, wiederholte der Mentor.

»Werden sie die Feinde des Imperiums unnachsichtig verfolgen, zur Rechenschaft ziehen und gnadenlos vernichten?«, fragte der Regent.

»Das werde ich«, bestätigte der Mentor. »Ich unterwerfe mich dem Regenten und setze seine Befehle in unserem Imperium unnachgiebig durch. Alle seine Feinde sollen vernichtet und das Hoheitsgebiet in seinen Grenzen ausdehnt werden. Niemals mehr werden es minderwertige Rassen wagen, in das Gebiet der Adramelech einzudringen.«

Dann küsste er den Griff des geweihten Imperium-Dolches, den ihm der Regent hinhielt. Hiernach verbeugte er sich vor seinem Herrscher.

»So sei es«, antwortete Zadra-Scharun. »Sie sind wieder in den Dienst gestellt. Entwickeln sie einen Plan, wie wir uns der humanoiden Kolonie entledigen können. Stellen sie eine Flotte zusammen, die groß genug ist, um die Auswucherungen beseitigen zu können. Lassen sie sich von Lord Pidra'Borxon über die aktuelle Situation in unserem Imperium aufklären. Gerade das Eindringen der Uylaner benötigt unsere volle Konzentration.«

Adra'Sussor nickte und wollte auf den Satz antworten. In diesem Moment wurden die schweren Türflügel des Saales aufgestoßen und zwei Offiziere des Nachrichtendienstes kamen hereingelaufen.

Verärgert blickte der Regent ihnen entgegen.

»Wer wagt es diese Zeremonie zu stören? «, rief er ihnen entgegen.

Schreckhaft blieben die Offiziere stehen.
»Wir überbringen ihnen neue Nachrichten von Prinz Dadra'Katyn«, teilte der Offizier des Geheimdienstes mit. »Er verlangte von uns, sie unverzüglich zu informieren. Leider sind es keine guten Nachrichten. «

»Ich bin es leid, nur negative Berichte zu erhalten«, antwortete der Regent außer sich.

Er drehte sich um und schritt auf seinen Thron zu. Dort angekommen, ließ er sich in den prunkvollen Stuhl fallen.

Der Regent nickte Lord Pidra'Borxon zu. Dieser verstand ohne Worte, was der Regent meinte.

»Lesen sie uns die Nachricht von Prinz Dadra'Katyn vor«, befahl der dem Offizier. » Der Regent ist gespannt.

Einer der Offiziere des Geheimdienstes öffnete die als Geheim deklarierte Infofolie.

»Ich lese die Nachricht wortgenau vor«, teilte der dem Regenten mit. »Diese Mitteilung wurde als geheim deklariert und darf nur dem obersten Kommandostab mitgeteilt werden.«

»Das ist die Vorschrift«, antwortete Lord Pidra'Borxon.

Der Offizier des Geheimdienstes blickte auf die Folie. »Absender der Infofolie ist Prinz Dadra'Katyn«, bestätigte der Offizier. »Ein massiver Angriff der Uylaner ist auf unseren 7. Flottenträger erfolgt. Den Uylanern gelang es durch eine Täuschung, unsere Schutzflotte von dem Träger fortzuziehen. Hiernach fielen 20.000 Schiffe der Uylaner in den Raumsektor ein, in dem der 7. Träger und seine Schutzflotte stationiert waren. Nach einer kurzen Raumschlacht brach die uylanische Flotte den Kampf ab und sprang in den Hyperraum. Der befehlsführende Lord Zydran'Hutron befahl seiner Schutzflotte fliehenden Uylaner zu verfolgen und zu stellen. Er berücksichtigte nicht, dass ihm nur noch die 49 Kampfschiffe seines Trägers als Schutz verblieben. Er fühlte sich in diesem Sektor sicher.

Als die Schutzflotte in den Hyperraum gesprungen war, materialisierten 125.000 uylanische Schiffe, die über unseren Träger und seine Schiffe herfielen. Der Kampf dauerte nicht lange. Der 7. Träger und seine 49 Schiffe wurden vollständig zerstört. Die Fehleinschätzung der

Lage konnte Lord Zydran'Hutron nicht ertragen. Er hat sich noch an Bord seines Schiffes einen Suizid begangen.«

»Das war eine gute Entscheidung«, lobte ihn der Regent. »Er ist meinem Befehl zuvorgekommen. Versagen wird in unserem Imperium nicht geduldet. «

Langsam beruhigte sich der Regent wieder.
»Konnte unsere ausgesandte Schutzflotte von 25.000 Schiffen den uylanischen Verband besiegen? «, erkundigte er sich der Regent.

»Der Bericht geht noch weiter«, teilte der Offizier des Geheimdienstes mit. »Mein Flottenverband vereinigte sich mit dem Verband von Admiral Jordin'Rorxon. Gemeinsam folgten wir den Spuren der ausgesandten Schutzflotte. Als wir an dem Zielort eintrafen, konnten nur noch Trümmer und Reste von Raumschiffen registriert werden. Sie stammten nachweislich von den Schiffen unserer Schutzflotte. Die 25.000 Schiffe müssen auf die große Haupt-Armada der Uylaner gestoßen sein. Kein Schiff der Flotte hat den Angriff überlebt. Die Flotte muss als vernichtet deklariert werden. Nur wenige Überlebende konnten von uns geborgen werden. Die Suche nach den Uylanern wird nochmals verstärkt. Erbitte weitere Verbände zur Unterstützung und zwecks Ausdehnung der Suche. Gezeichnet Prinz Dadra'Katyn.«

»Mehr wurde nicht mitgeteilt«, teilte der Offizier des Geheimdienstes mit.

Der Regent konnte es nicht fassen. Langsam richtete er sich auf.

»Bin ich nur von Dilettanten umgeben? «, tobte er.
» »Man hat mir Erfolge zugesichert. Jetzt werden mir täglich Niederlagen unserer Schiffsverbände mitgeteilt. Das ist in keiner Weise hinnehmbar. Ich möchte die Verantwortlichen hierfür ermittelt haben. «

Die Offiziere seines Stabes sahen sich an. Einige schüttelten ihren Kopf.

»Die Uylaner sind gerissen«, antwortete Lord Pidra'Borxon. »Sie versuchen, wie Adramelech zu denken. Nur durch ihre List und Tücke haben wir den Flottenträger und seine Schutzflotte verloren. Das darf nicht noch einmal passieren. «

»Ich verlange eine schnelle Endlösung«, tobte der Regent. »Die Uylaner befinden sich schon viel zu lange in unserem Hoheitsgebiet. «

»Danke für die Informationen«, sagte Lord Pidra'Borxon

an die Adresse der wartenden Offiziere des Geheimdienstes. »Teilen sie dem Lord mit, dass unser Regent ungehalten ist. Er fordert eine schnelle Lösung. Der Prinz und der Admiral sollten alles daransetzen, die Flotte der Uylaner aufzuspüren und unschädlich zu machen. Sie möchten für diesen Zweck ausschließlich ihre besten Strategen einsetzen. Können sie das übermitteln?«

»Wir geben ihre Nachricht sofort weiter«, antwortete der Offizier des Geheimdienstes.

Dann verbeugten sich die zwei Offiziere und zogen sich zurück. Als die Türen geschlossen waren, blickte Lord Pidra'Borxon den Regenten an.

»Die Transportflotte mit der flüssigen blauen Energie wird heute noch starten«, teilte der Lord mit. »Hiermit können die Uylaner nichts anfangen. Sie muss erst noch komprimiert werden. Wie besprochen, verbreiten wir Hyperraum-Funksprüche in alle Sektoren unseres Hoheitsgebietes. In ihnen verlauten wir, dass unsere Schiffsneubauten dringend auf diese Lieferungen warten. Sicherlich wird das die Uylaner zum Handeln animieren.«

»Diese Idee gefällt mir«, antwortete der Regent. »Die Tiere werden hierauf hereinfallen. Lockt sie in die

Richtung der Flottenverbände von Prinz Dadra'Katyn und Admiral Jordin'Rorxon. Sie sollen einen Hinterhalt für die Uylaner aufbauen.«

Lord Pidra'Borxon winkte Commodore Fuito'Jeyfun zu sich.

»Kümmern sie sich um die exakte Ausführung des Planes«, befahl er. »Informieren sie den befehlsführenden Commander der Transportflotte. Er soll sich schnellstens an den Standort des Flottenträgers 8 begeben. Es ist von äußerster Dringlichkeit, dass der Transport dort wohlbehalten ankommt. Begeben sie sich sofort an die Arbeit.«

Commodore Fuito'Jeyfun verbeugte sich und ehrte den Regenten. Dann drehte er sich um und lief aus dem Saal.

»Wie weit ist die Inbetriebnahme der Abwrackschiffe vorangekommen?«, erkundigte sich der Regent. » Wir brauchen sie als zusätzliche Suchgeschwader. Konnte die genaue Anzahl bereits ermittelt werden?«

Lord Vussor'Leytin trat vor.
»Von den ausgelagerten Schiffs-Bahnhöfen haben wir alle noch flugfähigen Schiffe rekrutiert«, teilte er mit. »Die genaue Anzahl beläuft sich auf 123.750 Schiffe

unterschiedlicher Größe. Ihrem Wunsch folgend, haben wir sie auf unsere vorgelagerten Werftstationen und Reparatur-Basen verlagert. Dort werden sie gemäß einem Sonderbefehl vorrangig gewartet und instandgesetzt. Nach meinen letzten Informationen können wir in 4 Tagen auf sie zugreifen.«

»Werden diese Außenposten durch Schutzflotten geschützt?«, erkundigte sich der Regent.

»In der Regel werden sie nur durch die automatische Bodenabwehr der installierten Geschütztürme geschützt«, teilte Commodore Fuito'Jeyfun mit. »Eine Hypertronic-KI überwacht den Einsatz. Die Schutzflotten wurden alle abgezogen. Sie beteiligen sich an der Suche nach den Uylanern.«

»Ich habe dabei ein ungutes Gefühl«, bemerkte der Regent. »Sind nicht gerade diese ungeschützten Werften ein lohnendes Ziel für die Eindringlinge?«

»Sie können es drehen, wie sie wollen«, antwortete Lord Pidra'Borxon. »Wir haben nicht mehr Schiffe zur Verfügung. Unser gesamtes Flottenpersonal arbeitet am Limit. Jedes noch so kleine Schiff in unserm Imperium sucht nach den Uylanern. Es ist nur noch eine Frage der Zeit, bis wir sie gefunden haben.«

Wieder wurden die schweren Türen von den gleichen Offizieren geöffnet, die vor kurzer Zeit bereits die Nachricht von Prinz Dadra'Katyn überbracht hatten.

»Was gibt es noch?«, fluchte der Regent ungehalten. »Sie haben doch ihre Anweisungen erhalten? Langsam fallen uns ihre Störungen auf die Nerven.«

»Die Lage spitzt sich zu«, sagte der vorderste Offizier. »Wir hielten diese Meldung für zu wichtig, um sie zu ignorieren.«

»Wie lautet sie?«, fragte Lord Pidra'Borxon.
Der Offizier blickte auf seine Infofolie.
»Es ist eine Mitteilung von einer Nachrichten-Drohne, die von unserer automatischen Schürf- und Abbaustation A-1124 gestartet wurde«, antwortete er.

»Was ist das für eine Station?«, erkundigte sich der Regent.

»Es ist ein unbedeutendes System der Gruppe F«, antwortete der Offizier. »Eine kleine Sonne wird von 7 Planeten umrundet. Auf dem Vierten von ihnen, er besitzt eine Atmosphäre, wurde von uns vor langer Zeit eine automatische Förder- und Schürfstation errichtet. Der Planet ist unbewohnt. Automatische Transportschiffe fliegen diesen Planeten an und übernehmen die abgebauten Erze. Die verwaltende Hypertronic-KI teilt uns mit, dass sie den Einflug der uylanischen Flotte registriert hat. Sie hat alle bodengebundenen Abwehrsysteme aktiviert.«

»Wo liegt dieses System?«, stutzte Lord Pidra'Borxon.

»Es handelt sich um einen Sektor im nordöstlichen Randgebiet unseres Imperiums«, antwortete der Offizier des Geheimdienstes. »Es scheint so, dass die Flotte der Uylaner sich wieder von uns entfernt. Wir haben die Koordinaten Prinz Dadra'Katyn mitgeteilt. Er ist mit seiner Flotte und dem Verband von Admiral Jordin'Rorxon bereits auf den Weg zu diesem Planeten. Vermutlich kommen sie aber zu spät. Die Schürfstation verfügt über keine Schutzflotte.«

»Gut«, antwortete der Regent. »Vielleicht wird die Flotte der Eindringlinge an diesen Koordinaten endlich gestellt.«

Lord Pidra'Borxon blickte ihn an.
»Versteifen sie sich nicht hierauf«, antwortete er. »Die Uylaner wissen, dass ihnen einige Drohnen entkommen sind. Sie werden damit rechnen, dass wir schwere Verbände zu diesen Koordinaten senden.«

»Falls wir sie wieder nicht erwischen, dann bleibt uns nur noch die Transportflotte mit der flüssigen blauen Energie«, teilte der Regent mit.

Er blickte seine Gefolgschaft an.
»Auch eine zufällige Entdeckung kann nicht ausgeschlossen werden«, erklärte Lord Pidra'Borxon. »Bisher konnten sich die Uylaner erfolgreich verstecken. Doch ich spreche ihnen einfach das Glück ab, dass es immer so weitergehen wird. «

Er blickte den Regenten an.
»Ich habe ein gutes Gefühl «, teilte der Lord ihm mit. »Es wird nicht mehr lange dauern, bis wir die Uylaner einkesselt haben. Warten sie es bitte ab. Sie werden letztlich als der lachende Sieger aus diesem Kampf hervorgehen. «

Redartan/Sol-System

Major Travis und sein Team der Termar 1 waren zurück in das Sol-System geflogen. Der große Durchgang des Wurmlochgenerators war zwischenzeitlich perfekt in dem redartanischen Weltraum-Bahnhof integriert. Dank den natradischen Genies Marin und Gareck, arbeitete er perfekt. Noch kontrollierten sie, mit einem kleinen Team von Wissenschaftlern, die reibungslose Funktion des

Artefaktes und überwachten die zahlreichen Anzeigen und die Kontroll-Instrumente. Eine verantwortliche Techniker-Crew verrichtete in dem Teil des Weltraum-Bahnhofes ihren Dienst, der von der redartanischen Regierung für die Nutzung durch das neue Imperium freigegeben wurde.

Ein vergleichbares Techniker-Team nahm die gleichen Arbeiten auf der neuen Steuerstation des Wurmloch-Durchganges oberhalb des Jupiter-Mondes Europa vor. Durch die Möglichkeit einer zweiseitigen Nutzung dieses Artefaktes, mussten die Vorgaben für den Betrieb sorgfältig beachtet werden. Erst nach einer Freigabe durch die Teams der Steuer-Stationen durften Flüge in das Portal durchgeführt werden. So wurde vermieden, dass gleichzeitig Flüge stattfanden, die zu einem unweigerlichen Wurmloch-Unfall führten. Die strenge Auslegung der Inbetriebnahme war klar von General Poison vorgegeben. Dies war die wichtigste Voraussetzung für die reibungslose Funktion des Wurmloch-Portals.

Major Travis hatte Kanzler Tarn-Lim und Commodore Run-Lac gebeten, ihn ins Sol-System zu begleiten. Sie hatten von dem neuen Imperium Unterstützung zugesagt bekommen, um den Mächtigen entgegentreten zu können. In dem großen Verwaltungs-Hochhaus des

Distributionszentrums auf Titan wurde die Gruppe bereits von General Poison und Noel erwartet.

Die Begrüßung erfolgte freundlich und belanglos. Man kannte und schätze sich bereits.

Nach der Begrüßung bot der General seinen Gästen einen Platz an. Er schmunzelte die redartanische Abordnung an.

»Wir haben die benötigte Anzahl von Schlacht-Schiffen bereits zusammengezogen«, teilte General Poison mit. »Exakt 50.000 schwere Einheiten unserer neuesten Schiffe, überwiegend bestehen sie aus Geschwadern der Kaiser- und der Königsklasse, sowie Angriffskreuzern der Naada-Klasse, warten auf ihren Einsatzbefehl.«

»Danke, Herr General«, erwiderte Major Travis. »Ich war mir sicher, dass sie unser Vorhaben unterstützen würden.«

Der General blickte ihn ernst an.
»Seien sie sich da nicht immer so sicher«, erwiderte er. »In diesem Fall können sie sich bei Noel bedanken. Nur durch seine fertiggestellte Flotte konnten wir die erforderliche Menge an Schiffen zusammenbringen. Es ist immer sehr schwierig, andere Flottenverbände von ihren

festen Aufgaben abzuziehen. Haben sie etwas von den Lantranern gehört?«

Der Blick des Generals richtete sich auf Heran.

»Sie können es glauben oder auch nicht«, antwortete er. »Bei uns ist es noch viel schwieriger, eine Flotte für den Kampfeinsatz auf die Beine zu stellen. Unsere hohe Empore muss überzeugt werden. Ich möchte nicht in der Haut von Aritron stecken. Viele Jahrtausende wurden keine solchen Unternehmungen mehr durchgeführt. Unser Ältestenrat wird ihn sicherlich fragen, ob dies unbedingt erforderlich ist. Für unsere hohe Empore waren die letzten Jahrtausende der Zurückgezogenheit unserer Rasse am wichtigsten. Ihre Vorgabe wurde erfüllt, dass wir uns in keine neuen Streitigkeiten mit anderen Species verstricken. Für unsere hohe Empore wird es am schwierigsten sein, sich auf die neuen Gegebenheiten in der Milchstraße einzustellen. Aritron muss sie überzeugen, dass wir nicht immer nur auf die Flotten und Schiffsverbände anderer Rassen zurückgreifen können, sondern auch selbst Verantwortung für die Milchstraße übernehmen müssen.«

»Glauben wir denn wirklich, bei uns ist das anders?«, erklärte der General. » Auch wir müssen uns verantworten. Solange Erfolge erzielt werden, bleiben die

Kritiker stumm. Doch sollte es einmal Verluste an Schiffen und Personal geben, dann Gnade uns Gott. Ich will nicht an die zahlreichen Kontrollgremien denken, die dann auf uns einschlagen werden.«

»Ob wir immer ohne große Verluste aus solchen Missionen hervorgehen, das kann ich leider nicht garantieren«, erwiderte Major Travis. »Doch die Kritiker erkennen auch, dass der Aufbau unseres neuen Imperiums positive Aspekte bietet. Zum einen wäre die Vollbeschäftigung der Bevölkerung zu nennen, auf der anderen Seite das Wachstum der globalen Wirtschaft. Allein die schnelle Entwicklung neuer Techniken lassen die Kritiker vieler nationaler Staaten verstummen. Der Handel mit den Mitgliedern des neuen Imperiums boomt. Produkte von Natrid und Tarid werden immer stärker nachgefragt. Bereits jetzt müssen viele Firmen ihre Ressourcen erweitern, um die gestiegene Nachfrage bedienen zu können. Das zeigt uns allen, dass wir auf einem guten Wege sind. Sicherlich wird auch der Handel mit dem redartanischen Imperium wieder einen weiteren Schub geben.«

General Poison nickte.
»Nur mit den Najekesio und den Santaranern will der Handel nicht in Gang kommen«, erklärte er. »Die Najekesio trauen uns nicht richtig. Vermutlich ärgern sie

sich immer noch darüber, dass sie nicht als Verwalter der natradischen Hinterlassenschaften eingesetzt wurden. Bei den Santaranern wird die weitere Entfernung das Problem sein.«

»Das ist nicht unsere Schuld«, antwortete Major Travis. »Wir haben den Najekesio unsere Hand angeboten und sie als gleichberechtigte Partner eingestuft. Es liegt an ihnen, sich stärker in die Wirtschaft des neuen Imperiums zu integrieren. Sicherlich haben sie Recht, was ihre Zurückhaltung anbelangt. Wir werden in Kürze noch einmal mit einer Handelsdelegation zu ihnen reisen. Möglicherweise können wir ihre letzten Bedenken aus dem Wege räumen. Die Santaraner wollten den Bau einer Wurmlochstation in ihrem Kunstsystem prüfen. Bisher haben wir jedoch von ihnen keine Antwort erhalten. Vermutlich hat sich Kanzler Cartero in den Verhandlungen mit dem großen Auditorium festgefahren. Die Regierung der Gildoren lehnte immer kategorisch Verhandlungen mit fremden Rassen ab.«

»Eigentlich sind wir keine Fremden für sie«, bemerkte Sirin. »Ursprünglich stammen sie aus dem gleichen Sternensystem, in dem wir auch unseren Ursprung fanden.«

»Doch das ist lange her«, erwiderte Major Travis. »Sie haben sich 100.000 Jahre unter einem Tarnschirm versteckt. Die Erinnerung an den großen Krieg in der Milchstraße war für sie unerträglich. Das große Auditorium hat dafür gesorgt, dass sie vor einem Kontakt mit fremden Rassen abgeschottet waren.«

»Im Fall der Daraner hat es dann nicht mehr funktioniert«, lachte Heran. » Die Insekten-Species hat es geschafft, den Tarn- und Schutzschirm der Santaraner auszuhebeln. Das zeigt uns, dass es keine hundertprozentige Sicherheit gibt. Jede Rasse muss für sich selbst die Weichen stellen.«

Major Travis blickte Noel an.
»Haben wir neue Informationen von der Königin erhalten?«, erkundigte er sich.

»Sie verweigert weiterhin die Aussage«, antwortete der Kunstklon der natradischen Hypertronic-KI. »Ich sehe nur noch die Möglichkeit unser Wahrheitsserum einzusetzen. Ob ihr Organismus jedoch die Droge verträgt, entzieht sich meiner Kenntnis. Wir haben keine Erfahrungen mit dieser Rasse.«

»Das Leben der Königin darf nicht gefährdet werden«, antwortete Major Travis. »Ich werde gemeinsam mit

Heinze, Commander Niras-Tok und dem Adramelech Adra'Metun versuchen den geheimen Gedankeninhalt der Königin zu erkunden. Wir müssen herausbekommen, wer die Daraner aufwiegelt humanoide Rassen anzugreifen. Wir brauchen dringend Antworten, wer hinter den ganzen Rassen die Befehle erteilt und die Fäden zieht. Danach kann Heinze ihre Erinnerungen löschen. Wir bringen sie wieder zu ihrer Rasse zurück. Die Daraner suchen immer noch nach ihr.«

»Wir erkennen die vielen Probleme, mit denen sie sich herumschlagen müssen«, ergriff Kanzler Tarn-Lim das Wort.»Umso dankbarer sind wir für ihre Unterstützung. Durch den Ausfall unserer halben Heimat-Flotte bei dem Angriff der Mächtigen, sind wir gezwungen mit Hochdruck an neuen Schiffen zu arbeiten. Durch die von Ihnen übergebenen drei Duplikations-Werften, hoffen wir die derzeitige unzufriedene Situation schneller bereinigen zu können.«

»Die Frage ist nur, was planen die Adramelech«, beteiligte sich Heinze an dem Gespräch.»Scheinbar haben sie im Moment mit sich selbst zu tun. Dank der Verschmelzung meines Geistes mit dem von Commander Niras-Tok und von Adra'Metun, gelang es unserem Gast mit seiner Rasse Verbindung aufzunehmen. Er fing Hinweise auf, dass die Offiziere der Flotte der Mächtigen völlig durcheinander sind. Eines ihrer Hilfsvölker, die sich Uylaner nennen, scheint gegen sie zu rebellieren. Diese Rasse ist in das Hoheitsgebiet der Mächtigen eingedrungen und fordert Vergeltung für eine lange Zeit der Unterdrückung. Sie sind mit einer starken Flotte von fast 500.000 Schiffen eingedrungen und haben bereits mehrere Welten der Adramelech angegriffen und verwüstet. Der Regent hat seine Flotte in zahlreiche Geschwader aufgespalten, die in unterschiedlichen Sektoren nach den Eindringlingen suchen. Noch haben sie die Uylaner nicht gefunden. Ihr Imperium umfasst 30.000 Lichtjahre. Der Regent ist außer sich. Er fordert dringend Erfolge. Die Uylaner sollen für diese Dreistigkeit und ihren Ungehorsam vollständig eliminiert werden.«

»Das bedeutet aber sicherlich nicht, dass sie im Verborgenen keinen Angriff mehr auf das redartanische Hoheitsgebiet planen«, bemerkte Kanzler Tarn-Lim. »Wir werden aufmerksam und vorbereitet sein. Sämtliche Frühwarnsysteme unseres Hoheitsgebietes wurden aktiviert. Je später die Mächtigen einen Schlag gegen uns planen, umso besser für uns. Das gibt uns Zeit unsere Flotte aufzustocken. Mein Wunsch wäre es, mit einer großen Flotte in ihr Heimatgebiet einzudringen, um ihnen ein Ultimatum zu stellen. Das Einfachste wäre es, wenn wir sie von ihrem Vorhaben abbringen können. Seit 100.000 Jahren leben wir auf dieser Fluchtwelt, die unser ehemaliger Kaiser Quoltrin-Saar-Arel für uns auserkoren hat. In dieser langen Zeit konnten wir uns ein neues Imperium aufbauen. Die Adramelech wussten nichts von unserer Existenz. Sie haben uns nicht entdeckt und wir haben ihren Lebensraum zu keiner Zeit gestört. Ich bin der Meinung, dass eine friedliche Koexistenz möglich sein sollte.«

»Dazu lässt sich schwer etwas sagen«, antwortete Major Travis. »Wir kennen die Adramelech zu wenig, um ihre Einstellung gegenüber anderen Rassen beurteilen zu können.«

»Dafür kennen wir sie um so besser«, sagte Heran. »Nach meiner Meinung halten sich die Adramelech selbst für eine besondere Rasse der Evolution. Für sie kommt es sicherlich nicht infrage, mit minderen Species Vereinbarungen zu treffen. Ich verweise auf die von ihnen durchgeführten Reinigungskriege, die sie alle 150.000 Jahre erneut durchführen. Ihr Hass auf alles Andersartige scheint immens zu sein. Diese Kriege dienten bisher nur einem Anlass, sämtliche humanoide Species und andersartige Rassen, die sich in ihrem Hoheitsgebiet entwickelt und niedergelassen haben, anzugreifen und auszulöschen. Warum sollte sich diese Denkweise bei ihnen geändert haben?«

»150.000 Jahre sind eine lange Zeit«, erklärte Major Travis. »In diesem Zeitraum entwickeln sich viele kriegerische Rassen weiter. Andere gehen in diesem Zeitraum wieder unter. Warum sollten wir den Mächtigen eine Weiterentwicklung absprechen? Alle vernunftbegabten Wesen sind hierzu in der Lage. «

»Weil sie sich nicht weiterentwickeln wollen«, antwortete Heran. »Versteht das endlich. Die Adramelech denken in vorgegebenen Richtlinien. Diese gibt der Regent vor. Er sorgt dafür, dass kein Adramelech von dieser Denkweise abrücken kann. Wer es dennoch wagt, wird als Regimegegner tituliert, verfolgt und eliminiert. Das Übel ist der Regent. Ein Wesen, das in eine Kutte gehüllt ist, von dem man nicht weiß, wer er wirklich ist. Er allein ist verantwortlich für die Denkweise der Adramelech. Sie verharren auf ihrer Einstellung und dulden keine niedrigen Rassen in ihrem Hoheitsgebiet. Er sorgt auch dafür, dass keine Änderungen an seinen Befehlen zum Tragen kommen. «

»Ich kann das bestätigen«, bemerke Heinze. »Der Hass auf humanoide Species ist immens groß, ebenso aber auch auf alle anderen Lebensformen, die sich heimlich in ihrer Sterneninsel entwickeln. «

Kanzler Tarn-Lim hatte genug gehört. Er stand auf, drehte sich um und schritt zum Fenster. Hier hatte er einen exzellenten Ausblick über die Anlagen auf Titan. Das große Distributions-Zentrum war hell erleuchtet. Die vielen Baukräne wiesen auf eine stetige Erweiterung der Anlage hin. Unzählige Fahrzeuge huschten die Straßen entlang. Zahlreiche Arbeitsroboter führten Aufgaben aus. Es war ein stetiges Treiben festzustellen. Die Anlage reichte bereits bis zum Horizont und dehnte sich immer weiter aus.

Anfangs war hier lediglich eine kleine natradische Hypertronic-Station mit einer KI installiert gewesen. Seit das Neue-Imperium Titan als den zentralen Umschlagsplatz für alle ein- und ausgehenden Waren auserkoren hatte, war aus der ehemaligen kleinen natradischen Station ein unüberschaubarer Wirtschaftsstandort geworden. Das neue Distributions-Zentrum wuchs stetig. Alle eingehenden Waren aus dem neuen Imperium wurden hier geprüft und in die richtigen Kanäle an die Empfänger weitergeleitet.

»Beeindruckend«, sagte Kanzler Tarn-Lim.
Commodore Run-Lac pflichtete ihm bei.
»Was sie in der kurzen Zeit alles erschaffen konnten, das verdient unseren ausdrücklichen Respekt«, sagte der Kanzler. » Sie bauen das Sol-System zu einem

bedeutenden Wirtschafts-Zentrum in der Milchstraße aus. Schon heute sind die Anlagen auf Titan beeindruckender, als sie es zu den Hochzeiten des natradischen Imperiums waren. Ich sehe schon, dass die große Hypertonic-KI von Natrid die richtige Wahl für die Nachfolge der natradischen Hinterlassenschaften gewählt hat.

Wir sind froh, dass wir ihnen einen Bündnisvertrag geschlossen haben und sie uns den Flug durch das Portal in die alte Heimat gestatten. Ich hoffe nicht, dass wir noch einmal in einem größeren Umfang hiervon Gebrauch machen müssen, weil die Mächtigen unsere Fluchtwelt zerstören konnten. Dann wäre das Portal wiederum der einzige Weg, um unsere Rasse zu evakuieren. Wir möchten nicht ein zweites Mal den Schritt von Kaiser Quoltrin-Saar-Arel durchführen. Redartan ist zu unserer Heimat geworden, trotz aller Probleme, die wir noch lösen müssen. Hier fühlen wir uns wohl. Lediglich das Problem mit den Mächtigen trübt die Standortwahl unseres Planeten etwas.«

General Poison blickte ihn an.
»Zu allen Zeiten gab es und wird es Konflikte und Auseinandersetzungen mit Andersdenkenden geben«, bemerkte er. »Stellen sie sich rechtzeitig hierauf ein. Sorgen sie dafür, dass sich ihr System selbständig

schützen kann. Bereiten sie sich auf alle Eventualitäten vor, wie wir das auch machen. Wir werden ein Auge auf sie haben und sie hierbei unterstützen. Machen sie sich keine Sorgen. Dank unserer Freunde werden wir die Spuren von den Mächtigen finden, zu ihrer zentralen Welt fliegen und mit ihrem Regenten verhandeln. Vielleicht zeigt er sich verständnisvoller, als wir es von ihm erwarten. «

»Mit den Adramelech ist nicht zu verhandeln«, erklärte Heran. »Das können sie sich direkt wieder aus dem Kopf schlagen. Der Regent hat seine Rasse auf Vernichtung und Ausrottung ausgelegt. Das scheint ihre einzige Daseinsberechtigung zu sein. Sie dulden keine anderen Species neben der ihren. Aus diesem Grunde haben sie vor langer Zeit nicht an den Gesprächen mit den ältesten Rassen des Universums teilgenommen, als es um die Verteilung der Sternensysteme ging. Jeder dieser damals in dem Universum ansässigen Species wurde eine Sterneninsel zugesprochen. Alle Teilnehmer sagten zu, diese fördern und zu schützen. «

»Ich verstehe«, antwortete Kanzler Tarn-Lim. »Doch der Versuch einer Verständigung sollte nicht ausgeschlossen werden. Wenn dieser misslingt, dann bleibt uns nur noch der Kampf. «

Die Zuhörer blickten den Kanzler skeptisch an. Zu viel Negatives hatten sie bereits über die Mächtigen vernommen.

Nahe der Pluto-Umlaufbahn öffnete sich ein großes Wurmloch-Fenster. Rasend schnell flog eine Flotte von 500 Evolutions-Schiffen in das Sol-System hinein. Die Schiffe drehten auf und flogen auf eine Warteposition. Die Evolutions-Schiffe schalteten ihre Antriebe ab. Der führende Kreuzer, ein Riese einer 1.500 Meter messenden Sonderklasse eines Empore-Raumers, setzte sich an die Spitze der Keil-Formation.

Aritron wusste, dass jetzt in dem Heimat-System der Terraner sämtliche Frühwarnsysteme bis zum Ausschlag anschlugen. Still lächelte er vor sich hin. General Poison hatte ihm zwar von den Allüren von Heran berichtet, doch es ließ sich nicht immer ein Einflug mit vorheriger Ankündigung durchführen. Zu weit entfernt lag der Eintritt in das Wurmloch von seinem Bestimmungsort entfernt. Ein vorheriger Hyperraum-Funkspruch hätte zu lange gebracht, das Sol-System zu erreichen.

Die umliegenden Frühwarnsysteme registrierten das helle Wurmloch und meldeten die Öffnung an die Zentrale nach Natrid. Die zahlreichen Sensoren erfassten die Flotte von 500 Evolutions-Schiffen, die sich in dem

Bruchteil von Sekunden in dem Solsystem manifestierte. Der Moment lief schneller ab, als das menschliche Auge es erfassen konnte. Der normale dunkle Raum nahm die eleganten Evolutions-Raumschiffe auf. Das helle Wurmloch schloss sich hinter den letzten Einheiten selbständig. Die Schiffe gehörten zu der lantranischen Flotte, die von der hohen Empore als Einsatzgeschwader genehmigt worden waren.

Aritron, der hohe Weiser der Lantraner, befehligte die Flotte persönlich. Sie sollten mit redartanischen Verbänden und Flotten des neuen Imperiums in das Hoheitsgebiet der Mächtigen vordringen und einen Kontakt zu den Adramelech aufnehmen. Aritron war glücklich, dass sein Wunsch von dem Ältestenrat genehmigt wurde. Er versprach sich hierdurch eine Festigung in den Beziehungen zu dem neuen Imperium von Natrid und Tarid. Niemals mehr durfte es passieren, dass fremde nicht humanoide Species in die Milchstraße einfielen und dort lebenden friedlichen Rassen angriffen und diese auslöschten.

Grelle Alarmtöne heulten durch die Räume der Verwaltungsgebäude auf Titan. General Poison blickte Major Travis an. Bevor er eine Frage stellen konnte, wurde die Türe aufgerissen ein Adjutant der Raumüberwachung kam hereingelaufen.

»Herr General«, sagte er aufgeregt. »Wir haben eine nicht genehmigte Öffnung eines Wurmloch-Fensters registriert. Sie liegt im inneren System, oberhalb der Umlaufbahn von Pluto. Unsere Aufklärung hat 500 fremde Schiffe erfasst, die aus dem Wurmloch ausgetreten sind. Die Heimat-Verteidigung ist mit 750 Schiffen der schnellen Kampfverbände bereits auf dem Weg dorthin. «

»Was machen die Schiffe? «, erkundigte sich Major Travis.

»Sie warten auf ihrer Position«, antwortete der Adjutant.

»Haben sie die fremden Schiffe angefunkt? «, erkundigte sich der General.

Der Adjutant schüttelte seinen Kopf.
»Ich wurde beauftragt, ihnen diese Mitteilung sofort zu überbringen«, antwortete er. »Ich weiß nicht, ob zwischenzeitlich ein Funkspruch an die fremde Flotte erfolgt ist. Die Leitstelle bittet um ihr persönliches Erscheinen. «

Der General stand auf.
»Bitte folgen sie mir«, sagte er zu seinen Gästen. »Schauen wir uns das einmal direkt in der Leitstelle an. «

Der General eilte bereits aus dem Sitzungssaal. Die Gäste hatten Mühe ihm zu folgen. Trotz seiner gedrungenen Gestalt war der General flink wie ein Wiesel. Schnell waren die langen Korridore durchquert und die Leitstelle auf Titan erreicht. Die 48 diensthabenden Offiziere der Einsatzzentrale waren in ihren Bildschirmen vertieft. Alle eingetroffenen Informationen und Ortungsdaten wurden synchron per Überlichtgeschwindigkeit an die Zentrale von Natrid weitergeleitet. Auch sie verfügte in Sekundenbruchteilen über die gleichen Informationen. Die große Natrid-Hypertronic-KI war zugeschaltet. Sie verarbeitete in rasanter Geschwindigkeit alle Daten.

Der diensthabende Offizier der Leitstelle begrüßte die Gäste. Es handelte sich Commander Coomes persönlich, der für die Leitung und Koordination aller Stationen verantwortlich war. Er informierte General Poison und Noel über die momentane Situation.

»Die Schiffe bewegen sich nicht«, teilte er mit. »Sie scheinen auf etwas zu warten.«

»Legen sie Ortungsdaten auf den zentralen Schirm«, befahl der General.

Der Commander Coomes gab den Befehl an seine Untergebenen weiter. Der große Bildschirm in der

Leitstelle flammte auf und zeigte die fremde Flotte als kleine Punkte auf dem Bildschirm an.

»Hier ist imperiale Verwaltung von Natrid«, tönte es blechern aus den Lautsprecher der Raumaufklärung. Die große Hypertronic-KI hatte die Schiffe identifiziert.

»Es handelt sich um Schiffe lantranischen Ursprungs«, teilte sie mit. »Kampfhandlungen werden nicht befürwortet.«

»Das Bild bitte heran zoomen«, sagte Major Travis.
Nur Sekunden später wurden die lantranischen Evolutions-Schiffe deutlich sichtbar.

»Es ist eindeutig eine lantranische Flotte«, bestätigte der Major.

Erleichtert atmete er aus.
»Aritron ist eingetroffen«, schmunzelte Heran. »Es handelt sich eindeutig um unsere Schiffe, unter der Führung eines Schiffes der Regierung. Vermutlich lässt Aritron es sich nicht nehmen, die Schiffe selbst zu kommandieren.«

»Warum können sich die verfluchten Lantraner nie vorher anmelden«, tobte der General. »Ich habe es Heran bereits mehrmals gesagt. Jetzt macht Aritron das Gleiche. Die Kosten für den Alarmstart unserer Flotte dürfen wir vermutlich wieder selbst tragen.«

Major Travis blickte Heran an und schmunzelte.
»Vermutlich verstehen sie nicht, was sie meinen«, antwortete der Major. »Das Wurmloch wurde in unserem System geöffnet. Vermutlich blieb ihnen keine Zeit, sich vorher ordnungsgemäß anzumelden. Fragen sie ihn am besten selbst, wenn er kommt.«

Der General blickte Commander Coomes an.
»Rufen sie bitte unsere Flotte«, befahl er. »Die Schiffe sollen zu ihren Basen zurückfliegen. Funken sie die lantranische Flotte an. Lassen sie sich mit Aritron verbinden. Erteilen sie ihnen eine Einflugs-Genehmigung. Die lantranische Flotte möchte oberhalb unseres Mondes Europa in eine Warteposition gehen. Aritron, den Vertreter der lantranischen Regierung bitten sie auf Titan zu landen. Senden sie ihm einen Landestrahl. Wir werden ihm einen gebührenden Empfang bereiten.«

Der diensthabende Commander bestätigte und wies sein Personal der Hyperfunkstelle ein.

Der Empore-Zerstörer der lantranischen Regierung war auf dem zugewiesenen Landeplatz vor dem

Hauptterminal des Raumflughafens von Titan niedergegangen. Dieser Platz war besonderen Gästen vorbehalten. Ein Schutzschirm baute sich auf und legte sich über einen Teil des Areals. Der Zerstörer von Aritron wurde vollständig einschlossen. Eine Atmosphäre baute sich auf. Bedienstete rollten einen roten Teppich aus, eine Sondereinheit des KSD, unter dem Kommando von Oberst Cameron, schritt auf das Schiff zu. General Poison hatte den Oberst gebeten, die Vertreter der lantranischen Regierung gebührend zu empfangen.

Das Schott des lantranischen Schiffes öffnete sich. Eine breite Laserbrücke senkte sich zu Boden. Oberst Cameron nahm eine Bewegung an dem Schott des Schiffes wahr. Vier Personen, in silberfarbenen Sicherheitsanzügen schritten die Brücke herunter. Sie schienen auf eine Eskorte von Robotern verzichtet zu haben.

Der Oberst trat einen Schritt vor und erwartete die Gäste. Langsam schritt die lantranische Abordnung auf die Ehrenformation der Soldaten des ISD zu. Im Hintergrund wurde von dem Chor der EWK die Hymne des neuen Imperiums gespielt. Als die Lantraner vor dem Oberst stehenblieben, drehte sich die Ehrenformation zackig um und salutierte. Aritron nickte ihnen zu. Dann wendete der seinen Blick dem Oberst entgegen.

»Mein Name ist Oberst Cameron, Befehlshaber des imperialen Sicherheitsdienstes des Neuen-Imperiums«, stellte er sich vor. »Ich habe die Ehre sie zu begrüßen und sie zu General Poison begleiten zu dürfen. «

Der Vorderste der Gäste verbeugte sich.
»So viel Aufwand, nur wegen uns«, sagte die Person. »Sie beschämen uns Herr Oberst. Mein Name ist Aritron. Ich bin der oberste Weiser und Lenker des lantranischen Volkes. Ich danke ihnen für ihre Begrüßung und ihre Begleitung. Wir wissen es zu schätzen. «

Aritron lächelte Oberst Cameron an.
Der Oberst musterte ihn eindringlich. Aritron maß 1,95 Meter. Seine schmale, aber durchtrainierte Figur, betonte seine Größe. Durch seine blonden langen Haare konnte der Oberst Cameron das Alter nur sehr schwer schätzen. Er wirkte wie ein Mann, in dem Alter von 45 Jahren. Die stechenden hellblauen Augen blickten Oberst Cameron fragend an.

»Sie kennen meine Begleiter? «, erkundigte er sich.
»Ich bin mir nicht sicher«, antwortete der Oberst. »Wir bekommen häufig Besuch von Personen fremder Rassen. «
Aritron zeigte auf die erste Person seiner Begleitung.

»Das ist Thoran«, erklärte er mit honoriger Stimme. »Er ist der Oberbefehlshaber unserer Flottenverbände und ein Stratege ersten Grades. Im Laufe seines Lebens hat er bereits viele Schlachten gekämpft und unzählige Rassen kennenlernen dürfen. Sie wissen, dass wir über die relative Unsterblichkeit verfügen? «

Oberst Cameron nickte.
»Major Travis hat das einmal erwähnt«, antwortete der Oberst.

Aritron lächelte ihn an.
»Früher wurde Thoran auf Tarid als Gott gefeiert«, sagte er. »Das war die Zeit, in der wir noch aktiv viele heranwachsende Lebensformen unterstützt haben. So auch einige der bemerkenswerten Clans auf ihrem Planeten. «

»Ist das wahr? «, erkundigte sich Oberst Cameron. » Leider ist die frühe Geschichte unseres Volkes nicht mein Spezialgebiet. Konzentrieren wir uns lieber auf das Hier und Heute. Ich denke, es liegen genug schwierige Aufgaben vor uns. «

Er reichte Thoran zur Begrüßung die Hand. Dieser kannte die Zeremonie seit langer Zeit und drückte die Hand von Oberst Cameron kräftig.

Aritron lachte.

»Da ist sie wieder, diese Unruhe und der Tatendrang von euch Menschen«, schmunzelte er. »Sie möchten sich ohne Zeitverlust den anstehenden Aufgaben widmen. Bewahren sie sich diese besondere Eigenschaft. Leider ist dieses Engagement bei unserem Volk etwas verloren gegangen.«

Aritron zeigte auf seinen zweiten Begleiter.
»Tyran ist der Oberbefehlshaber unserer Bodenstreitkräfte«, teilte er mit. »Auch er begleitet mich. In früheren Zeiten wurde er als Schwertgott verehrt.«

Oberst Cameron gab auch ihm die Hand.
»Mein dritter Begleiter ist Brontan«, erklärte er. »Er ist für unsere Informationsbeschaffung zuständig. Sie würden ihn vermutlich als Nachrichten-Offizier betiteln. Er kann dank seines allwissenden Energie-Rades in Verbindung mit unserem Akteur-System tief in das Universum blicken und viele Krisenherde ermitteln.«

»Ich habe hiervon gehört«, bestätigte Oberst Cameron. Eine äußerst hilfreiche Technik.«

Er gab Brontan die Hand.

»Darf ich sie jetzt zu unserer Führung begleiten?«, fragte er.» Sie werden bereits erwartet.«

»Gerne«, antwortete Aritron. »Wir freuen uns Heran wiederzusehen. Er macht sich auf unserer Welt in letzter Zeit sehr rar.«

»Ich glaube, er ist gerne bei uns«, antwortete der Oberst. »Major Travis und Heran sind ein gutes Team geworden. Sie ergänzen sich förmlich.«

Aritron horchte auf. Die Aussage von Oberst Cameron war in seinem Sinne. Heran sollte den Kontakt zu Major Travis und dem Neuen-Imperium halten. Sozusagen als Konsul und Kontaktperson der Lantraner.

Aritron blickte den Oberst an.
»Das höre ich gerne«, antwortete er. »Mehr wollen wir nicht, als den Kontakt zu ihrem Neuen-Imperium optimieren.«

»Gehen wir«, entgegnete der Oberst. »Meine Vorgesetzten warten bestimmt schon auf sie.

Die Gruppe setzte sich in Bewegung. Jeweils zwölf Sicherheits-Offiziere des ISD flankierten die Seiten der Gruppe. Der wartende schwere Anti-Grav-Gleiter brachte die Abordnung schnell zu dem großen Verwaltungsgebäude von Titan. Das höchste Gebäude des Distributions-Zentrums erhob sich majestätisch über alle anderen Bauten und Anlagen der großen Stadt. Der zentrale Lift brachte die Gruppe in den 27. Stock des Gebäudes. Oberst Cameron gab der Gruppe ein Zeichen zu warten. Er klopfte an der breiten Türe des Sitzungssaales. Als er von innen eine Antwort vernahm, öffnete der Oberst die Türe.

Der Saal hatte sich mit weiteren Offizieren der EWK gefüllt. General Poison kam auf den Oberst zugeschritten.

»Die lantranische Abordnung ist eingetroffen«, sagte der Oberst.

»Bringen sie unsere Freunde herein«, sagte der General. »Wir freuen uns auf sie.«

Oberst Cameron blickte ihn an. Er konnte sich immer noch nicht an die Gepflogenheiten des Generals gewöhnen. Dieser gab sich bewusst zuvorkommend. Major Travis, Noel und Heran waren hinter den General getreten. Auch sie wollten die Vertreter der lantranischen Regierung als erste Personen begrüßen.

Oberst Cameron drehte sich nach seinen Besuchern um.

»Treten sie bitte ein«, sagte er. »General Poison und Noel erwarten sie. «

»Danke«, antwortete Aritron und trat in den Saal ein. Ihm folgten seine drei Begleiter. Vor dem General, Major Travis, Noel und Heran blieben sie stehen. Der General und Major Travis salutierten ehrenvoll. Aritron schlug seine Hand auf seine Brust und hielt sie halbhoch vor dem General hin.

»Danke für den ehrenvollen Empfang«, sagte er. »Machen sie sich wegen uns nicht immer diese Umstände. Wir werden häufiger zu ihnen kommen, um Informationen mit ihnen auszutauschen. «

»Wenn wichtige Gäste den Weg zu uns ins Sol-System finden, dann werden sie auch mit allen Ehrenbezeugungen empfangen«, antwortete der General. »Wir sehen in ihnen wichtige Partner. Dank Heran haben wir ihre Rasse schätzen und kennengelernt. Wir hoffen, noch sehr viel von ihrem fortschrittlichen technischen Verständnis lernen zu können. «

Aritron lachte.
»Vergessen sie bitte nicht das Alter unserer Rasse«, bemerkte er. »Der technische Fortschritt ist uns auch nicht in die Hände gefallen. Wir mussten uns durch

Forschungen und Weiterentwicklungen alles aneignen. Erwarten sie bitte nicht von uns, dass wir sie in alles einweihen werden.«

Der General machte ein betrübtes Gesicht.
»Damit wäre für uns der Sprung in den Fortschritt wesentlich einfacher«, antwortete er. »Sie sollten erkannt haben, dass wir mit aller Technik vorsichtig umgehen. «

»Das haben wir«, bestätigte Aritron. »Trotzdem erwarten wir, das ist auch die Ansicht unserer Hohen-Empore, langsam an die Dinge herangehen. Viele Species haben uns das Gleiche gesagt, wie sie es heute tun. Allen wurde unsere Unterstützung zum Verhängnis. Durch die von uns vermittelte Technik wurden sie in den Untergang geführt. Sie haben sich und ihren Planeten zerstört. Erinnern sie sich an den Anfang der Besiedlung von Natrid. Uns ist bekannt, dass die Kolonie des ASB auf ein altes Artefakt der Natrader gestoßen ist. Sie wissen, dass die unsachgemäße Erforschung zu dem Untergang der ganzen Kolonie geführt hat. Muss ich sie hieran erinnern?«

Der General blickte ihn irritiert an.
»Es ist schon unheimlich, was sie alles von uns wissen, murrte er. »Kann man vor ihnen denn nichts verbergen?«

»Nein«, antwortete Aritron. » Wenn wir unsere ausgereiften Sensoren erst einmal auf den Lebensraum einer Rasse gerichtet haben, dann entgeht uns nichts mehr. Sehen sie das bitte nicht als Spionage an, sondern lediglich als Überwachung ihres Systems durch eine hilfreiche Macht. «

Major Travis trat vor.
»Ich bitte für die ungezügelten Fragen unseres Generals für Entschuldigung«, sagte er. »Er möchte immer zu schnell zu viele Erfolge verbuchen. Wir sind mit der jetzigen Situation äußerst zufrieden. Wenn sie uns, wie in der Vergangenheit auch, gelegentlich einige Lösungshinweise hinwerfen, dann kommen wir damit zurecht. «

»Bedanken sie sich bei Heran, der immer wieder am Rande der Befehle unserer hohen Empore agiert«, erklärte Aritron. »Ich habe ihn diesbezüglich schon öfter ermahnt. Es kann sein, dass er durch seine leichtfertigen Hinweise irgendwann seine Rechte als Lantraner verliert. Falls unser Ältestenrat dies beschließen sollte, dann kann ich nichts mehr für ihn tun. «

Heran hatte seinen Blick zu Boden gesenkt. Er wusste nur allzu gut, wovon sein Vorgesetzter sprach.

Major Travis hatte die Betroffenheit seines Freundes erkannt.

»Wir sind Heran zu großem Dank verpflichtet«, antwortete er. »Unsere Führung wird ihn in Kürze mit der Ehrenmedaille des Neuen-Imperiums auszeichnen. Falls ihre Hohe-Empore ihn nicht mehr als würdig ansieht, ein Lantraner ihres Volkes sein zu dürfen, dann findet er bei uns in jedem Fall einen Platz zum Leben. Wir nehmen ihn mit offenen Armen auf. «

Heran hob seinen Kopf und blickte Major Travis an. Die Wertschätzung seiner Person verblüffte ihn. Der Major bemerkte, dass alle negativen Gedanken von ihm abgefallen waren.

Aritron blickte Heran mit leicht zugekniffenen Augen an. »Heran ist auch unser Freund«, betonte er. »Wir werden es nicht hierzu kommen lassen, dass er von der Hohen-Empore als unerwünschte Person eingestuft wird. Vorher werden wir die Daseinsberechtigung unseres Ältestenrates überprüfen. Das Gremium ist der Exekutive schon lange ein Hindernis. Die altmodischen Ansichten der Mitglieder sind nicht mehr zeitgemäß. Das sage ich ihnen das jetzt im Vertrauen. Der Rat kann sich nur sehr langsam an die neuen Gegebenheiten in unserer Milchstraße anpassen.«

Major Travis nickte.
»Ist das nicht mit allen Regierungen so?«, fragte er. »Vielleicht sollten sie den Rat verjüngen. Tatendrang und Innovation in ihn hineinbringen. Sicherlich würde das ihren Wünschen entgegenkommen.«

Aritron gab keine Antwort auf diese Frage.
Major Travis zeigte auf die Stühle.

»Setzen wir uns«, sagte er. »Dürfen wir ihnen eine Erfrischung anbieten?«

»Gene«, lächelte der Lenker des lantranischen Volkes. »Das Getränk, das uns Heran bei unserem letzten Besuch empfohlen hat, schmeckte sehr gut. Wir nehmen wieder ein Bier.«

General Poison verzog sein Gesicht. Er wusste, dass es nicht bei einem Getränk bleiben würde.

»Was finden die Lantraner nur immer an dem Bier?«, dachte er.

Er wartete, bis die Gäste einen freien Stuhl gefunden hatten, dann winkte er den Service-Robotern. Sie nahmen die Wünsche der Anwesenden entgegen.

»Ich ziehe mich zurück«, sagte Oberst Cameron, der hinter den General getreten war.

General Poison schüttelte seinen Kopf.
»Sie bleiben bei uns«, befahl er. »Was die Lantraner uns mitteilen, geht auch sie an. Dann brauche ich ihnen später nicht alles zu erklären. «

»Wie sie wünschen«, antwortete der Oberst.
Er bedankte sich bei der Ehrenformation und schickte sie zu ihrer Einheit zurück. Dann setzte er sich zu Captain Hunter, der die Gäste still beobachtet hatte.

Thoran hatte sich neben Atlanta gesetzt und lächelte sie an. Verlegen senkte sie ihren Blick. Das Verhältnis zwischen den beiden hatte sich normalisiert. Thoran wusste insgeheim, dass Atlanta sich freute, ihn wiederzusehen.

Nachdem General Poison die Anwesenden bekannt gemacht hatte, gab er das Wort an Major Travis weiter.

Dieser stand auf und blickte die Lantraner an.

»Wir haben Glück, dass Kanzler Tarn-Lim und Commodore Run-Lac der neuen redartanischen Republik heute ebenfalls unsere Gäste sind«, erklärte er. » Sie alle kennen bereits die Geschichte des ehemaligen Kaisers von Natrid und der Evakuierung ausgewählter Personen durch das Artefakt einer fremden Rasse, das sich als besonderer Wurmloch-Generator erwies. Die Fluchtwelt Redartan liegt in dem beanspruchten Hoheitsgebiet der Adramelech. Unsere neuen Freunde haben den Beitrittsvertrag zu dem neuen Imperium von Natrid und Tarid unterschrieben. Vielleicht durch die Überzeugung unserer Verhandlungsdelegation. Vielmehr aber aufgrund der drohenden Gefahr durch die Rasse der Adramelech, die sich selbst als die Mächtigen des Universums bezeichnen. Erst nach 100.000 Jahren sind sie auf das Imperium der Redartaner aufmerksam geworden.

Die Adramalon-Spiralgalaxie liegt von Natrid aus gesehen im Sternbild des Drachen. Sie ist rund 12 Millionen Lichtjahre von Natrid entfernt und hat einen Durchmesser von etwa 30.000 Lichtjahren. Diese ganze Sterneninsel verstehen die Adramelech als ihr Hoheitsgebiet. Aufgrund der großen Distanzen in der Spiralgalaxie ist es nicht verwunderlich, dass die Adramelech auf das redartanische Imperium nicht aufmerksam geworden sind. Laut einem Gefangenen ihres Volkes, der sich sehr kooperativ zeigt, wissen wir sehr genau, dass die

Adramelech jede 150.000 Jahre Einigungskriege in ihrer Spiralgalaxie durchführen. Daher ist zu vermuten, dass ein solcher Reinigungskrieg erst kurz vor der Besiedelung der Fluchtwelt der Redartaner stattgefunden hatte. Ansonsten wäre den Mächtigen die natradische Kolonie ausgefallen.«

Thoran stand auf.
»Das deckt sich mit unseren Vermutungen«, antwortete er. In der Regel bedienen sich die Adramelech ihrer gezüchteten Hilfsvölker, welche die groben Drecksarbeiten für sie erledigen. Erst wenn diese Hilfsvölker die Flotten der angegriffenen Rassen ausgeschaltet haben, die bodengebundenen Abwehrstellungen vernichtet haben, erst dann tritt eine Flotte er Adramelech in Erscheinung. Eine Delegation ihrer obersten Vollkommenheit entscheidet dann feierlich über eine Inbesitznahme des Planeten und über die Unterwerfung des besiegten Volkes. Falls sich die Rassen stur verhalten sollten, nicht in das Imperium der Adramelech integriert werden möchten, dann werden sie von der obersten Vollkommenheit als unwürdig eingestuft. In diesem Fall rückten die Kriegsflotten der Adramelech vor und bombardieren den Planeten. Das gesamte Leben wird ausgelöscht. Als Abschluss wird der Planet in seine Bestandteile zerlegt. Übrig bleibt nur ein

Asteroiden-Feld, das auf ein schlimmes Ereignis hindeutet.«

Thoran blickte die Gesichter der Anwesenden an. Ihr Gesichtsausdruck zeigte Betroffenheit.

Aus diesem Grunde muss den Adramelech Einhalt geboten werden, ergänzte er seine Erläuterung. Vor vielen Jahrtausenden griffen sie einmal eine lantranische, unbewaffnete Flotte von Forschungs-Raumschiffen an. Die Adramelech kannten kein Erbarmen. Alle unsere Forschungsschiffe wurden zerstört. Aus diesem Grunde haben wir noch eine Rechnung mit ihnen offen. Zu dieser Zeit konnte unsere Raumflotte sie an dem Eindringen in die Milchstraße hindern. Wie sie die weite Entfernung überbrückt haben, entzieht sich unserem Wissen. Jedenfalls konnten unsere Verbände sie erfolgreich zurückschlagen. Nach dieser Niederlage haben sie sich nach unseren Informationen nur noch auf ihre Galaxie konzentriert. Doch wir können nicht ausschließen, dass ihre Hilfsvölker erneut zu einem Schlag gegen unser Sternensystem ausholen werden.«

Aritron blickte Kanzler dann Tarn-Lim an.
Dieser wirkte erleichtert über die Unterstützung der lantranischen und der Flotte des Neuen-Imperiums.

»Glauben sie bitte nicht, dass wir die redartanische Flüchtlingswelt gerne unterstützen«, bemerkte er. »Verstehen sie es so, dass wir unseren neuen Freunden im Sol-System beistehen. Ihre Nachkommen haben in der Zukunft noch besondere Aufgaben in der Milchstraße zu erfüllen. Mehr darf ich noch nicht verraten. Es tut mir leid, dass ich das ihnen sagen muss. Das neue Imperium von Natrid und Tarid hat mehr Schneid, als das alte kaiserliche Imperium es je gehabt hat. Ihr ehemaliger Kaiser hat es vorgezogen, mit einer ausgewählten Gruppe seiner Getreuen auf eine fremde Welt zu fliehen.

Seine Flotte, alle von ihm in den Kampf geschickten Soldaten und die normale Bevölkerung waren ihm gleichgültig. Dieses eigennützige Vorgehen sehen wir als sehr verabscheuungswürdig an. Selbst sein so hochgelobtes Amazonenheer hat er noch vor seiner Flucht in den Tod geschickt. Aber das wird ihnen Lorin bereits alles mitgeteilt haben. Nach Beendigung des Krieges und der Rückkehr von Admiral Tarin hätte er zurückkommen können und den Oberbefehl über den Aufbau der alten Heimat übernehmen können und zumindest nach Verletzten und Verwundeten suchen lassen können. «

Aritron blickte den Kanzler verächtlich an.

»Diese Aufgabe hat er wohl bedacht seinem letzten Admiral überlassen«, ergänzte er. »Vermutlich hatte er ihn bereits abgeschrieben. Was er nicht wusste, Admiral Tarin kam zurück und vernichtete die Flotte der Angreifer. Er war es, der es auf sich nahm, alle Überlebenden von Natrid in eine neue Zukunft zu evakuieren. Wir unterstützen Major Travis auch aus dem Grunde, weil durch unsere Unachtsamkeit dieses Elend erst möglich wurde. Wir hätten die Möglichkeiten gehabt, den Angriff der Rigo-Sauroiden vorauszusehen. Leider versperrte uns unsere hohe Empore durch ihre neuen Gesetze den Zugang zu diesen Informationen. Wir schämen uns heute dafür und bitte aufrichtig um Entschuldigung. Unabhängig hierzu haben wir auch noch eine Rechnung mit den Adramelech offen. Das Verhalten dieser Rasse ist ebenso abscheulich, wie seinerzeit die Allüren ihres ehemaligen Kaisers.

Aritron blickte Major Travis an.
»Genug der Worte«, sagte er mit eiserner Stimme. »Wie ist das Zeitfenster der Mission. Wann können wir starten?«

»Die Flotten warten auf unseren Befehl«, antwortete Major Travis. »Von unserer Seite aus sind wir im Zeitfenster. General Poison hat die benötigte Anzahl von Schiffen bereitgestellt. Ich gebe die Frage an Kanzler Tarn-

Lim weiter. Wie sieht es mit ihren Flotten-Verbänden aus? Wie viele Schiffe können sie für unsere Gemeinschafts-Mission freigeben?«

»In Anbetracht dessen, dass wir weitere Einsatzverbände von Außenmissionen zurückberufen haben, wartet unser Flottenkommando auf die Ankunft der Verbände«, erklärte der Kanzler. »Die letzten Geschwader werden in spätestens drei Tagen eintreffen. Wenn es ihnen möglich ist, möchte ich diese Zeit mit dem Start der Mission so lange warten. Wenn nichts Unvorhersehbares mehr passiert, dann werden wir eine Flottenstärke von 300.000 Schiffen in unserem Heimatsystem versammelt haben. Für unsere Gemeinschaftsmission stellen wir 200.000 Schiffe ab. Diese werden sich an der Suche nach den Adramelech beteiligen. Das restliche Kontingent von 100.000 Schiffen brauchen wir zur Absicherung unseres Heimatsystems. Wir wissen nicht, was die Adramelech planen. Ich hoffe nicht, dass in der Zeit der Abwesenheit großer Teile unserer Flotte ein weiterer Angriff auf unser System erfolgt.«

»Drei Tage sind eine lange Zeit«, bemerkte General Poison und blickte Aritron an. »Was machen ihre Piloten in der langen Zeit?«

»Sie sind es gewohnt in ihren Schiffen zu bleiben«, antwortete Thoran. »Sicherlich werden sie die Systeme ihrer Evolutions-Schiffe überprüfen.«

»Der Anstand gebietet es uns, ihnen ein Quartier und Verpflegung anzubieten«, sagte der General. »Ich lade ihre Crew ein, mit uns im großen Festsaal von Titan zu speisen.«

Er blickte Commodore Von Häussen an.
»Mir ist bekannt, dass derzeit nicht allzu viele Monteur-Quartiere belegt sind«, sagte er. »Weisen sie den lantranischen Piloten diese Unterkünfte zu. Dort können sie sich frisch machen und sich gegebenenfalls ausruhen.«
»Sind sie mit meinem Vorschlag einverstanden?«, fragte der General den Oberbefehlshaber der lantranischen Raumflotte.«

Dieser lächelte ihn an.
»Meine Piloten werden ihr Entgegenkommen zu schätzen wissen«, antwortete Thoran. »Heran hat einigen von ihnen bereits von einem besonderen Getränk vorgeschwärmt. Vermutlich werden sie es alle probieren wollen.«

Das Lächeln in dem Gesicht des Generals fror förmlich ein.

»Ich weiß nicht, ob wir so viel Bier im Vorrat haben«, antwortete er. »Es gibt sicherlich auch noch andere Getränke, die ihre Piloten kosten sollten. «

Hilfesuchend blickte er Major Travis und Noel an. Diese schauten bewusst in eine andere Richtung. Heran grinste den General an, vermied es aber eine Äußerung von sich zu geben.

General Poison erkannte in diesem Moment, dass er sich ein Eigentor geschossen hatte. Ärgerlich drehte er sich zu seinem Commodore um.

»Kümmern sie sich bitte um alles«, knurrte er ihn an. »Sorgen sie dafür, dass Sammeltransporter die Piloten abholen. Wir müssen unseren Raumflughafen nicht mit weiteren 500 Evolutions-Schiffen vollstellen. «

»Ich kümmere mich darum«, bestätigte der Commodore und salutierte. Dann verließ er eiligst den Saal.

Nachdem die Gruppe in den Sitzungssaal zurückgekehrt war, blickte Major Travis den Kanzler und den Commodore an.

Er legte ihm seine Hand auf die Schulter des Kanzlers und zeigte ihm seine Verbundenheit.

»Sie sind natürlich auch eingeladen, mit uns zu essen«, lächelte er. »Genießen sie die Spezialitäten, die unsere Köche für sie zubereiten. «

»Danke«, antwortete der Kanzler. »Ihr Angebot nehmen wir gerne an. Dann können wir noch einige Gespräche mit ihren Gästen führen. «

Major Travis blickte Aritron an.
»Ich bringe sie kurz auf den neusten Stand der Dinge«, erklärte er. »Ein Hilfsvolk der Mächtigen, sie nennen sich Uylaner ist in ihr Hoheitsgebiet eingedrungen und greift ihre Planeten an. Derzeit haben die Adramelech mit sich selbst zu tun. Sie haben in ihrer Sterneninsel ihre Flotte aufgespalten, die nach den Eindringlingen sucht. Das kommt unserem Einsatz sehr entgegen. «

»Das ist neu für uns «, antwortete Aritron verdutzt. »Ein Hilfsvolk der Adramelech will sich aus der Bevormundung ihrer Herren befreien. Das musste einmal so kommen. Sie haben aber Recht, das ist gut für unsere Mission. Ihr Heimatplanet wird derzeit nicht über alle Ressourcen an Schiffen verfügen. «

»Darf ich sie noch etwas fragen? «, erkundigte sich Commander Brenzby bei Kanzler Tarn-Lim.

»Sicherlich«, antwortete der Kanzler. »Welche Frage liegt ihnen auf der Zunge? «

»Ihr Gefangener teilte ihnen doch mit, dass die Adramelech alle ihre Flottenverbände auf die Suche nach den Uylanern ausgeschickt haben«, sagte Commander Brenzby. »Rechnen sie wirklich mit einem Einfall der Mächtigen in ihr Heimatsystem? «

»Adra'Metun hat noch etwas entdeckt«, antwortete der Kanzler. »Diese Erkenntnis hat er uns erst im Nachhinein mitgeteilt. Der Regent hat seinen Mentor Adra'Sussor auferstehen lassen. Er war der Befehlshaber der Flotte, die uns angegriffen hat. Wie sie wissen, konnten wir die Flotte der Mächtigen unter schweren Verlusten vernichtend schlagen. Durch seinen Tod hat sich der Hass dieses Mentors auf unsere Lebensform um ein Vielfaches verstärkt. Der Regent hat ihn informiert, dass Adra'Metun mit uns kollaboriert. So etwas gab es bisher in der Geschichte der Adramelech noch nicht. Noch nie hat ein Jüngerer in seiner Ausbildung gegen seinen Mentor rebelliert. Adra'Sussor wird das persönlich nehmen. Er wird zu uns kommen, um uns und seinen Schüler zur Rechenschaft zu ziehen. Der Regent hat ihn mit allen Freiheiten ausgestattet. Die Frage ist nicht, ob er kommt, sondern lediglich wann er kommt. «

Die Zuhörer blickten sich betroffen an. Sie wussten, was das bedeuten könnte.

»Dann ist es möglich, dass der Mentor unabhängig von den Suchflotten der Adramelech agiert?«, sagte Aritron.

»Das haben wir so interpretiert«, bestätigte Commodore Run-Lac. »Aus diesem Grunde werden wir auch das Kontingent von 100.000 Schiffen unserer Heimatverteidigung in Alarmbereitschaft in unserem Heimatsystem belassen.«

»Wir verstehen«, antwortete Thoran. »Alles andere würde deuteten, den Adramelech alle Türen zu öffnen.«

»Unsere gemeinschaftliche Missionsflotte besitzt eine Größe von 250.500 Schlacht-Schiffen«, erklärte Major Travis. »Uns gegenüber stehen geschätzte 400.000 Schiffe der Mächtigen. Vermutlich werden sie ihre übergroßen 2.500 Meter Schiffe aufbieten. Das ist kein gesundes Verhältnis. Ihre blaue Energie kann für die Schutzschirme unserer Schiffe sehr gefährlich werden.«

»Das wissen wir nicht«, monierte Aritron. »Es konnte noch nie geprüft werden. Unser Schutzschirm ist sehr weit entwickelt. Er sollte auch unbekannte Energien ableiten können.«

»Trotzdem müssen wir einen Plan ausarbeiten, wie wir auf diese Gefahr reagieren«, erwiderte Major Travis. »Ich möchte nicht erst die Erkenntnisse im Kampf erhalten, dass unsere Vermutungen richtig waren.«

»Leider haben unsere Wissenschaftler in diese Richtung nicht geforscht«, erklärte Brontan. »Für uns war die blaue Energie des Zwischenraumes nie ein Thema gewesen.«

»Das war möglicherweise ein Fehler«, antwortete der Kanzler. »Wir haben die gewaltigen Energien mit eigenen Augen gesehen, welche die Adramelech freisetzen können. Sie haben es geschafft, diese Energien zu steuern. Einmal freigesetzt wird die gasförmige Wolke von unseren Schiffen magisch angezogen.«

»Wir müssen unsere Schiffe anweisen, sich von diesen gasförmigen Energien fernzuhalten«, betonte Major Travis. »Jedenfalls sollten unsere Schiffe sich durch einen kurzen Fluchtsprung in Sicherheit bringen, wenn die Adramelech ihre blaue Energie entfesseln. Eine andere Lösung ist derzeit nicht bekannt, um dieser Gefahr zu entgehen. Kleinere Schiffsverbände sollten in Gruppen, wie auch schon von Kanzler Tarn-Lim praktiziert, ihr Laserfeuer auf das Ausdehnungsfeld der blauen Energie unterhalb ihrer Schiffe konzentrieren. Diese Vorgehensweise hat sich bewährt.«

»Gegebenenfalls habe wir noch einige Asse im Ärmel«, lächelte Aritron. »Das sagen sie doch auf der Erde? Jedenfalls hat Heran uns dies mitgeteilt.«

Major Travis blickte seinen Freund an und lächelte.
»Ja, das stimmt«, antwortete er. »Heran ist ganz begeistert von diesen Floskeln.«

»Dann können wir davon ausgehen, dass sie neue Waffenkonzepte einsetzen werden?«, erkundigte sich der General freudig.«

»Wenn sie unsere schirmbrechenden Laserspiralstrahlen, die unsere Wissenschaftler vor 500.000 Jahren entwickelt haben als neu bezeichnen wollen, dann ist das richtig«, lachte Aritron.

Der General blickte ihn irritiert an.
»Auch während unserer Zurückgezogenheit haben wir nicht versäumt weiter zu forschen und zu entwickeln«, bestätigte Thoran. »Wir wussten zu der damaligen Zeit bereits, dass es auch wieder eine Epoche danach geben würde. Wenn diese Strahlen den Schirm der Adramelech durchbrechen, dann dringen sie in das Innere ihrer Schiffe

ein. Die Folge wäre, dass eine oder mehrere Salven ausreichen, um ein Schiff der Adramelech zu vernichten. Ihre blaue Energie müsste nicht weiter beachtet werden. Wenn sie unkontrolliert entweichen würde, dann könnte sie die Schiffe der Adramelech zur Explosion bringen. «

Die versammelten Gäste in Sitzungssaal von Titan suchten nach einer Lösung, um die blaue Energie der Adramelech einschätzen zu können.

Aritron blickte die redartanischen Gäste an.
»Sie haben bereits viele Schiffe durch die blaue Energie der Mächtigen verloren? «, fragte er. » Wie schätzen sie ihre Schutzschirme ein. Konnten sie in den letzten 100.000 Jahren die Schirmfelder ihrer Schiffe deutlich verstärken? «

Kanzler Tarn-Lim und Commodore Run-Lac sahen sich betrübt an.

»Leider konnten wir nicht auf die Spezialisten Marin und Gareck zurückgreifen«, erwiderte der Commodore. »Sie galten bei unserer Flucht als verstorben. Nach unseren Informationen befanden sie sich auf dem zerstörten dritten Mond von Natrid. Wie sie wissen werden, wurde unser Forschungs- und Werftmond von den Rigo-Sauroiden vollständig zerstört.

»Das ist hinlänglich bekannt«, bestätigte der Lenker des lantranischen Volkes. »Doch ihr Kaiser wird sicherlich andere Wissenschaftler und Techniker mit auf seine Fluchtwelt genommen haben?«

»Natürlich«, antwortete der Kanzler. »Alle Mitglieder der wissenschaftlichen Kaste durften ihn begleiten. Doch bedenken sie bitte, dass zu den Hochzeiten des Krieges alle Wissenschaftler mit Rang und Auszeichnung auf dem Mond Nors stationiert waren. Sie alle konnten der Vernichtung nicht entkommen. In den Anfängen fehlten uns auf Redartan die Kapazitäten aus diesen Bereichen. Wir mussten viele Wissenschaftler neu ausbilden. Genies, wie Marin und Gareck welche waren, brachte unser Volk nie mehr hervor.«

»Ich verstehe«, antwortete Aritron. »Bitte beantworten sie noch meine Frage. Sind die Schirmfelder ihrer Schiffe deutlich verbessert worden?«

»Sie arbeiten immer noch nach dem Prinzip der natradischen Entwicklung«, antwortete der Commodore. »Es konnten nur geringfügige Leistungssteigerungen vorgenommen werden. Bisher reichten diese Schutzschirme unseren Bedürfnissen aus.«

Aritron blickte seine Begleiter und die Offiziere des neuen Imperiums an.

»Dann brauchen sie sich nicht wundern, dass bei dem Angriff der Adramelech so viele Schiffe verloren haben«, sagte er vorwurfsvoll. »Ich kann nicht verstehen, dass solche wichtigen Defensivwaffen nicht weiterentwickelt werden. Ihr Kaiser und ihre Wissenschaftler haben sich vermutlich als unbesiegbar eingeschätzt. Das gleiche machen die Adramelech. Leider haben sie ihre Technik weiterentwickelt. Aus diesem Grunde konnten sie ihre als fortschrittlich deklarierte Technik so einfach überwinden. Das Verhalten ihrer Regierung muss ich als sehr fahrlässig bezeichnen.«

»Sie haben uns schon spüren lassen, dass sie unser Volk nicht mögen«, antwortete der Kanzler mit lauter werdender Stimme. »Ich verzeihe ihnen das, weil wir uns von der Knechtschaft des Kaisers erst seit kurzer Zeit befreit haben. Unsere Dankbarkeit an das Neue-Imperium ist sehr groß. Wir haben den Beitrittsvertrag unterschrieben. Nicht zuletzt, um von unseren Nachkommen zu lernen. Wir wissen selbst, dass wir viel aufzuholen haben. Geben sie aber nicht der jungen Republik Redartan die Schuld hierfür. Wir sind offen für neue Gedanken und sind bereit mit anderen Rassen zu kooperieren.

Hierzu gehört auch ihr Volk. Nie wieder werden wir eine Abschottungspolitik betreiben, oder fremde Rassen militärisch unterjochen. Wir bitten sie lediglich darum, auch uns eine Chance zu geben. Wir sind nicht für die Taten unseres Kaisers Quoltrin-Saar-Arel verantwortlich. Als er die Pforte zu seiner Fluchtwelt öffnete, war unsere heutige Generation noch nicht geboren. Auch in unserem Volk ist ein Wandel im Denken eingetreten. Glauben sie wirklich, dass sich ansonsten eine so große Untergrundbewegung zusammengerauft hätte. Wir alle wollten die Absetzung unseres Kaisers. Er war schon lange nicht mehr das Sprachrohr unseres Volkes.«

»Meine Herren«, ermahnte Major Travis die beiden unterschiedlichen Gesprächspartner. »Wir sind es gewohnt, höflich und zuvorkommend mit Gästen umzugehen. Ich bitte sie dringend, sich hieran zu halten.«

Aritron lächelte ihn an.
Dann stand er auf und ging auf Kanzler Tarn-Lim zu.
»Ich bitte um Entschuldigung«, sagte er. »Das ist meine Art Personen zu prüfen, denen wir Beistand leisten. Ich kenne die Geschichte ihres Volkes zur Genüge. Ihre Leidenschaftlichkeit hat mir gezeigt, dass sie es ehrlich

meinen. Das imperiale Denken ihres letzten Kaisers ist in ihrer Person nicht mehr zu finden. Meinen Glückwunsch hierzu. Wir sind dabei, uns besser kennenzulernen. Jetzt bin ich auch der Auffassung, dass die neue redartanische Republik eine Zukunft verdient hat.«

»Danke«, erwiderte der Kanzler zurückhaltend. »Für uns ist das alles neu, bisher konnten wir mit anderen Rassen nicht auf Augenhöhe verhandeln. Wir werden uns aber an diesen Vorgang gewöhnen.«

»Das sollten sie«, antwortete Aritron. »Zukünftig wird es keine andere Lösung mehr geben.«

Er blickte den Kanzler an.
»Zumindest in dem Einflussgebiet der Milchstraße«, ergänzte er.

Die Türe klappte auf. Commodore von Häussen kam in den Saal gelaufen.

»Die lantranischen Piloten wurden Quartiere zugewiesen«, teilte er mit. »Sie rufen nach Heran. Er soll ihnen das Getränk bestellen, wovon er ihnen immer vorschwärmt hat.«

»Danke«, schmunzelte der General. »Die Lantraner scheinen ein anderes Problem zu haben. «

Aritron warf dem General einen ernsten Blick zu. Doch der oberste Lenker wusste insgeheim, wovon der General sprach.

»Heran, würden sie sich bitte um ihre Leute kümmern? «, ergänzte General Poison. » Wir brauchen hier noch einige Minuten. «

»Das mache ich gerne«, antwortete der Lantraner. »Das lange Zuhören macht durstig. Wir sehen uns im Festsaal von Titan. «

Dann stand er auf, nickte seinen lantranischen Freunden zu und verließ den Raum.

Thoran blickte Major Travis an.
»Ich danke ihnen, dass sie ihn so akzeptieren, wie er ist«, sagte Aritron. »Er ist eine Kapazität auf dem Gebiet der Wurmlochtechnik, leider aber auch ein Querkopf und Eigenbrötler. «

»Das habe ich bereits bemerkt«, lächelte der Major. »Aber gerade diese Personen sind in Krisenfällen besonders hilfreich. «

Thoran blickte ihn leicht irritiert an. Er kam nicht mehr dazu, eine weitere Frage zu stellen.

Grelle Alarmtöne erfüllten den Festsaal.
»Was ist denn jetzt schon wieder«, murrte der General.
»Kann man sich nicht mehr in Ruhe unterhalten? «

Ein Adjutant kam in den Saal gelaufen.
»General Poison, Noel und Major Travis«, sagte er. »Ihre Anwesenheit in der Leitstelle ist von äußerster Wichtigkeit. Die natradische Groß-Hypertronic-KI hat den Systemalarm ausgerufen. Alle Einheiten der schnellen Kampf-Verbände verlassen ihre Basen und Stationen. Commander Giacombo leitet persönlich den Einsatz. Er hat weitere Unterstützung angefordert. Sämtliche Flotten-Kampfstationen schleusen ihre Schiffe aus. Sie werden von den orbitalen Hangar- und Werftstationen unterstützt.«

Der General war aufgesprungen.
»Sind jetzt alle verrückt geworden«, schrie er. »Irgendjemand muss die Kosten für die Alarmierung bezahlen. Wenn ich diese Person in die Finger bekomme, dann hat sie nichts mehr zu lachen. «

Der General blickte Aritron und Thoran an.

»Ich hoffe nicht, dass sich Heran wieder einen Spaß ausgedacht hat«, fluchte er. »Er ist nämlich ein Spezialist für solche Fälle. «

»Uns ist nichts bekannt«, antwortete Aritron. »Heran kann gut für sich selbst entscheiden. «

»Das ist es ja, was ich meine«, murrte der General. »Folgen sie mir bitte alle in die Leitstelle. Schauen wir uns an, was das Problem ist. «

Fluchs lief der General voraus. Seine Gäste hatten Mühe ihm zu folgen. Schnell war der Korridor durchquert und die Leitstelle erreicht.

Commander Tristan Coomes war immer noch als diensthabender Offizier in der Leitstelle tätig. Als der General mit seinem Gefolge in den großen Raum stürmte, salutierte er zuvorkommend.

»Von ihnen hätte ich das nicht gedacht«, sagte der General. »Sie haben doch genug Erfahrung, um nicht alle unsere Schiffe zu alarmieren? Was soll der Unsinn? «

»So kenne ich sie«, entgegnete der Commander. » Erst einen Schuldigen suchen, der ihnen die Kosten bezahlt, erst danach wenden sie sich den Fakten zu. «

Der General wirkte irritiert.

»Unser Frühwarnsystem hat bis zum Anschlag ausgeschlagen«, ergänzte der Commander. »Die Daten wurden von Pluto, Eris und den Sensoren im Kuipergürtel bestätigt, vor dem sich ein großes Wurmlochfenster geöffnet hat. Die natradische Hypertronic-KI hat mit der Auswertung begonnen. Es sind knapp 195.000 Schiffe ausgetreten. Das größte von ihnen muss einer 2.500 Meter-Klasse zugerechnet werden. Wir wissen nicht, ob es sich um Freunde, oder um Feinde handelt.«

Er zeigte auf einen großen Bildschirm der Leitstelle. Die Besucher hoben ihren Kopf und blickten auf die Anzeige. Mit zwiespältigen Gefühlen nahmen sie die Realität zur Kenntnis. Die Fernortungen der Eris-Sensoren zeigten ein erschreckendes Bild. Die große Anzahl der Ortungsreflexe ließ keinen anderen Schluss zu. Erstmals stand vor dem Sol-System eine mächtige Flotte, die das neue Imperium vor große Schwierigkeiten stellen konnte.

»Hoffen wir, dass es sich um befreundete Schiffe handelt«, sagte Major Travis. »Falls nicht, dann wird sich die Menschheit auf einen Kampf um die Erde einstellen. Sie wird nicht fremden Aggressoren kampflos überlassen.«

»Sind das Worgass-Schiffe?«, erkundigte sich der General aufgebracht.

Commander Coomes blickte ihn an.
»Die Daten werden noch ausgewertet«, antwortete der Offizier der Stationen-Leitung. »Die natradische Hypertronic-KI ist noch hiermit beschäftigt.«

»Es können auch Schiffe der Adramelech sein«, bemerkte Kanzler Tarn-Lim. »Sie benutzen gerne diese Baumasse für ihre Schiffe.«

»Wie sollen sie die große Entfernung von 12 Millionen Lichtjahren überwunden haben?«, fragte Major Travis. » Sie besitzen kein Portal, wie wir eines haben.«
»Auch diese Entfernung ist mit einem Wurmloch zu überbrücken«, teilte Brontan mit. »Es ist eine Frage der Energie.«

»Bedenken sie auch die zeitliche Versetzung ihres Imperiums«, antwortete Commander Brenzby. »Ich glaube nicht, dass wir es hier mit den Adramelech zu tun haben.«

Eine mechanische Stimme unterbrach die Diskussion.

»Meine Auswertung wurde abgeschlossen«, meldete die natradische Groß-Hypertronic-KI. »Die Bauart der Schiffe konnte identifiziert werden. Es handelt sich ausschließlich um Schiffe des kaiserlichen Imperiums von Natrid. Meine Beurteilung liegt bei 99,4 Prozent Übereinstimmung. Welche Maßnahmen sollen ergriffen werden?«

»Überwache weiter die Schiffe«, antwortete Commander Coomes. »Alle weiteren Maßnahmen werden von Titan aus befohlen. Bitte bestätige den Befehl.«

»Meine Überwachung wird fortgesetzt«, antwortete die KI. »Veränderungen werden mitgeteilt.«

»Danke«, antwortete der Commander.

Er drehte sich zu General Poison und Major Travis um. »Unsere Verbände sammeln sich hinter Pluto und warten auf neue Befehle. Haben sie Anweisungen?«

»Unsere Heimat-Flotte soll die Schiffe anfunken und um ihre ID's bitten«, sagte Major Travis. »Ferner fragen sie bitte, um wen es sich handelt.«

Commander Coomes gab die Anweisung an die Funkabteilung weiter. Der Hyperfunkspruch verließ in Lichtgeschwindigkeit die Leitstelle von Titan.

»Wer besitzt diese Anzahl an alten natradischen Schiffen?«, fragte Major Travis den Kunstklon Noel.

Dieser blickte auf die Anzeigen. Deutlich waren die Ortungsreflexe auf dem Schirm dargestellt. Noch blinkten sie in Grün, das war ein Zeichen für Freundschiffe. Erst jetzt erkannte Noel, dass vor den vielen grünen Zeichen ein kleiner Punkt in der Farbe Orange pulsierte. Unverständlich ging er näher an den Bildschirm heran.

»Vergrößern sie das Bild«, befahl er.
Schnell wurde das Bild gezoomt. In einer breiten Formation standen die grünen Punkte hinter einem blinkenden orangefarbenen Lichtsignal.

»Das habe ich lange nicht mehr gesehen«, antwortete er betont gelassen. Wir brauchen keine Analyse unserer Natrid-KI mehr. »Mir ist jetzt klar geworden, wer zu Besuch kommt.«

Die Offiziere blickten ihn fragend an.
»Spannen sie uns nicht länger auf die Folter«, sagte Major Travis. »Was ist das für ein orangefarbener Ortungsreflex?«

Noel drehte sich zu ihm um.

»Das ist die natradische Thronflotte unter Admiral Tarin«, antwortete er. »Die Evakuierungsflotte von Admiral Tarin ist nach Hause zurückgekehrt. «

Die Anwesenden sahen ihn verblüfft an.
»Langsam holt sie die Vergangenheit wieder ein«, bemerkte Aritron an die Anschrift von General Poison. »Wenn alle ehemaligen Natrader wieder auf der Bühne auftauchen, dann ist eine Wiedergeburt von Natrid nicht mehr weit entfernt. «

»Was heißt die Thronflotte unter Admiral Tarin? «, erkundigte sich Major Travis.

Noel blickte ihn an.
»Wie ich es ihnen schon sagte«, antwortete er. »Wir bekommen hohen Besuch. Admiral Tarin und seine Evakuierungsflotte sind ins Sol-System zurückgekehrt. «

»Wie kann er nach dieser langen Zeit noch am Leben sein? «, fragte Sirin. » Über 100.000 Jahr sind vergangen. «

Sie konnte ebenfalls nicht glauben, was sie mit eigenen Augen sah.

»Kann es sich um eine automatische Rückführung der Schiffe handeln? «, erkundigte sie sich. » Die KI's der

Schiffe werden sich der befehlsführenden Einheit untergeordnet haben.«

»Aus den gleichen Gründen, wie sie noch am Leben sind«, antwortete Noel. »Wir wissen, dass die Santaraner den Admiral in einer Stasis-Kammer aufbewahrt haben. Vielleicht wollten sie ihn loswerden und haben ihn erweckt.«

Er blickte die Zuhörer an, die in Gedanken versunken waren.

»Zu ihrer zweiten Frage möchte ich Folgendes sagen«, ergänzte er. »Meine Mutter hat keine Nachrichten von der befehlsgebenden KI des Schiffes erhalten. Das passiert nur, wenn unser Personal auf den Schiffen befiehlt. Gerade ihnen ist die übliche Praxis auf unseren Flotten doch hinreichend bekannt.«

Sirin nickte. Sie wusste, dass Noel die Wahrheit sprach.

»Das sind alles Spekulationen«, erwiderte Major Travis. »Verzetteln wir uns nicht in Vermutungen.«

Er blickte Commander Coomes an.
»Wurde auf unseren Funkspruch geantwortet?«, fragte er.

»Bisher noch nicht«, antwortete dieser. »Die fremde Flotte hüllt sich in Schweigen.«

Wie viele Schiffe hat Commander Giacombo aktiviert«, fragte General Poison.

»Alle schnellen Eingreifverbände, die Schiffe der Kampfstationen und zahlreiche Geschwader unserer Schlachtschiffe und Zerstörer sind zu der Flotte gestoßen und haben einen Abwehrgürtel aufgebaut«, erklärte Commander Coomes.

»Scheinbar zeigt sich die fremde Flotte nicht wesentlich hiervon beeindruckt«, erwiderte Major Travis. »Geben sie sofort den Einsatzbefehl an die wartende Flotte, die nach Redartan fliegen soll. Sie soll eine zweite Linie hinter dem Mond Europa formieren. Nur für den Fall, dass die fremde Flotte per Hyperraumsprung mitten im Sol-System materialisiert.«

»Soll ich 50.000 Schiffe von redartanischer Seite anfordern?«, fragte Kanzler Tarn-Lim. »Auch wir möchten unseren Beitrag leisten.«

Major blickte ihn an.

»Ich weiß ihre Hilfe zu schätzen«, antwortete er. »Aber mit dieser Situation werden wir schon allein fertig. Trotzdem vielen Dank für ihr Angebot.«

Major Travis rief Oberst Cameron zu sich.
»Starten sie die Schiffe ihrer Prinz-Flotte«, befahl er. »Sie sichern mit den Schiffen des ISD Natrid ab.

Zu Befehl«, antwortete der Oberst. » Ich leite sofort den Alarmstart ein. «

Major nickte.
»Commander Coomes«, sagte er. »Geben eine Alpha-Order an Captain Hunter durch. Er ist hier auf Titan. Er soll mit seinen Cuuda-Schiffen sofort starten und die Erde absichern. Unterstützung wird er von den Verbänden der Atlantis-Basis erhalten. «

Atlanta hatte den Befehl mitbekommen.
»Ich transferiere sofort zu meiner Basis und leite den Einsatz«, bestätigte sie.

»Ich begleite sie«, bemerkte Thoran. »Vorsichtshalber werde ich die Piloten unserer Evolutions-Schiffe zurückbeordern. Falls es notwendig wird, können sie die Situation bereinigen. «

»Einverstanden«, antwortete Major Travis. »Ich denke aber, das wird nicht notwendig werden. Selbst ein unerfahrener Flottenbefehlshaber wird erkennen, dass er sich bei einem Angriff seine Nase blutig schlagen würde.«

Dann wandte er sich an General Poison.
»Lassen sie alle bodengebundenen Abwehrtürme aktivieren«, sagte er. »Hiernach befehlen sie bitte alle globalen Schutzschirme hochfahren. Wir wissen immer noch nicht, mit wem wir es zu tun haben. «

Major schritt zu Commander Coomes.
»Stellen sie eine Verbindung zu der Steuerstation des Portals nach Redartan her«, sagte er. » Befehlen sie der Crew den Durchgang zu schließen. Dann sollen auch sie ihren Schutzschirm einschalten. «

»Ich gebe ihren Befehl sofort weiter«, antwortete der diensthabende Offizier.

Marc blickte auf den zentralen Monitor und erkannte, wie seine Befehle umgesetzt wurden. Noel stand kontinuierlich mit seiner Mutter in Verbindung. General Poison und Commodore von Häussen kontrollierten die Anzeigen auf den Anzeigen der Leitstelle. Sie waren sichtlich zufrieden, dass ein Test eines Notfalls so problemlos gemeistert werden konnte.

Heinze verstand die Aufregung. Auch sein Heimatplanet war öfter von fremden Rassen angegriffen worden. Aus diesem Grunde hatte die mächtige planetare Verwaltungs-KI seiner Rasse befohlen, dem Planeten ein neues Gesicht zu geben. Mit der mentalen Kraft ihres Geistes gelang es den Ro, anfliegenden Rassen ein neues Bild ihrem Planeten vorzugaukeln. Diese sahen einen verödeten Planeten, auf den es für sie nichts Lohnenswertes gab. Das war jedoch schon lange her.

Heinze schob seine Gedanken beiseite und konzentrierte sich auf die fremde Flotte. Heinze versuchte in die Köpfe der Personen auf den fremden Schiffen einzudringen. Sein Kopf legte sich schwer in eine Seitenlage, seine Augen wirkten verschwommen. Schweißperlen traten auf seine Stirn. Bereits nach einer kurzen Zeit hatte er Erfolg. Die erfassten Informationen beruhigten ihn sichtbar. Gelassen suchte er sich einen Stuhl, setzte sich und beobachte das weitere Geschehen. Niemand nahm von seinen Bemühungen Kenntnis.

»Wenn keiner der Anwesenden eine Antwort auf die Fragen haben möchte, dann behalte ich meine Erkenntnis eben für mich«, dachte er.

Gespannt verfolgte er das Ausschleusen neuer Schiffsverbände auf den Monitoren. Von Varid, Natrid, Tarid und seinen orbitalen Werftstationen traten im Sekundenrhythmus weitere Schiffsverbände aus. Sie alle verstärkten die Geschwader der Heimatverteidigung, die für den planetaren Schutz abgestellt waren. Auf Tarid starteten die starken Geschwader der Atlanter. Die Prinzessin von Atlantis hatte persönlich den Befehl übernommen.

Ihre Schiffe sollten einen Sperrgürtel um Tarid legen. Die Piloten der Basis waren kampferfahren und schreckten vor keiner brenzligen Situation zurück. Captain Hunter wartete mit seiner Flotte bereits im All auf die Verstärkung. Von den Raumhäfen auf Natrid starteten die Schiffe der Prinz-Klasse in das All. Oberst Cameron hatte alle verfügbaren 25.000 Schiffe des ISD zur Absicherung in den Einsatz befohlen.

»Abstand der fremden Flotte?«, erkundigte sich Major Travis.

»Die Entfernung wird unverändert auf 30 AE bemessen«, antwortete Commander Coomes. »Die fremde Flotte bewegt sich nicht. Wir registrieren zahlreiche Scans. Alle Planeten, Stationen und Basen werden erfasst.«

»Störstrahlen aussenden«, befahl der Major. »Bringen wir ihre Instrumente etwas durcheinander. Senden sie weitere Hyperfunksprüche und weisen sie die fremde Flotte auf unser Hoheitsgebiet hin. Sagen sie ihnen, dass wir unverzüglich eine Antwort haben möchten, ansonsten verstehen wir die Anwesenheit einer so großen Kampfflotte als einen kriegerischen Akt.«

***

Die Evakuierungsflotte von Admiral Tarin war aus dem programmierten Wurmloch ausgetreten.

»Funkspruch an alle Schiffe«, befahl der Admiral. »Wir warten hier. Sicherlich werden jetzt ihre Frühwarnsysteme aktiv.«

Funkoffizier Nofritin bestätigte den Befehl und gab die Anweisung des Admirals an die Flotte weiter. Majestätisch verharrte die Flotte in der Wartestellung. Nur weit entferntes Sonnenlicht reflektierte sich auf der Außenhaut des Flaggschiffes.«

»Soll ich ihnen unsere ID's senden?«, fragte der Funkoffizier.

»Wir warten noch ab«, lächelte Admiral Tarin. »Ich möchte gerne beobachten, was sich in unserem ehemaligen Heimatsystem tut. Alle Scanner, Orter und die Fernaufklärungs-Systeme werden auf das System gerichtet. Was haben wir dort? «

»Das System wird intensiv gescannt«, meldete Garrtrin, der Ortungs-Offizier des Schiffes.

»Die Auswertungen auf den zentralen Bildschirm legen«, befahl der 1. Offizier.

Das Klicken der Instrumente zeugte von unzähligen Objekten, die von den Instrumenten erfasst wurden. Immer mehr Reflexpunkte wurden von der KI des Schiffes auf dem Monitor dargestellt.

Der Admiral pfiff durch seine Zähne.
»Das ist kein Sternensystem mehr«, flüsterte er. »Das ist eine waffenstarrende Bastion. Es tauchen immer mehr Schiffe auf. Auf direkter Linie werden wir von 200.000 Schiffen geblockt. Weitere 50.000 Schiffe liegen über dem Mond des Planeten Saturn. Dort erkenne ich auch eine Flotte von 500 Schiffen der Freunde des Neuen-Imperiums. Zehn Flotten-Kampfstationen sind in dem System versammelt. Sie alle haben ihre Schiffe ausgeschleust. Weitere starten vom Boden aus. «

Der 1. Offizier zeigte auf den Schirm.
»Die orbitalen Werftstationen schleusen ebenfalls Kampf-Kreuzer aus«, staunte er. »Von Tarid und Natrid starten ebenfalls neue Geschwader. Das Neue-Imperium macht sich zum Kampf bereit. Es ist bis zu den Zähnen bewaffnet. Sie machen nicht den Fehler, ihr System zu entblößen.«

Der Admiral blickte ihn an.
»Was sollte dieser Einwand?«, fragte er kopfschüttelnd. » Sie waren doch dabei. Unser damaliges Vorgehen war einzig richtige Lösung. Die Vernichtung der Rigo-Sauroiden und ihrer Heimatwelt hat den Krieg beendet. Hätten wir zwei Monate früher mit der Mission begonnen, dann wäre vermutlich alles anders ausgegangen.«

»Man ruft uns«, teilte der Funkoffizier mit. »Sie möchten, dass wir unsere Schiffs-ID's senden.«

»Warten sie noch ab«, antwortete der Admiral. »Sie werden sich bereits wundern, warum der Ortungsreflex meines Schiffes bei ihnen auf den Monitoren auftaucht.«

»Oberhalb des Mondes Europa wird ein geöffnetes Wurmloch angezeigt«, teilte der Ortungs-Offizier.

»Vermutlich bedienen sich unsere Nachkommen bereits der Wurmlochtechnik.«

»Respekt«, flüsterte Admiral Tarin. »Damit steht ihnen jede Region des Weltalls offen.«

»Es wurde soeben geschlossen«, ergänzte der Ortungs-Offizier. »In dem ganzen System aktivieren sich globale Schutzschirme um die Planeten. Für Angreifer wird das sehr schwer werden, die Defensiv-Systeme zu knacken. Unzählige bodengebundene Abwehrtürme werden ausgefahren. Es sind die schweren natradischen Systeme.«

Die Anzeigen der Ortungs-Instrumente flackerten. Ein Teil von ihnen fiel aus.

»Was ist mit den Sensoren und den Aufklärungs-Instrumenten?«, fragte der Admiral erstaunt.

»Wir werden mit Störwellen bombardiert«, antwortete der Ortungs-Offizier. »Die Wellen sind so stark, dass ein Teil unserer Instrumente versagt.«

Der Admiral lachte.
»Sie verlieren die Geduld«, sagte er. »Lassen wir sie nicht länger im Unklaren.«

»Eingehender Hyperkomm-Funkspruch«, meldete der Funkoffizier.

»Stellen sie laut«, befahl er.
»Hier ist die Raumüberwachung des Neuen-Imperiums von Natrid und Tarid«, tönte es in natradischer Sprache aus den Lautsprechern. »Wir rufen die fremde natradische Thronflotte. Sie sind ohne Berechtigung in das Hoheitsgebiet des Neuen-Imperiums eingedrungen. Geben sie sich unverzüglich zu erkennen, oder senden sie uns ihre Schiffs-ID's. Das Weiterfliegen ihrer Flotte betrachten wir als einen kriegerischen Akt und werden Gegenmaßnahmen einleiten.«

»Schalten sie den Kanal frei«, sagte der Admiral. »Ich spreche persönlich.«

Der Funkoffizier nickte ihm zu.
»Sie können sprechen«, antwortete er.

Er griff nach dem Communicator.
»Hier spricht Admiral Tarin«, sprach er in das Gerät. »Ich möchte Major Travis sprechen. Leiten sie mein Gespräch bitte durch.«

Ein kurzes Knistern war zu hören.
Dann meldete sich eine sympathische Stimme.

»Hier spricht Major Marc Travis, Erbfolgeberechtigter Oberbefehlshaber der vereinigten Natrid & Tarid Streitkräfte. Erhobener im Gefüge der Kaiserkaste mit Rang 1. Bestätigt und eingesetzt von Noel von Natrid im Rahmen der Nachfolge-Programmierung durch sie vor 100.000 Jahren. Ich begrüße sie, Admiral Tarin. Die Natrid Hypertronic-KI hat ihre Stimme überprüft und für echt bestätigt. Was verschafft uns die Ehre ihres Besuches? «

»Ich darf Ihnen Grüße von Admiral Cartero überbringen«, teilte der Admiral mit. »Er ist jetzt bereit Handelsbeziehungen mit dem Neuen-Imperium einzugehen, vorausgesetzt sie installieren den Wurmloch-Durchgang, von dem sie gesprochen haben. «

»Diese Informationen waren vertraulich und bestätigen mir die Korrektheit ihrer Person«, antwortete der Major. »Macht es ihnen etwas aus, ihre Flotte auf ihrer jetzigen Position zu belassen und nur mit Ihrem Flaggschiff zu uns zu kommen? «

»Keineswegs«, antworte der Admiral. »Leider gibt es bei uns Vorschriften. Ein Schiff der Thronflotte wird von 12 Zerstörern der Kaiser-Klasse eskortiert. Ist das ein Problem für sie? «

»Nein«, antwortete der Major. »Kommen sie zu uns nach Titan. Eine andere Splittergruppe der Natrader ist auch bei uns zu Gast. Sie nennen sich Redartaner. Ihr ehemaliger Kaiser Quoltrin-Saar-Arel hat lediglich ausgesuchte Mitglieder der kaiserlichen Kaste, der wissenschaftlichen Kaste und der Glaubenskaste zu dem Fluchtplaneten evakuiert. «

»Das ist nicht möglich«, antwortete der Admiral. »Der Kaiser und seine Familie sind bei dem Angriff der Rigo-Sauroiden auf Natrid umgekommen? «

»Ihre Informationen sind nur zum Teil richtig«, antwortete Major Travis. »Seine Familie ist umgekommen, doch er konnte dem Angriff entgehen. «

»Warum hat er denn nicht alle Überlebenden gerettet? «, fragte der Admiral. » Zeit dazu war ja anscheinend vorhanden. «

»Das entzieht sich meiner Kenntnis«, antwortete der Major. »Besprechen wir das hier vor Ort. Sie werden weitere Informationen von uns erhalten. Vielleicht wollen sie den Kaiser auch direkt befragen? «

»Der Feigling lebt noch? «, fluchte der Admiral erstaunt. » Dann werde ich ihn zur Rechenschaft ziehen. «

»Das wollte die Amazone Lorin bereits«, erwiderte Major Travis. »Ihr Kaiser ist ein Gefangener des Neuen-Imperiums. Sie werden ihn nicht zu Rechenschaft ziehen, sondern dürfen ihn lediglich befragen. Habe ich ihr Wort hierauf.«

Ein kurzes Schweigen deutete auf die Überlegungen des Admirals hin.

»Machen sie sich keine Sorgen«, antwortete er. »Wir akzeptieren die Regeln des Neuen-Imperiums. Mich wundert es, dass die Kämpferin Lorin bei ihnen ist?«

»Auch das ist eine lange Geschichte, die wir ihnen erzählen werden«, erwiderte der Major. » Sie wird derzeit von Atlanta in unseren Gesetzen geschult. Wir sind froh sie zu haben.«

Der Admiral nahm zur Kenntnis, dass auch Atlanta noch im Einsatz war. Er schüttelte seinen Kopf

»Ich sehe schon, wir haben uns einiges zu erzählen«, sagte der Admiral. »Ist der Lantraner Aritron bei ihnen?«

»Auch er ist zufällig Gast im Sol-System«, beantwortete Major die Frage. » Warum fragen sie nach ihm? Kennen sie sich?«

»Nein«, antwortete der Admiral Tarin. »Ich soll ihm Grüße von Astranaat überbringen. Ferner habe ich die technische Lösung von ihm bekommen, wie man die blauen Gaswolken der Adramelech ausschaltet. Das wird hilfreich bei ihrer bevorstehenden Mission sein. «

Jetzt war es Major Travis, der einige Sekunden sprachlos war.

»Sie machen uns neugierig«, antwortete er betont gelassen. »Es fasziniert mich, wie in unterschiedlichen Sterneninseln über das gleiche Thema gesprochen werden kann. Eigentlich waren diese Informationen von uns als geheim eingestuft worden. «

»Das Universum bietet mehr Überraschungen, als wir vorher angenommen haben«, lachte der Admiral. »Das ist auch ein Punkt, den ich erst lernen musste. Es scheint viel mehr zu geben, als wir in unserer kleinen Betrachtungsweise wahrgenommen haben. «

»Kommen sie zu uns«, wiederholte Major Travis seine Einladung. »Es gibt viel für sie zu sehen. Wir haben ein Zeitfenster von drei Tagen. Ich lasse ihnen einen Leitstrahl senden. Sie werden von uns mit allen ihnen gebührenden Ehren empfangen. «

»Ich komme gerne«, antwortete der Admiral. »Lassen sie uns gemeinsam nach den Übeltätern suchen, die hinter den ganzen Hilfsvölkern stehen, die alle humanoiden Species vernichten möchten. «
Dann beendete er das Gespräch.

Major Travis legte den Communicator ab.
»Es kommt ein hoher Besuch zu uns«, teilte er seinen Gästen mit. »Admiral Tarin ist mit seiner Evakuierungsflotte zurückgekehrt. Er bringt uns neue Informationen und technische Unterstützung. «

Noel war zu Major Travis getreten.
»Hoffentlich ist er noch der Gleiche, wie vor 100.000 Jahren«, sagte er. »Wir sollten trotzdem vorsichtig sein. «

»Das werden wir«, entgegnete Major Travis. » Bereiten sie ihm einen Empfang, wie es zu den alten kaiserlichen Hochzeiten üblich war. Lassen sie alle Ehrenformationen antreten, die erforderlich sind. Ich möchte auch Lorin, Atlanta, Sirin, Marin und Gareck dabeihaben. Sie werden sich freuen, ihren Admiral wiederzusehen. «

Er drehte sich zu Kanzler Tarn-Lim und Commodore Run-Lac um.

»Auch ihre Rasse ist dem Admiral zu Dank verpflichtet«, sagte der Major. »Vielleicht können sie ihn sogar begeistern, sich mit auf die Suche nach den Adramelech zu machen. Dann würden 195.000 Schiffe unsere Flotte verstärken. Wäre das nicht ein Glücksfall? «

Die beiden redartanischen Gäste sahen sich an. Langsam wurde ihnen klar, was das bedeuten könnte.

»Wir werden unser Bestes geben, um ihn zu begeistern«, antwortete der Kanzler. »Ich hoffe sehr, er ist so umgänglich, wie in unseren Geschichtsarchiven beschrieben. Keiner unserer Rasse kannte ihn persönlich, von unserem ehemaligen Kaiser einmal abgesehen. «

Major Travis lachte und schlug dem Kanzler leicht gegen den Arm.

»Wir werden es sehen«, schmunzelte er. »Ich bin wirklich gespannt, ihn nach den langen Jahren kennenzulernen. «

Vorschau

www.ingramcontent.com/pod-product-compliance
Lightning Source LLC
Chambersburg PA
CBHW071409180526
45170CB00001B/28